Second Edition

Management & Commencement

Foodservice Business

외식산업 창업과 경영

함동철 · 강재희 공저

백산출판사

머리말

코로나 19로 인해 외식시장의 소비자 트렌드가 빠르게 변화하고 있다. 소비자 외식형태가 비대면으로 전환됨에 따라 배달문화가 발전하고 HMR 시장이 확대되면서 배달앱 이용자 수가 폭발적으로 증가하고 있다. 국내 외식시장 전체규모가 136조 원이었음을 고려할 때 전체 외식시장의 약 11%에 가까운 매출이 배달앱상에서 일어나고 있다. 또한 온라인 쇼핑 음식서비스 거래액 추이를 살펴보면 2019년도에 약 9조 7328억 원이고, 2020년에는 약 17조 3828억 원으로 크게 상승했다.

그리고 건강 · 환경 · 윤리적 문제와 급증하는 육류 수요에 따른 미래의 육류 부족 문제를 해결하기 위한 방안으로 콩, 밀 등 식물성 재료를 활용해 만든 '대체육' 개발에 관심이 집중되고 있다. 대체육 시장은 채식주의자(Vegetarian)와 비건(Vegan) 인구 증가, 친환경적 소비 트렌드 확대에 따라 빠른 성장세를 보이고 있다.

소비자들이 맛집을 찾을 때 페이스북, 인스타그램, 블로그 추천이나 검색을 통해 맛집 위치와 영업시간, 메뉴, 가격 등 상세내용을 파악하고 네이버나 구글 지도앱을 이용해 찾아간다. 이처럼 외식업에서 SNS는 중요한 마케팅 도구로 점포의 매출을 증가시키는 핵심이 되었다.

80~90년대 외식창업은 개업만 하면 그런대로 장사가 되어 문제가 없었으나, 2000년 이후에 접어들면서 점포 수의 증가로 점포 간 경쟁이 심화되어 수익성이 떨어지면서 '먹는 장사는 망하지 않는다'는 말이 무색하게 되었다.

외식창업은 외식기업을 새로이 창조하는 것으로 인적 · 물적 자원을 이용하여 음식을 생산 · 판매하며 이익을 창출하는 것이 목적이다. 그러나 외식업을 이해하지 못하고 비과학적으로 창업을 하면서 많은 점포들이 연간 약 70%는 업종을 변경하고 나머지 점포들은 문을 닫게 된다. 외식업에서 투자회수율은 업종업태에 따라 다소 차이가 있지만 평균 약 3.3년이며, 식당의 수명주기는 약 3~4년이다. 많은 창업자들은 3년 이후 점포 활성화를 위해 재투자를 하지 않을 수 없다. 따라서 소자본 창업자는 투자여력이 없어 기업형 식당과의 경쟁에서 불리할 수밖에 없다. 이처럼 척박한 우리나라 외식업에서 생존하기 위해서는 여러 가지 전략이 필요하다.

따라서 본서는 다음과 같이 구성하였다.

Part 1에서는 외식산업의 전체 흐름을 이해시키기 위해 Chapter 1에서는 외식의 개념과 정의 그리고 외식산업의 기능과 특징을 이해하기 쉽게 풀이했고, Chapter 2에서는 국내 외식산업의 성장과 발전에 대해, Chapter 3에서는 외식산업 분류와 기준에 대해 서술하였다. Part 2에서는 외식산업 창업을 위한 계획과 창업 준비방법 및 실제 등으로 구성하였으며, 특히 Chapter 1에서는 창업의 목적과 형태, 창업의 유형, 외국과 국내의 사례를 통해 창업의 특징을 살펴보았다. Chapter 2에서는 외식 창업계획의 절차, 환경 분석 등을, Chapter 3에서는 창업에서 제일 중요한 콘셉트 설정, 시장조사, 사업타당성 분석, 상권조사, 입지선정 등을 이해시키기 위해 현장에서 습득한 내용을 중심으로 구성하였다. Chapter 4에서는 외식 창업의 실제를 위해 메뉴 개발과 가격결정방법, 직원채용, 위생관리, 외식 마케팅 등 식당경영에 있어서 매출증대에 많은 영향을 미치는 요인들을 중점적으로 다루었다.

Part 3에서는 외식산업 프랜차이징의 이해를 돕기 위해, Chapter 1에서는 외식체인경영의 개념과 형태에 대해 서술하였고, Chapter 2에서는 외식프랜차이즈시스템의 개념과 역할, 프랜차이즈시스템의 환경 및 문제점, 프랜차이즈시스템의 특징과 유형, 관련 법규 등에 대해 자세히 설명하였다.

외식창업은 규모가 크든 작든 창업을 위해 준비할 품목은 똑같다는 것이다. 즉 점포가 작다고 준비할 품목이 적은 것이 아니라 양이 적을 뿐이다. 창업경영도 마찬가지이다. 점포가 적다고 경영기본 자체가 다른 것이 아니라 운영주체가 누구인가에 따라 다소 차이가 있을 뿐이다.

따라서 본서는 다음과 같은 부분을 중점적으로 서술하였다.

첫째, 외식산업의 전반적인 이해를 돕기 위해 이론과 사례를 중심으로 내용을 구성하려 노력했다.

둘째, 창업은 실용학문이기 때문에 현장에서 사용하는 이론에 대한 이해를 돕고자 하였다.

셋째, 창업에서 프랜차이징의 비중은 매우 높으므로 외국과 국내의 사례 내용 등을 다룸으로써 추후 글로벌기업으로 성장하기 위해서는 이런 요인들이 필요하다는 것을 이해시키려 하였다.

넷째, 본서에서 점포는 레스토랑과 식당으로, 제품은 메뉴와 음식으로, 종업원은 직원과 사원을 같은 뜻으로 사용했다.

이처럼 본서는 외식창업에서 중요한 내용들을 학습자료로 만들기 위해 저자들이 현장에서 근무하면서 터득한 내용과 외식업 컨설팅을 하면서 얻은 노하우, 그리고 학문적으로 연구한 내용들을 함축해서 만들었다.

따라서 본서가 학생 또는 예비창업자들에게 많은 도움이 되어 성공을 이루는 지침서가 되었으면 하는 바람이 간절하다.

2021년 7월

저자 일동

차 례

Part 01
외식산업의 이해

Part 02
외식산업의 창업

Part 03
외식산업 프랜차이징

PART **01**

외식산업의 이해

Chapter 1 외식의 개념과 의의

Chapter 2 국내 외식산업의 성장과 발전

Chapter 3 외식산업의 분류

Chapter 1

외식의 개념과 의의

학습목표

1. 외식의 개념을 학습한다.
2. 외식산업과 외식업소의 차이점을 학습한다.
3. 외식산업의 기능을 학습한다.
4. 외식산업의 특징을 학습한다.

1. 외식의 정의

식생활에서 음식은 인간의 생명유지를 위한 필수요소로 농경생활을 주로 했던 원시시대에는 음식이 인간의 기본 욕구인 생명유지의 수단으로 여겨졌다. 그러나 산업화시대가 도래하고 정보화시대를 맞이하는 등 시대적인 발전과 함께 음식에 대한 개념도 변화되어 과거의 배를 채우기 위한 수단에서 즐기기 위한 수단, 건강유지, 가치 추구의 수단 등 음식의 역할 범위가 확대되고 있다.

또한 과거에는 음식의 조리와 섭취가 주거지에서 이루어지는 것이 일반적이었으나 여성의 사회진출과 맞벌이 부부의 증가 등 산업화로 인한 사회적인 현상은 가정 밖에서의 음식 섭취를 증가하게 하였다. 따라서 음식을 판매하는 업소가 증가하는 계기가 되었는데, 일반적으로 가정 밖에서 타인이 만든 음식을 먹는 것을 외식이라 한다. 즉 음식을 먹는 장소가 어디인지에 따라 크게 내식(內食)과 외식(外食)으로 구분하는데, 내식(內食)이란 가정에서 조리한 음식을 가정 내에서 먹거나 가정 밖으로 가지고 나가서 먹는 것을 의미한다. 반면, 국어사전에 의하면 외식이란 '가정이 아닌 밖에 나가서 음식을 사먹는 것'이라고 정의하였으며, 대부분의 국내 학자들은 외식을 '가정 밖에서 행하는 식사행위의 총칭'이라 정의하였다.

그러나 오늘날에는 식생활 환경이 바뀌면서 외식소비 패턴도 함께 변화하여 외식의 개념이 좀 더 포괄적으로 바뀌고 있다. 오늘날에는 가정 외에서 생산된 음식을 가정 이외의 장소뿐만 아니라 가정 내에서 먹는 것도 외식의 범주에 포함시키고 있다. 즉 예전에는 식당에서 먹는 음식만을 외식(外食)으로 간주하였다면 오늘날에는 슈퍼나 마트, 편의점 등에서 판매하는 음식뿐만 아니라 식당에서의 테이크아웃(Take Out)과 배달(Delivery)서비스를 통해 구입한 음식을 가정 내에서 먹는 것도 외식에 포함하고 있다.

2. 외식업소와 외식산업의 개념

인간이 목숨을 연명하기 위해서는 영양분을 섭취해야 하는데, 이 영양분을 함유하고 있는 것이 식품이며, 식품을 가공 · 조리한 것을 음식이라 한다. 따라서 과거에는 사람들이 살기 위해 음식을 섭취하였다면, 오늘날에는 가치 추구나 건강 유지를 위해 음식을 섭취하는 것으로 바뀌고 있다. 이와 같은 변화는 식생활에도 영향을 미쳐 식사를 가정 밖에서 해결하는 외식(外食)이 증가하게 되었으며, 이로 인해 음식을 판매하는 식당에 대한 요구도가 높아지게 되었다.

우리나라에서 음식을 판매하는 형태가 나타나기 시작한 것은 삼국시대로 추측하는데, 음식을 판매하는 영업을 '밥장사, 먹는 장사'로 부르다가 점차 규모가 커지면서 요식업(料食業), 식당업(食堂業), 음식업(飮食業)이라 불렀으며, 최근에는 '외식산업'이라 칭하고 있다. 우리나라에서 언제부터 외식산업이란 용어를 사용하였는지 정확히 알 수는 없으나, 미국의 경우 1950년대 공업화 단계에 진입하면서 식생활도 함께 발전하게 되어 Foodservice Industry라는 용어가 정착되기 시작하였다. 이웃나라 일본은 1978년부터 정부의 공식문서인 경제백서에 '외식산업'이라는 용어를 정식으로 사용하였다.

우리나라의 경우는 '86아시안게임과 '88서울올림픽 등의 국제적인 행사를 전후로 국내외 거대자본을 지닌 글로벌 외식기업이 국내시장에 본격적으로 진출하게 되면서 새로운 경영기법과 표준화된 생산시스템, 체계적인 마케팅, 체인시스템 등을 갖춘 다양한 외식업체가 나타나기 시작하였다. 국내에서는 최초의 체인음식점인 '롯데리아'가 개점한 1979년 이후부터 외식산업이라는 용어가 대중적으로 사용되기 시작했는데, 이때부터 외식산업의 업종 및 업태가 다양해졌을 뿐만 아니라 대규모화 · 전문화되기 시작했다. 따라서 오늘날 외식산업은 표준화 · 과학화 · 매뉴얼화 · 체인화의 원리를 바탕으로 기업화된 경영시스템을 갖춘 외식업체를 외식산업이라 하고, 그렇지 않은 외식업체는 음식장사 또는 외식업소 등으로 칭하기도 한다.

즉 오늘날 외식업소란 조리주체, 조리장소, 취식장소 등 세 가지 요소를 갖추고 영리 또는 비영리를 목적으로 식사와 음료 등의 물적 상품과 인적 서비스를 제공하는 곳을 말한다. 반면, 외식산업이란 일정한 장소에서 식음료를 유 · 무형의 서비스와 함께 특정 또는 불특정 다수에게 상업적 또는 비상업적 목적으로 제공하는 사업체들의 집합을 의미한다. 즉 외식업소 다수가 모인 것을 외식산업이라 할 수 있다. 그러나 어느 쪽이 좋고 나쁘다고 단정짓거나 정확하게 외식산업과 외식업소를 구분짓기에는 무리가 있으며 굳이 차이점을 비교하면 다음과 같다.

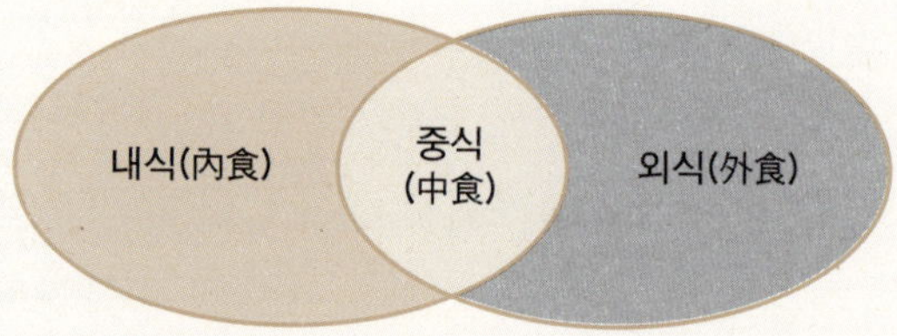

- 내식(内食) : 조리장소와 취식장소가 가정 내에서 이루어짐
- 중식(中食) : 내식과 외식의 중간형태로 가정 외에서 조리된 음식을 가정 내에서 취식하는 경우(테이크아웃, 택배서비스 등)
- 외식 (外食) : 조리장소와 취식장소가 가정 외에서 이루어짐

〈그림 1-1〉 내식 · 중식 · 외식의 개념

〈표 1-1〉 외식산업과 음식점업의 비교

항목	외식산업	음식점업
식재료	대부분 1차 가공한 식재료 사용	원재료를 많이 사용
생산방법	표준화, 매뉴얼화, 시스템화	조리사, 경영자의 경험이 바탕
경영방침	경제성, 효율성	전통, 개성, 창조성, 독립성
교육	매뉴얼에 의한 직무교육	경험자에 의한 현장교육
상권	시장세분화에 의한 상권설정	대중적 메뉴로 넓은 상권 설정
규모	대형화, 체인화	중소형화, 독립점포

3. 외식산업의 기능

외식산업은 음식판매를 기본으로 하여 안락하고 편안한 분위기를 제공하며, 각종 모임을 위한 장소, 주차시설 등의 각종 편의를 제공하는 등 사회적 · 문화적 기능을 하는데 세부적인 기능은 다음과 같다.

1) 메뉴상품 제공

외식산업은 고객에게 음식, 즉 메뉴상품을 판매하는 사업으로, 메뉴상품의 아이템이 무엇인지에 따라 외식산업의 업종과 업태가 결정되며, 서비스 형식과 외식업체의 규모 및 설비, 인테리어 등이 결정되므로 메뉴상품은 중요하다.

2) 서비스 제공

외식산업은 고객에게 인적 서비스와 물적 서비스, 정보적 서비스를 제공한다.

인적 서비스란 종업원으로부터 제공되는 접객서비스로 상냥한 미소와 친절한 태도, 예약 등을 들 수 있다.

물적 서비스는 고객에게 맞는 편안한 점포공간을 연출하는 것으로 인테리어 서비스라 할 수 있다. 메뉴아이템에 맞는 실내의 조명과 테이블 및 의자의 기능성, 건물 외장, 장식, 편의시설 등을 고객의 욕구에 부응하도록 서비스한다.

정보적 서비스란 외식업체가 다양하고 정확한 정보를 확보하여 고객들에게 제공하는 기능으로, 식재료의 기능성, 칼로리, 영양구성표 등 여러 유형의 정보를 제공함으로써 고객의 만족도를 높일 수 있다.

3) 편익 제공

고객의 욕구가 다양화됨에 따라 외식산업체도 고객만족을 위해 가정에서의 식사가 어렵거나 직접 방문하기 어려운 경우 배달을 통해 메뉴상품을 제공하고, 식당에서 먹기 어려운 경우는 테이크아웃 편익을 제공하는 등 다양한 편익을 제공한다. 특히 주차장의 확보, 영업시간 확대, 예약, 고객 대기실, 어린이 놀이방 설치 등으로 고객에게 편리성과 편익성을 제공한다.

4) 가치의 제공

좋은 분위기의 레스토랑에서 기대 이상의 훌륭한 접객서비스를 받는 경우 고객은 그 레스토랑의 가치를 높게 평가할 뿐만 아니라 고객 자신의 가치도 높게 느껴 만족도에 긍정적인 영향을 미치게 된다.

5) 입지의존적 기능

외식산업에서 입지는 고객 집객력의 원천이며 수요창출의 원동력 역할을 하는 등 사업의 승패를 결정짓는 필수불가결한 요소라 할 수 있다. 즉 외식산업은 점포의 위치와 입지조건에 따라 사업의 방향이 결정될 수 있을 정도로 입지에 대한 의존도가 높아 외식산업을 입지산업이라 부른다.

6) 사회복지기여 기능

외식산업은 사람이 섭취하는 음식물을 생산 · 판매하므로 국민의 건강에 위해를 끼치지 않도록 식품위생법의 규제를 받는다. 또한 최근 일부 외식업체는 판매수익의 일정액을 사회에 기부하는 등 사회복지를 위해 기여하기도 한다.

4. 외식산업의 특징

외식산업은 소비자에게 서비스와 함께 메뉴상품을 제공하고, 그에 대한 대가를 받아 이윤을 획득하는 것을 목적으로 하는 사업체의 집단이다. 그러나 메뉴상품을 조리 · 가공하는 것은 제조업과 같으나 소비자에게 직접 판매하고, 생산과 동시에 소비가 이루어지며, 기계화가 어려운 사업으로 다음과 같은 특징이 있다.

1) 노동집약적 산업이다.

대부분의 산업이 기계적 · 자본집약적인 데 비해, 외식산업은 사람의 기술이 중요하며 노동력을 필요로 한다. 특히 외식산업에서 취급하는 메뉴상품의 종류는 다양한 반면, 생산량이 소량이므로 대량생산을 위한 자동화시스템을 적용하기 어려울 뿐만 아니라 고객에게 제공 시 서비스가 병행되므로 인적 의존도가 높은 산업이라 하겠다.

2) 생산과 판매, 소비가 정해진 장소에서 동시에 일어난다.

외식산업상품은 종업원이 고객에게 주문을 받고 주방에 의뢰하면, 주방에서 조리 · 가공하여 생산된 메뉴상품을 종업원이 다시 고객에게 제공하고, 고객이 소비하는 과정으로 이루어진다. 즉 외식산업의 상품은 생산자에서 소비자에 이르기까지 도 · 소매점을 거치는 유통과정이 생략된다. 또한 생산과 소비가 정해진 장소에서 거의 동시에 이루어지며, 생산자가 소비자에게 직접 제공하는 특징이 있다.

반면, 타 산업의 경우 원재료를 이용하여 제품을 생산하면 유통을 통해 도 · 소매업자에게 전달되고, 이들을 통해 소비자는 제품을 구입하게 된다. 즉 타 산업의 경우 생산과 유통, 소비의 각 과정이 정확히 구분되어 이루어지는 것이 외식산업과의 차이점이라 하겠다.

그러나 최근 테이크아웃(Take Out)과 배달서비스(Delivery Service)를 전문으로 하는 외식업체의 경우 생산과 판매가 동일한 장소에서 동시에 이루어지지 않기도 한다.

3) 다품종 소량 판매방식이다.

타 산업의 경우 몇 가지 제품을 대량으로 생산하는 것이 일반적이나, 외식산업의 경우 동일한 메뉴상품일지라도 고객의 주문과 기호에 따라 맛과 모양 등을 달리하는 등 다양한 종류의 음식상품을 판매한다. 특히 고객의 욕구가 다양해짐에 따라 외식업체들은 고객의 만족도를 높이기 위해 더욱 다양하고 독특한 메뉴상품을 생산하기 위해 노력하고 있다.

4) 수요가 불확실하여 예측이 어렵다.

외식산업의 메뉴상품은 고객의 주문에 의해 생산되며, 인적 서비스 또한 메뉴상품과 함께 제공되는 무형의 상품으로 미리 생산하여 두거나 남는다고 해서 저장할 수 없다. 따라서 메뉴상품 생산을 위한 식자재 등은 언제 어떤 고객이 얼마만큼 찾아올지를 예측하여 구매량을 정하는 것이 중요하다. 대체로 수요예측은 과거의 기록을 토대로 예측하는데 날씨, 사회상황 등 예기치 못한 변수로 인해 예측이 잘못될 수 있으므로 주변상황을 항상 주시해야 한다.

5) 시간과 장소에 제약이 따른다.

외식산업은 메뉴상품을 생산하기 위해 소요되는 시간과 주문한 메뉴상품을 먹기 위한 장소가 필수적으로 요구된다. 특히 대부분의 외식산업체는 점심과 저녁식사 시간에 고객이 집중되므로, 이 시간대에 빠른 조리로 고객 대기시간을 최소화하여 테이블 회전율을 높이는 것이 중요하다. 따라서 한정된 판매시간과 제한된 영업장소, 정해진 인력을 이용하여 최대의 매출을 올릴 수 있도록 인력과 공간배치를 고려해야 할 뿐만 아니라 한가한 시간대에도 고객을 유치할 수 있는 마케팅전략 등이 요구된다.

6) 인적 의존도가 높다.

외식업체에서 판매하는 메뉴상품은 유형의 음식에 서비스가 더해져 하나의 상품으로 완성된다. 즉 음식을 생산하였을지라도 고객에게 제공하지 않으면 고객이 맛볼 수 없으며, 아무리 맛이 좋은 음식일지라도 종업원의 서비스가 좋지 않다면 음식 맛이 나쁘게 느껴질 수 있다. 특히 외식산업은 다양한 메뉴상품을 한정된 시간 안에 고객에게 제공해야 하며, 전문기술을 요구하는 경우가 많다. 따라서 정해진 시간 내에 메뉴상품을 정해진 품질로 생산하지 못하거나 생산에 많은 시간이 소요되는 경우 고객의 불만이 야기될 수 있다.

7) 입지의존도가 높다.

외식사업은 입지사업이라 불릴 정도로 입지의존성이 높다. 좋은 입지는 유동인구가 많으며 가시성 등이 좋아 외식업체가 특별히 판촉활동을 하지 않아도 고객이 스스로 찾아와 구매할 수 있는 여건을 지닌 곳으로 매출에 많은 영향을 미친다. 또한 입지에 따라 외식업의 업종과 업태가 달라질 수 있으므로 입지분석이 매우 중요하다.

8) 식자재 및 상품의 장기저장이 어렵다.

대부분의 식재료는 장기보관이 어려운 신선식품이 주를 이루므로 당일에 판매하지 못할 경우 폐기로 인해 원가비율이 높아져 손익에 영향을 미칠 수 있다. 특히 외식산업의 경우 주요 상품이 음식으로 생산과 동시에 제공되어야 최상의 맛을 유지할 수 있다. 또한 생산은 하였으나 판매가 되지 않았다 하여 저장하면 맛이 좋지 않거나 변질되어 식중독을 유발할 수 있으므로 폐기해야 한다.

9) 창업의 대표적인 업종이다.

외식사업은 소자본으로 창업이 가능하여 창업의 대표적인 업종으로 꼽힌다. 반면 독특한 기술과 경험, 자본력 등을 갖추지 않고 시작한 경우가 많아 실패율이 높은 것도 외식사업이다. 따라서 성공적으로 사업을 유지하기 위해서는 경쟁업체와 차별화된 콘셉트를 개발하는 것이 중요하며, 적어도 6개월 정도는 매출을 통한 수입이 없더라도 사업을 유지할 수 있는 자본을 갖추어야 한다.

10) 프랜차이즈 사업이다.

우리나라를 비롯하여 미국과 일본 등의 프랜차이즈 산업에서 가장 높은 비율을 차지하고 있는 것이 외식업종이다. 프랜차이즈는 체인경영이라고도 하는데, 동일한 상호와 상표를 사용하며, 가맹본부로부터 경영 노하우뿐만 아니라 제품

개발 및 생산 등 경영전반에 걸쳐 지원을 받으므로 비교적 창업이 손쉽고, 성공률이 높은 사업형태라 하겠다.

11) 모방이 용이한 사업이다.

많은 외식업체들이 자사만의 독특함을 추구하기 위해 새로운 메뉴상품과 맛, 형태, 인테리어 등 다양한 측면에서 연구·개발을 하고 있다. 따라서 외식산업은 타 산업에 비해 업종과 업태가 다양한데, 그 이유는 모방이 용이하기 때문이다. 따라서 자사의 상품, 상표를 보호받기 위해 상표등록, 특허출원 등 다양한 방법을 동원하고 있다.

〈표 1-2〉 외식산업과 소비관련 제조업의 차이점 비교

구분 / 특징	외식산업	소비관련 제조업
산업성	• 노동집약성(창업이 비교적 쉬움) • 사람을 통한 수작업화 • 인적 기술의존도 높음	• 자본집약성(창업이 비교적 어려움) • 기계를 이용한 자동화 • 기계의존도 높음
유통과정	동일한 장소에서 생산, 판매	도·소매점으로의 유통을 이용한 판매
상품의 종류	• 다품종 소량판매 • 소비자 맞춤생산(주문생산) • 저장이 어려움	• 소품종 대량판매 • 기성품 판매 • 장기저장 가능
원가구성	원가율(Cost)이 비교적 낮음	원가율이 높음
소비 특성	생산과 소비의 동시성	생산과 소비의 분리성
입지성	입지의존도 높음	입지의존도 낮음
운영형태	독립점포 체인경영	도·소매점 대리점경영
모방성	모방이 쉬움	모방이 어려움

Chapter 2

국내 외식산업의 성장과 발전

학습목표

1. 국내 외식산업의 발전요인에 대해 학습한다.
2. 국내 외식산업의 발전과정에 대해 학습한다.

1. 국내 외식산업의 발전요인

인류의 출현과 함께 생명유지를 위한 수단으로 이용되었던 음식 섭취는 오늘날 인간 삶의 질과 수준을 높여 풍요롭게 할 뿐만 아니라 개인적 · 사회적 욕구까지도 충족시키는 수단으로 이용되고 있다. 특히 산업화 · 국제화 등의 사회적 환경변화로 인해 외식산업도 양적인 성장과 함께 질적인 성장을 하게 되었다.

국내 외식산업이 성장 · 발전하게 된 배경으로는 경제발전에 따른 소득의 증가와 일자리 증가로 인한 여성의 사회진출 및 맞벌이 가정 증가, 핵가족화와 독신자 증가, 고령화시대 도래로 인한 건강기능성 식품에 대한 관심 증가, 주 5일 근무로 인한 여가시간의 증대 등을 들 수 있다. 외식산업의 발전요인을 구체적으로 살펴보면 다음과 같다.

1) 경제적 요인

경제가 발전함에 따라 국민소득을 비롯한 가처분 소득이 증가하여 가치소비가 증가하게 되었으며, 외식시장이 세분화 · 다양화되었다. 또한 세계화로 인한 경제교류 및 시장개방으로 해외 외식기업의 국내 진출이 활발해졌을 뿐만 아니라 국내 대기업의 외식시장 참여율이 높아져 국내 외식기업의 해외시장 진출 또한 확대되고 있다.

2) 사회적 요인

산업화로 인해 일자리가 증가하면서 여성의 사회진출로 인한 맞벌이 부부와 부모세대와 분리하여 생활하는 핵가족화 현상이 야기되었다. 특히 주 5일 근무로 인한 여가시간의 증대로 외식에 대한 욕구가 고급화 · 다변화되었다. 또한 독신자와 신세대, 노령층, 여피족 등 새로운 세대의 출현은 외식의 증대뿐만 아니라 배달서비스, 테이크아웃, 인터넷 쇼핑몰, 홈쇼핑 등 판매방식에도 영향을 미치게 되었다.

3) 문화적 요인

현대인들이 항상 시간에 쫓기는 생활을 하다 보니 식생활 패턴이 밥과 반찬으로 구성된 전통적인 식습관에서 반조리식품, 패스트푸드 등 간편식을 추구하는 식생활로 바뀌고 있다. 또한 해외여행의 증가와 인터넷의 생활화는 식생활을 서구화 · 다양화하여 국내 외식시장에 글로벌 음식과 퓨전음식을 취급하는 식당들이 증가하게 되었다. 그러나 최근 전통음식의 우수성이 입증되었을 뿐만 아니라 다양한 상품이 개발됨에 따라 전통음식에 대한 관심이 다시 증가하고 있다.

4) 과학기술의 발전요인

주방시설의 과학화와 식품가공기술 등의 발달로 인해 식품이 다양화되고 포장기술의 발달로 장기보존이 가능하게 되었다. 또한 메뉴상품의 과학화·표준화를 통해 대량생산이 가능하게 되었으며, 이로 인한 자동화시스템 도입으로 생산성이 향상되어 원가절감에 크게 기여하게 되었다. 이러한 과학기술의 발달로 인해 외식프랜차이즈 산업이 보급·확산되어 해외 외식브랜드의 국내 보급과 국내 외식브랜드의 해외진출이 활발해지는 계기가 되었다.

5) 고객요인

위의 경제적, 사회적, 문화적, 과학기술적 요인은 고객 인식의 변화를 가져왔다. 기존의 식당이 단순히 배를 채우는 장소였다면 오늘날 음식을 판매하는 외식업체는 만남의 장소, 여가와 휴식의 장소, 가치추구의 장소로 인식되는 등 고객의 인식이 변하고 있다. 또한 웰빙 트렌드로 건강기능성 음식, 저열량 음식 등에 대한 관심이 증가하고 있으며, 자신의 취향을 고려한 음식을 선호하는 등 변화하는 고객의 욕구 충족을 위해 다양한 메뉴상품을 개발함으로써 외식산업 발전에 기여하고 있다.

〈표 1-3〉 외식산업의 발전요인

요인	특징
경제적 요인	• 경제성장과 국민소득 증대 • 국제화로 인한 시장개방 • 국내 대기업의 외식시장 참여
사회적 요인	• 여성의 사회진출, 노동시간 감소 • 건강, 레저, 여가에 대한 관심 고조 • 핵가족화 및 도시형 생활의 확대 • 신세대 및 고령층, 마이카족, 여피족 등의 새로운 세대 출현 • 새로운 판매방식(배달서비스, 테이크아웃, 인터넷 쇼핑몰, 홈쇼핑 등)

문화적 요인	• 글로벌시대로 식생활의 서구화와 이민족음식 관심 증가 • 간편식 추구 등 식생활패턴 변화 • 전통음식의 상품화와 우수성 입증
기술적 요인	• 식품가공기술의 발달, 포장기술의 발달 • 주방기기의 현대화, 과학화 • 해외 외식브랜드의 국내 도입 및 기술제휴 • 외식프랜차이즈시스템 확산 • 전산화 · 매뉴얼화 · 표준화 등 자동화시스템의 도입 • Central Kitchen System
고객요인	• 식당에 대한 인식 변화 • 가치관의 변화 • 웰빙트렌드 • 고객의 욕구 변화

2. 국내 외식산업의 발전과정

우리나라에서 식당은 삼국시대부터 있었던 것으로 알려져 있다. 그러나 초기의 식당은 남편이 없는 미망인들이 깊은 산속으로 들어가 생계유지를 위해 먼 길을 떠나는 나그네 등을 대상으로 간단히 요기가 되는 음식을 판매하던 곳으로 오늘날의 식당과는 다른 형태라 하겠다. 1938년 조선시대에 유생들이 모여 사학을 토론하는 성균관 내에는 명륜당이라 하여 유생들이 거처하는 기숙사와 식당이 있었는데 이곳이 최초의 식당으로 알려져 있다.

그 후 18세기 후반에 이르러 시장경제가 이루어지고 자유화가 됨에 따라 소비자를 직접 찾아다니며 상품을 판매하는 보부상들이 증가하게 되었다. 따라서 보부상을 대상으로 음식과 숙박을 제공하는 주막이 생겨나게 되었다.

19세기에는 주막이 더욱 자리를 잡게 되었는데, 개화기로 들어서면서 자본주의가 도입되었을 뿐만 아니라 주 5일장이 확립됨에 따라 지역 간 왕래가 더욱 빈

번해졌기 때문이다. 또한 상업을 주업으로 하는 사람들이 증가하게 되어 주막의 부족현상이 초래되었는데, 이로 인해 숙박만을 제공하는 오늘날의 여관과 같은 장소가 생겨나게 되었다. 또한 기존의 물물교환이나 노점상에서 판매하던 방식에서 발전하여 상품을 전문적으로 판매하는 상점도 생겨나기 시작하였는데, 이때 음식을 파는 상점 또한 같이 발달하게 되었다.

20세기에는 서울에 '미야고, 식도원' 등 숙식과 음식, 연회가 가능한 대형식당이 생겨나 유명해졌는데, 이것이 한국요리 음식점의 시조라 불린다. 1902년에는 독일인 손탁이 건립한 손탁호텔 내에 프랑스 식당이 생겼는데, 우리나라 최초의 호텔이자 서양요리 음식점이라 하겠다. 그 후 1914년에는 조선총독부의 철도호텔 건립계획에 의해 조선호텔이 생겼는데, 당시에는 규모와 시설 면에서 가장 고급스러운 호텔이었다. 따라서 일반인은 출입이 제한되었으며, 주로 총독부의 고급관리나 일본군 장성 등 특수층이 이용하는 호텔로 직원 또한 일본인들로 구성되었다.

1945년에는 일본으로부터 해방되는 기쁨을 맞이하였으나, 그것도 잠시 1950년에는 6 · 25전쟁이 일어났다. 이로 인해 식당에서 음식을 사먹는다는 것은 상상할 수도 없는 일로 식문화의 침체기가 도래하였다. 그 후 휴전으로 미군이 국내에 주둔하게 되고, 외국의 원조 등으로 조금씩 사회경제가 부흥됨에 따라 생계를 위해 음식을 판매하는 노점상이나 점포가 생겨나게 되었다. 이때 미군부대에서 버려진 재료를 이용하여 값싼 음식으로 부활시킨 부대찌개가 등장하게 되었고, 구호식으로 지급된 밀가루를 이용한 면(麵) 음식이 발달하는 등 우리나라 식문화에 영향을 미치게 되었다.

1970년대에 이르러서는 '새마을운동' 등 적극적인 경제개발정책으로 인해 경제가 성장하였으며, 더불어 식생활에도 변화가 나타나기 시작하였다. 마요네즈, 케첩, 탄산음료, 커피, 맥주 등 서양의 식품이 도입되어 유통되었으며, 일제시대에 금지되었던 전통주가 부활되기 시작하였다. 특히 국내 프랜차이즈 1호점인 롯데리아가 1979년에 오픈되어 국내 외식시장에 큰 영향을 미치게 되었으며, 설렁탕 등의 탕반음식이 유행하였다. 또한 이 시기에 일반인은 특별한 날에나 먹을 수 있었던 삼겹살, 갈비, 불고기 등을 판매하는 고기구이집이 생겨났다.

1980년대에 이르러서는 외국의 유명 체인호텔과 버거킹, 피자헛, 맥도날드, KFC 등의 글로벌 외식기업이 국내시장에 등장하였다. 이를 계기로 국내 대기업들이 외식산업에도 진출하기 시작하였으며, 외식프랜차이즈 업체들도 생겨나 외식시장이 양적으로 성장하는 시기였다.

1990년대는 대형 패밀리레스토랑이 도입되어 국내 외식산업이 본격적으로 성장하는 계기가 되었다. 특히 대기업의 외식산업 진출이 확대되어 체인형태의 외식사업체가 증가하였다.

21세기에 이르러서는 우리나라 외식시장이 다양화 · 고급화 추세로 변하고 있다. 글로벌 외식업체가 일반화되었을 뿐만 아니라 퓨전음식이 생겨나 새로운 화두가 되었으며, 독특하고 차별화된 콘셉트를 지닌 외식업체들이 증가되고 있다.

이와 같은 우리나라 외식산업의 연대별 성장과정을 정리하면 다음과 같다.

〈표 1-4〉 우리나라 외식산업의 연대별 발전내용

연대별	발전내용
1900~50년대	**〈일제강점기와 6 · 25전쟁으로 인한 식생활의 침체기〉** • 주막의 활성화, 연회가 가능한 대형식당 출현 • 호텔 출현 : 손탁호텔, 철도호텔 등(특수층만 출입 가능) • 이문설렁탕(1907), 용금옥(1930), 한일관(1934), 조선옥(1937), 안동장(1940), 고려당(1945), 남포옥면(1948) 등
1960~70년대	**〈음식업의 태동기〉** • 미군주둔 : 부대찌개 등 등장 • 영세요식업의 우후죽순 출현 • 경제개발계획으로 인한 식생활 개선 : 밀가루 음식 개발 활성화 • 서양의 식품 도입 : 우유, 마요네즈, 케첩, 커피, 맥주 등 • 전통주 부활, 전통 탕반음식 유행 : 설렁탕 • 고기구이집 출현 • 패스트푸드 브랜드 도입 및 프랜차이즈 태동 • 난다랑(1979) : 국내프랜차이즈의 효시/ 롯데리아(1979) : 서구식 외식의 효시

1980년대 전반	〈외식산업의 도입기〉 • 영세 프랜차이즈 속출(햄버거, 국수, 치킨) • 해외 유명 호텔, 외식프랜차이즈 도입 활발 • 국내 대기업의 외식사업 진출 • 서구식 식문화의 유입 및 확산 • 버거킹(1982), KFC(1984), 피자헛(1984), 신라명과(1984), 베스킨라빈스(1985), 놀부(1985) 등
1980년대 후반	〈외식산업의 적응기〉 • 식생활의 외식화, 레저화, 가공식품화 • 프랜차이즈 확대와 난립 : 패스트푸드 및 프랜차이즈 업소가 시장 선도 • 한식프랜차이즈 출현 • 집단급식업체의 등장(1988 서울케이터링, 1989 LG유통) • 맥도날드(1986), 코코스(1988), 도미노피자(1989) 등
1990년대	〈외식산업의 전환기 : IMF 이후 회복기로 돌아섬〉 • 해외 유명 브랜드 도입 확산 • 국내 대기업의 외식시장 진출 확대 • 국내 외식브랜드의 해외진출 • 패밀리레스토랑 및 집단급식업의 급성장 • 하디스(1990), T.G.I.F(1991), 서브웨이(1992), 씨즐러(1993), 미스터피자(1993), 스카이락(1994), 베니건스(1995), 토니로마스(1995), 마르쉐(1996), 아웃백스테이크하우스(1997) 등
2000년대	〈외식산업의 성장기〉 • 외식업체 간의 경쟁 심화 • 주 5일 근무제의 확산 등 여가시간 증대로 외식기회 증대 • 소비자 욕구의 다양화 · 고급화로 외식업종의 다양화 • 국제화로 인해 퓨전음식, 외국 전통음식 레스토랑 증가 • 디저트시장 발달 : 음료, 커피 등

3. 국내 외식산업의 규모 및 현황

1) 2019년~2021년도 외식산업경기 전망지수

국내 외식시장 전체규모가 약 136조 원이며, 2021년 1분기의 전체 매출액 현재지수가 67.26으로 지난 분기 전망(66.01)보다 다소 증가한 것으로 나타났다. 특이한 점은 코로나 19 발생으로 현재지수가 2020년 1분기보다 2021년 1분기가 약 7.50 정도 증가하였다는 점이다. 2020년 2분기 이후 전망지수가 증가하는 것은 백신접종으로 발병률이 낮아질 것으로 예측하여 수치화한 것이다.

〈표 1-5〉 2019년~2021년도 외식산업경기 전망지수

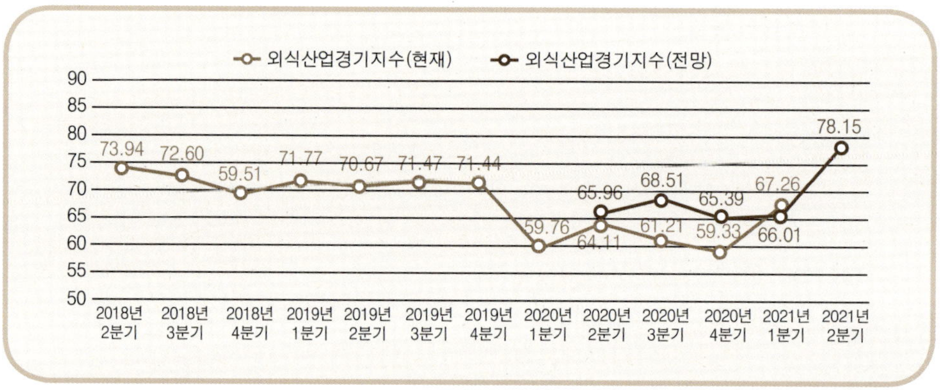

자료: aTFIS 식품산업통계정보

2) 우리나라 전국 외식업 점포 수

우리나라 전국 외식업 점포 수는 727,377개이며, 서울이 125,740개로 17.29%, 부산이 51,180개로 7.04%, 대구광역시가 34,821개로 4.79%, 인천광역시가 34,927개로 4.80%로 나타났다.

〈표 1-6〉 2020년도 전국 외식업 점포 수(개)

지역	사업체 수(개)	비율(%)
서울특별시	125,740	17.29
부산광역시	51,180	7.04
대구광역시	34,821	4.79
인천광역시	34,927	4.80
광주광역시	19,950	2.74
대전광역시	20,996	2.89
울산광역시	18,408	2.53
세종특별자치시	3,757	0.52
경기도	151,865	20.88
강원도	32,276	4.44
충청북도	26,577	3.65
충청남도	33,552	4.61
전라북도	25,792	3.55
전라남도	29,481	4.05
경상북도	45,949	6.32
경상남도	56,735	7.80
제주특별자치도	15,371	2.11
합계	**727,377**	**100.00**

자료: aTFIS 식품산업통계정보

3) 업종별 개업률과 폐업률

2021년도 업종별 신규개점 수의 총합은 외식업이 28,997개로 가장 많은 것으로 나타났으며 서비스업이 12,608개, 도소매업이 5,893개 순으로 나타났다. 외식업과 서비스업은 전년 대비 전체 신규개점 수가 증가하였으나 도소매업의 경우 소폭 감소했다. 반면, 평균 신규개점 수는 도소매업이 15.6개로 가장 높으며, 서비스업이 10.9개, 외식업이 5.7개 순으로 나타났다.

〈표 1-7〉 업종별 존속연수에 따른 개업률과 폐업률

구분	외식			서비스			도소매		
	개점률	폐점률	창폐점	개점률	폐점률	창폐점	개점률	폐점률	창폐점
3년 미만	80.1%	12.0%	20.7%	77.7%	7.0%	7.6%	85.4%	3.5%	5.6%
3~5년 미만	30.1%	37.5%	118.2%	29.0%	15.3%	69.0%	26.3%	24.8%	76.5%
5~7년 미만	20.0%	31.8%	162.7%	17.6%	18.1%	105.7%	15.7%	19.9%	131.8%
7~10년 미만	13.5%	32.9%	266.0%	11.3%	22.3%	149.1%	10.7%	23.2%	178.6%
10~15년 미만	8.9%	26.4%	290.2%	9.0%	22.8%	262.8%	6.8%	27.1%	721.5%
15~20년 미만	8.2%	21.1%	354.2%	6.5%	21.1%	378.1%	4.3%	21.0%	588.7%
20년 이상	7.3%	15.0%	311.1%	6.5%	10.8%	177.5%	6.7%	10.4%	214.4%

자료: aTFIS 식품산업통계정보

4) 코로나 시대 배달 외식시장 현황

국내 배달 외식시장 규모가 15조 원을 넘어선 것으로 나타났다. 업계에 따르면 지난해 배달앱 시장 1, 2위인 배달의민족과 요기요의 결제금액은 12조 원, 쿠팡과 배달통 등 후발업체 결제금액을 포함하면 15조 원에 달할 것이라고 분석하였다. 지난해 기준 국내 외식시장 전체규모가 136조 원이었음을 고려할 때 전체 외식시장의 11%에 가까운 매출이 배달앱상에서 일어나고 있다.

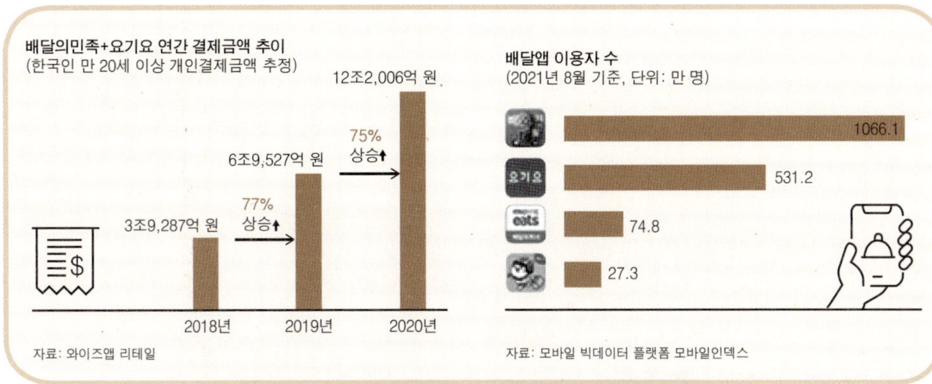

〈그림 1-2〉 배달앱 이용자 수 및 연간 결제금액 추이

| 외식업 트렌드 |

■ 언택트 서비스 배달창업

코로나 19 발생으로 외식업에서 생존하기 위해 배달은 필수가 되고 있으며, 배달음식의 종류가 다양해지면서 배달을 하지 않는 점포는 매출이 감소할 것으로 예측되고 있다. 특히 외식업에서 배달은 선택이 아니라 필수가 되어 다각적인 배달 전략이 필요하다.

우리나라 식품산업 외형적 규모를 살펴보면 제조가 약 92조 원, 외식업이 약 138조 원으로 총규모가 약 230조 원이 되는 것으로 조사되었다.(음 · 식료품, 농 · 축 · 수산물, 음식 서비스, 피자 · 치킨 등 배달서비스 등의 인터넷 · 모바일 쇼핑 거래액을 합산 2018년 통계청 기준)

온라인 쇼핑 음식서비스 거래액 추이를 살펴보면 2019년도에 약 9조 7,328억 원이고, 2020년에는 약 17조 3,828억 원으로 나타났다.

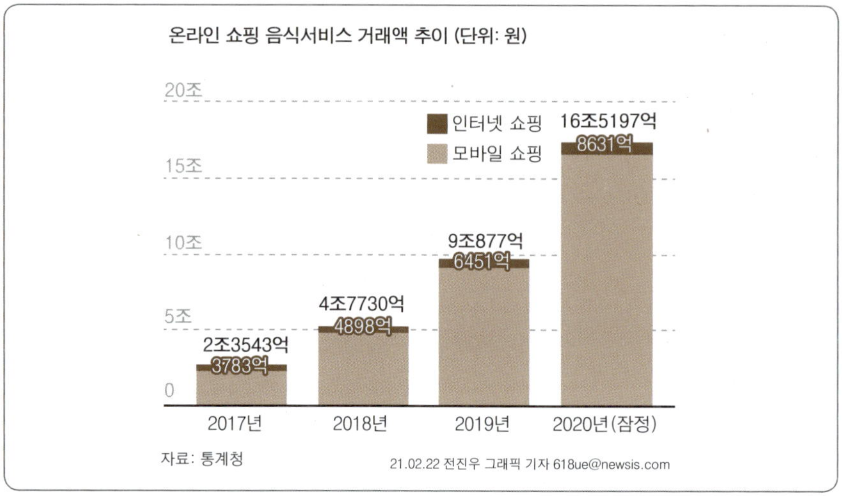

온라인 식품거래액 추이를 살펴보면 2019년도에 약 26.7조 원이고, 2020년에는 43.4조 원으로 조사되었다.

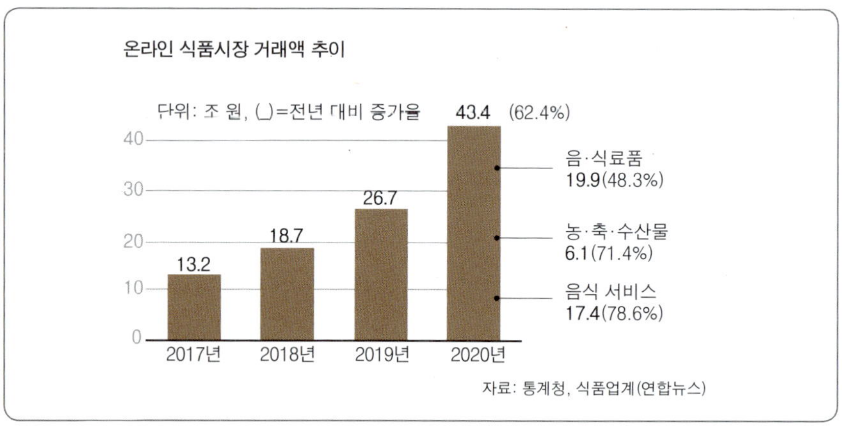

■ 공유주방

코로나 19로 인해 매출이 감소한 생계형 업소들이 비용을 줄이기 위해 공유주방을 활용하여 영업을 하고 있으며, 공유주방의 형태를 살펴보면 "시간제 공유주방"은 외식업소 밀집지역 상권에 위치해 영업 외 특정 시간 동안만 유휴 공간을 빌리고 주방 기기도 함께 이용하는 시스템이다.

자료: 2021 국민일보

"배달형 공유주방"은 배달 수요가 많은 지역에 위치하여 조리 공간을 분리해 다수의 업종 · 업태별로 배달음식을 전문적으로 제조하고 소비자에게 음식을 배달할 수 있는 형태로 운영된다.

"식당형 공유주방"의 경우 여러 회사 밀집지역, 대단위 아파트 지역 상권에 위치해 배달과 테이크아웃, 객석도 함께 운영할 수 있도록 한 공유주방으로 매출을 올릴 수 있는 형태이다.

"제조유통형 공유주방"은 밀키트, 간편식, 즉석식품 등을 제조 및 유통할 수 있는 설비를 갖추고 있으며 소비자뿐 아니라 업체에도 납품하는 형태로 운영한다.

공유주방

자료: 세종컬리너리 스쿨

■ HMR 시장확대

신종 코로나 19로 인해 올 한 해 크게 성장한 가정간편식(HMR) 시장은 내년에도 고성장세를 지속할 수 있다는 관측이 지배적이다.

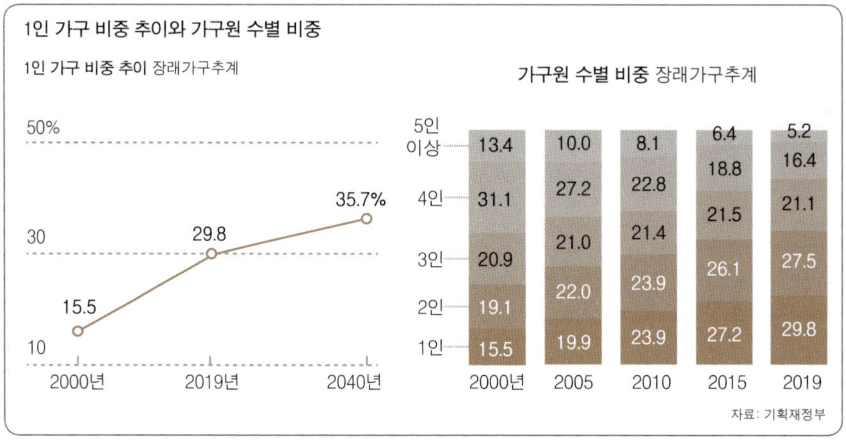

최근 1인 가구 증가와 사회적 거리두기 등 각종 사회적 현상으로 우리 식습관이 달라지고 있다. 이로 인해 별도 조리과정 없이 혹은 단순 조리과정을 거쳐 섭취할 수 있도록 제조, 가공, 포장된 가정간편식(HMR) 시장이 급성장하고 있다. 2020년에는 새롭게 변화하는 가정간편식 유형과 트렌드, 시장규모가 성장하는 것으로 나타났다.

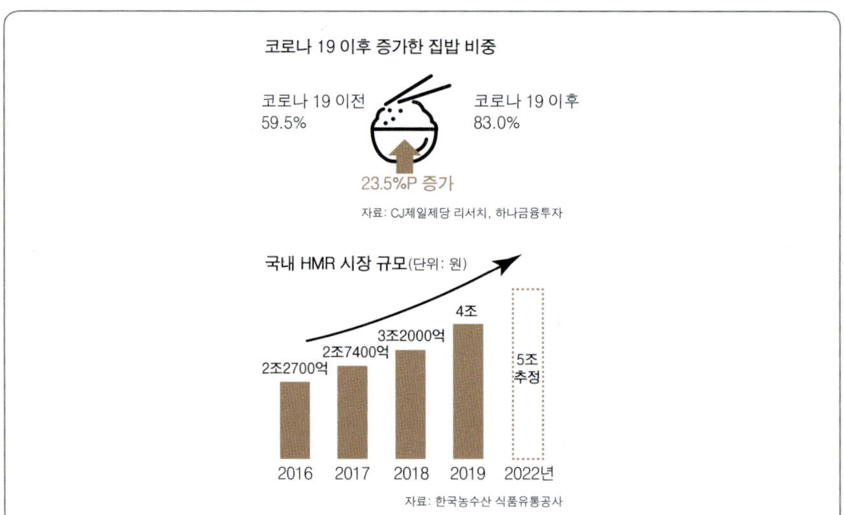

한국농수산식품유통공사가 발표한 2019년 가공식품 세분시장 현황보고서에 따르면 가정간편식 국내 출하 현황은 2013년 1조 6,058억 원에서 2017년 2조 7,421억 원으로 최근 50년간 70.8%나 증가했다. 한국농촌경제연구원에 따르면 2018년 국내 가정간편식 출하액은 2017년보다 17.3% 많은 3조 2,164억 원 규모일 것으로 추정되며, 향후 2022년 출하액은 5조 원을 상회할 것으로 전망된다고 한다.

■ 뉴트로의 열풍

뉴트로는 '뉴(new · 새로움)'와 '레트로(retro · 복고)'를 합친 단어다. '신(新)복고풍'이라고도 한다. 30대 이하 젊은 층이 과거의 유행을 새로운 트렌드로 받아들여 새롭게 즐기는 경향을 말한다. 디지털 감성에 익숙한 젊은 세대들이 익숙하지 않은 아날로그 감성에 새로움을 느끼면서 뉴트로 인기는 지속될 전망이다. 이 트렌드를 따라 80년대와 90년대 유행이 재해석되며 다양한 영역에서 열풍을 일으키고 있다. 패션에서부터 시작해서 음악, 게임, 관광뿐만 아니라 식음료와 외식업에까지 영향을 미치고 있다.

삼겹살 전문점

자료: 마곡나루 삼겹살 가능식당 / 뉴트로 감성 마곡.. :네이버블로그

전문가들은 뉴트로 중심의 소비 트렌드는 장기적으로도 전 산업에서 가속화될 것이라고 전망한다. 그렇다면 외식업 종사자들은 이를 다각적으로 활용할 필요가 있을 것이다.

■ 미래의 식재료 대체육

건강 · 환경 · 윤리적 문제와 급증하는 육류 수요에 따른 미래의 육류 부족 문제를 해결하기 위한 방안으로 콩, 밀 등 식물성 재료를 활용해 만든 '대체육' 개발에 관심이 집중되고 있다.

대체육 시장은 채식주의자(Vegetarian)와 비건(Vegan) 인구 증가, 친환경적 소비 트렌드 확대에 따라 빠른 성장세를 보이고 있다.

육류시장의 전통육류와 대체육 비중 전망은 아래 그래프와 같다.

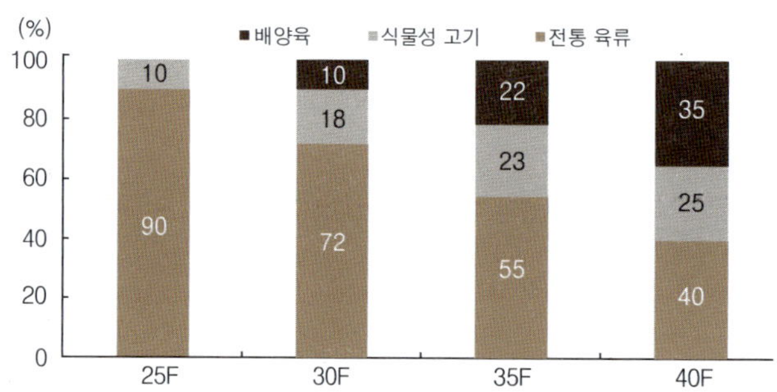

출처: 대신증권 Research Center, 비건의 필수템, 대중화의 시작, 2020

<육류시장 내 전통육류와 대체육 비중 전망>

미국 시장조사 전문기관 얼라이드 마켓 리서치(Allied Market Research)의 조사에 따르면, 2017년 기준 전 세계 대체육류시장 규모는 41억 달러로, 2026년까지 81억 달러 규모로 성장할 것으로 전망된다.

당초 채식주의자, 지구환경과 동물복지를 생각하며 환경적, 윤리적 소비를 추구하는 일부 소비자를 겨냥했던 대체육은 실제 고기와 흡사한 뛰어난 맛과 건강식이라는 인식 확대로 빠르게 영역을 확대하고 있는 추세다.

| Beyond Burger |

| Impossible Foods |

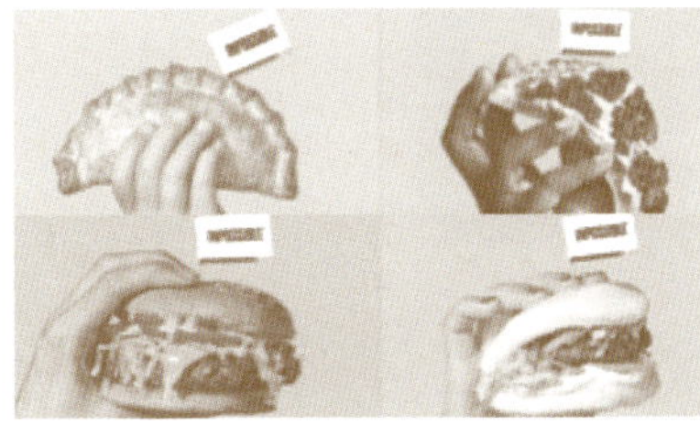

| KFC의
plant-based beyond fried chicken |

| Burger King의
Impossible whopper |

출처: hitechnewsdauly.com, www.foodnavigator-usa.com, www.theguardian.com

KFC는 비욘드미트에서 만든 치킨너겟과 윙의 시범 판매를 시작했다. 버거킹 역시 세인트루이스에서 임파서블푸드의 식물성 단백질 패티를 사용한 '임파서블 와퍼(Impossible whopper)' 판매를 시작했고, 올 연말까지 미 전역 7,000여 개의 매장에서 식물성 패티로 만든 버거를 판매할 계획이다. 2040년 전 세계 육류소비 60% 대체육 전망글로벌 컨설팅 업체 AT커니(AT Kearney)는 보고서를 통해 '2040년에는 전 세계에서 소비되는 육류의 60%가 대체육일 것'이라고 전망했다. 채소와 단백질을 이용한 대체육은 건강식 트렌드에 따른 식물성 기반 식품의 인기와 더불어 친환경적, 그리고 윤리적 소비에 부합하는 미래 먹거리로 주목받고 있다.

Chapter 3

외식산업의 분류

학습목표

1. 국내 외식산업의 분류기준과 종류에 대해 학습한다.
2. 외식산업의 업종과 업태의 개념과 분류에 대해 학습한다.
3. 정부기관의 외식산업 분류기준과 종류에 대해 학습한다.

1. 외식산업의 분류기준

우리나라 외식산업은 급식의 주체가 특정다수의 집단인지 불특정 다수의 집단인지에 따라 크게 영업급식과 집단급식으로 구분된다(〈그림 1-3〉 참조). 영업급식은 영리추구가 목적으로 음식상품을 판매하므로 상업적인 외식산업이라 하며, 집단급식은 학교, 사업체, 군대, 병원 등 특정 다수를 대상으로 구성원들의 건강유지와 복지를 목적으로 하므로 비상업급식으로 구분한다.

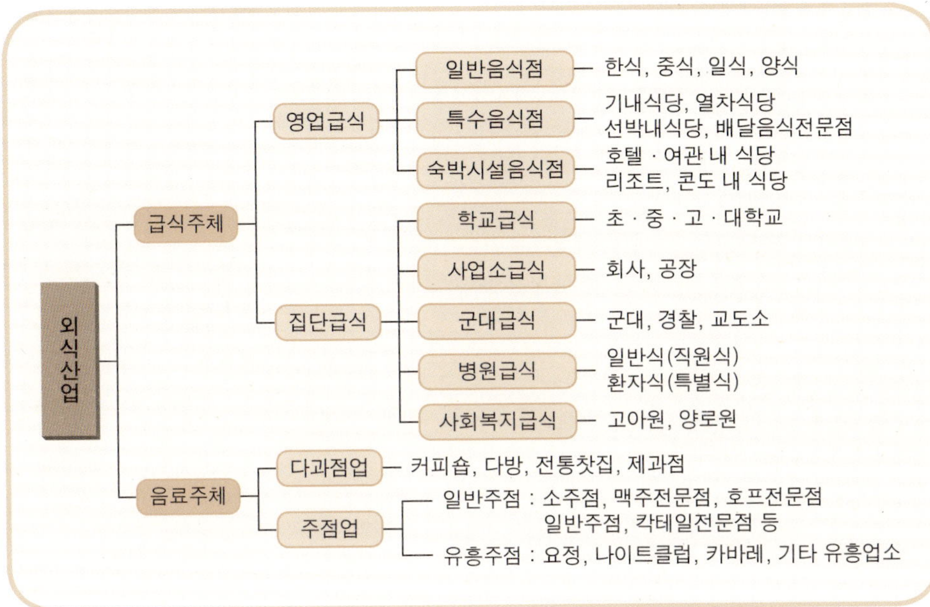

〈그림 1-3〉 우리나라 외식산업의 기본 분류

2. 외식산업의 업종과 업태

외식산업의 업종과 업태는 외식업소에서 판매하는 메뉴상품의 아이템에 따라 구분되는데, 최근에는 상품이 다양화되었을 뿐만 아니라 퓨전음식이 유행하여 구분이 모호한 경우가 있다. 그러나 일반적으로 업종(Type of Business)이란 레스토랑에서 판매하고 있는 음식의 종류가 무엇인지에 따라 구분되는 것이다. 즉 업종은 한식, 양식, 중식, 일식 등 메뉴상품의 대분류의 영업형태에 따라 구분된다.

반면 업태(Type of Operation)란 메뉴상품의 소분류상의 영업형태로, 어떤 방법으로 메뉴상품을 판매하는가를 의미한다. 따라서 외식산업의 업태는 크게 패스트푸드, 패밀리레스토랑, 패밀리다이닝, 디너하우스 등으로 구분되는데, 레스토랑의 영업방식과 서비스형태, 대금지불방식 등에 따라 구분되어진다.

업종과 업태에 따른 레스토랑의 분류는 〈그림 1-4〉와 같다.

업태 / 업종	패스트푸드	패밀리레스토랑	패밀리다이닝	디너하우스
	• 서비스 : 셀프, 카운터 • 메뉴 : 한정적 • 객단가 : 3,000~8,000원 정도 • 제공시간 : 3분 이내	• 서비스 : 테이블 • 메뉴 : 폭넓고 다양 • 객단가 : 8,000~15,000원 정도 • 제공시간 10분 이내	• 서비스 : 테이블 • 메뉴 : 폭넓고 다양 • 객단가 : 10,000~25,000원 정도 • 제공시간 20분 이내	• 서비스 : 테이블 • 메뉴 : 한정적 • 객단가 : 25,000원 이상 • 제공시간 30분 이내
한식	한식류 분식점 올리브 떡볶이 국수전문점	원할머니보쌈 놀부부대찌개	한우리 삼원가든	고급한정식당 호텔 한식당
양식	롯데리아 맥도날드 버거킹	미스터피자 크라제버거	빕스 베니건스 토니로마스	호텔 양식당
일식	일본식 라멘 전문점	기소야	일반 음식점	호텔 일식당

〈그림 1-4〉 외식산업 업종 · 업태에 따른 분류

3. 정부기관의 외식산업 분류

1) 한국표준산업기준에 의한 분류

한국표준산업기준에 의한 분류는 한국통계협회의 분류와 한국산업훈련연구소의 분류로 구분된다. 한국통계협회의 분류에 의하면 외식산업은 분류코드 56번 음식점 및 주점업에 해당하고 음식점업, 주점 및 비알코올 음료점업으로 분류되며 한식 음식점업, 외국식 음식점업, 기관 구내식당업, 출장 및 이동음식점업, 기타 간이음식점업, 주점업, 비알코올 음료점업 등으로 세분화된다. 분류 내용은 〈표 1-8〉과 같다.

〈표 1-8〉 한국통계협회의 도 · 소매 및 숙박음식점업 분류표

대분류	중분류	소분류	세분류	세세분류	
숙박 및 음식점업	음식점 및 주점업 56	음식점업 561	한식 음식점업 5611	한식 일반 음식점업	56111
				한식 면 요리 전문점	56112
				한식 육류 요리 전문점	56113
				한식 해산물 요리 전문점	56114
			외국식 음식점업 5612	중식 음식점업	56121
				일식 음식점업	56122
				서양식 음식점업	56123
				기타 외국식 음식점업	56129
			기관 구내식당업 5613	기관 구내식당업	56130
			출장 및 이동 음식점업 5614	출장 음식 서비스업	56141
				이동 음식점업	56142
			기타 간이 음식점업 5619	제과점업	56191
				피자, 햄버거, 샌드위치 및 유사 음식점업	56192
				치킨 전문점	56193
				김밥 및 기타 간이 음식점업	56194
				간이 음식 포장 판매 전문점	56199
		주점 및 비알코올 음료점업 562	주점업 5621	일반 유흥 주점업	56211
				무도 유흥 주점업	56212
				생맥주 전문점	56213
				기타 주점업	56219
			비알코올 음료점업 5622	커피 전문점	56221
				기타 비알코올 음료점업	56229

가. 음식점 및 주점업(Food and beverage service activities)

접객시설을 갖추고 구내에서 직접 소비할 수 있는 음식을 조리하여 제공하는 음식점을 운영하는 산업활동과 접객시설을 갖추고 주류, 다과류 및 비알코올 음료를 판매하는 산업활동을 말한다. 또한 접객시설 없이 고객이 주문한 음식을 직접 조리하여 배달하거나 연회장과 같은 행사장에 출장하여 고객이 주문한 음식물을 조리 · 제공하는 산업활동을 포함한다.

〈제외〉

· 숙박업에 결합되어 운영하는 식사제공 활동(55)

· 철도 운수 사업체에서 철도 식당칸을 직접 운영하는 경우(4910)

· 조리사만을 공급하는 경우(7512)

· 음식을 조리하여 도매 및 소매사업체에 납품하는 경우(1075)

· 회사 등의 기관과 계약에 의하여 별도의 장소에서 다량의 집단 급식용 식사를 조리하여 약정 기간 동안 운송 · 공급하는 경우(10751)

(1) 음식점업(restaurants and mobile food service activities : 561)

접객시설을 갖추고 구내에서 직접 소비할 수 있도록 주문한 음식을 조리하여 제공하는 음식점을 운영하거나 접객시설 없이 고객이 주문한 음식을 직접 조리하여 배달 · 제공하는 산업활동을 말한다. 여기에는 회사, 학교 등의 기관과 계약에 의하여 음식을 조리 · 제공하는 구내식당을 운영하는 활동도 포함한다.

① 한식음식점업(Korean food restaurants : 5611)

한식 요리법에 따라 조리한 각종 일반 음식류를 제공하는 산업활동을 말한다.

〈제외〉

· 라면, 피자, 샌드위치 등과 같은 간이 음식을 제공하는 활동(5619)

· 음식의 종류 등과 관계없이 이동음식점을 운영하는 경우(56142)

· 기관 구내식당을 운영하는 경우(56130)

· 출장 음식 서비스(56141)

(a) 한식 일반 음식점업(General korean food restaurants : 56111)

백반류, 죽류, 찌개류(국, 탕, 전골), 찜류 등 한식 일반 음식을 제공하는 산업활동을 말한다. 죽류, 찌개류 및 찜류는 육류 또는 해산물이 주재료가 되는 경우를 포함한다.

〈예시〉

· 설렁탕집
· 해물탕집
· 해장국집
· 보쌈집
· 일반 한식 전문 뷔페

(b) 한식 면 요리 전문점(Korean food restaurants specializing in noodle dishes : 56112)

냉면, 칼국수, 국수 등 한식 면 요리 음식을 전문적으로 제공하는 산업활동을 말한다.

〈예시〉

· 냉면 전문점 · 칼국수 전문점(국수 전문점(식사 대용)

〈제외〉

· 간이 음식 형태로 제공하는 면 요리 음식점(56194)

(c) 한식 육류 요리 전문점(Korean food restaurants specializing in meat dishes : 56113)

쇠고기, 돼지고기, 닭고기, 오리고기 등 육류 구이 및 회 요리를 전문적으로 제공하는 산업활동을 말한다.

〈예시〉

· 갈비구이(주된 메뉴 기준) 전문점, 곱창구이 등 육류 부산물 구이 전문점, 곱창구이 전문점, 닭갈비 팬구이점, 불고기 전문점, 뷔페식당(주된 요리: 한식 육류구이), 삼겹살집 운영(음식점), 소고기 뷔페, 숯불갈비 전문점, 육류고기 뷔페, 육류구이 전문점, 한식 육류요리 간접구이(철판, 팬, 오븐) 전문점, 한식 육류요리 직접(화)구이 전문점

(d) 한식 해산물 요리 전문점(Korean food restaurants specializing in seafood dishes : 56114)

한국식 횟집, 생선 구이점 등 한식 해산물 요리를 제공하는 산업활동을 말한다.

〈예시〉

· 한국식 횟집

· 일식 이외의 해산물 요리 전문점

〈제외〉

· 해산물 찜류, 탕류, 죽류 전문점(56111)

낙지회 전문점, 물회 전문점, 민물고기 횟집, 복요리(주된 요리 : 한국식 회, 구이) 전문점, 생선구이 전문점, 생선횟집(일식 전문점 제외), 어패류구이 전문점, 조개구이 전문점, 참치회 전문점(한식 형태), 횟집 운영(일식 전문점 제외)

② 외국식 음식점업(Foreign food restaurants : 5612)

한식 요리를 제외한 중식, 일식, 서양식 및 기타 외국식 요리법에 따라 조리한 각종 일반 음식류를 제공하는 산업활동을 말한다.

(a) 중식 음식점업(Chinese food restaurants : 56121)

중국식 음식을 제공하는 산업활동을 말한다.

· 중국요리점
· 중화요리점

(b) 일식 음식점업(Japanese food restaurants : 56122)

정통 일본식 음식을 전문적으로 제공하는 산업활동을 말한다.

〈예시〉

· 초밥집(일식 전문점)
· 일식 횟집
· 일식 구이 전문점(로바다야끼)
· 일식 우동 전문점

〈제외〉

· 한국식으로 운영되는 횟집(56114)

로바다야끼(일식 구이) 전문점, 일본식 라면 전문점(라멘), 일식 도시락 전문점, 일식 우동

집 운영, 일식 전문점, 일식 참치 전문점, 일식 초밥 전문점, 일식횟집 운영

(c) 서양식 음식점업(Western food restaurants : 56123)

유럽 및 미국 등에서 발달한 서양식 음식을 제공하는 산업활동을 말한다.

〈예시〉

· 서양식 레스토랑

· 서양식 패밀리레스토랑

· 이탈리아 음식점

경양식 전문점, 그리스 음식점, 러시아 음식점, 서양식 구이 전문점(그릴 등), 서양요리 뷔페, 스페인 음식점, 양식당 운영, 프랑스 음식점

(d) 기타 외국식 음식점업(Other foreign food restaurants : 56129)

동남아, 인도 등 기타 외국식 음식점업을 운영하는 산업활동을 말한다.

〈예시〉

· 베트남 음식점

· 인도 음식점

네팔 음식점, 몽골 음식점, 베트남 쌀국수 전문점, 베트남 음식점, 태국 음식점, 파키스탄 음식점, 필리핀 음식점

③ 기관 구내식당업(Industrial restaurants : 5613, 56130)

회사, 학교, 공공기관 등의 기관과 계약에 의하여 구내식당을 설치하고 음식을 조리하여 제공하는 산업활동을 말한다.

〈제외〉

· 회사 등의 기관과 계약에 의하여 별도의 장소에서 다량의 집단 급식용 식사를 조리하여 약정 기간 동안 운송 · 공급하는 경우(10751)

급식서비스(구내 조리), 기관 구내식당, 직원용 구내식당, 학교 급식식당(교내 조리)

④ 출장 및 이동 음식점업(Event catering and mobile food service activities : 5614)

연회 등과 같은 행사 시에 특정 장소로 출장하여 음식 서비스를 제공하는 산업활동과 고정된 식당시설 없이 각종의 음식을 조리하여 제공하는 이동식 음식점을 운영하는 산업활동을 포함한다.

(a) 출장 음식 서비스업(Event catering : 56141)

파티, 오찬, 연회 등의 행사 시에 고객이 지정한 장소에 출장하여 주문한 음식물을 조리하여 제공하는 산업활동을 말한다.

〈예시〉

· 출장 음식 서비스

· 출장 뷔페음식 서비스

· 독립적인 식당차 운영

출장 연회 음식서비스, 행사장 단체급식 제공(출장 요리서비스)

(b) 이동 음식점업(Mobile food services activities : 56142)

제공하는 음식 종류에 관계없이 특정 장소에 고정된 식당을 개설하지 않은 이동식 음식점을 운영하는 산업활동을 말한다.

〈예시〉

· 이동식 포장마차

· 이동식 떡볶이 판매점

· 이동식 붕어빵 판매점

이동식 감자조리 판매, 이동식 고구마구이 판매, 이동식 닭꼬치 판매, 이동식

어묵(오뎅) 판매

⑤ 기타 간이 음식점업(Other light food restaurants : 5619)

즉석식의 빵, 케이크, 생과자, 떡류, 피자, 햄버거, 샌드위치, 분식류, 기타 패스트푸드 및 유사 식품 등을 조리하여 소비자에게 제공하는 음식점을 운영하는 산업활동을 말한다.

(a) 제과점업(Bakeries : 56191)

즉석식의 빵, 케이크, 생과자 등을 직접 구워서 일반 소비자에게 판매하거나 접객시설을 갖추고 구입한 빵, 케이크 등을 직접 소비할 수 있도록 제공하는 산업활동을 말한다. 접객시설을 갖추고 떡류를 제공하는 경우도 포함한다.

〈예시〉

· 제과점(즉석식품 중심)

· 떡집(음식점 형태)

〈제외〉

· 접객시설 없이 빵, 케이크 등을 구입하여 일반 소비자에게 판매(47)

도넛(doughnut) 전문점, 떡 전문점, 베이커리 가게 운영, 빵집 운영, 생과자점 운영, 제과점 운영

(b) 피자, 햄버거, 샌드위치 및 유사 음식점업(Pizza, hamburger and sand-wich eating places and similar food services activities : 56192)

피자, 햄버거, 샌드위치, 토스트 및 유사 음식을 직접 조리하여 일반 소비자에게 판매하는 산업활동을 말한다.

〈예시〉

· 피자 전문점

· 샌드위치 전문점

· 햄버거 전문점

· 토스트 전문점

(c) 치킨 전문점(Chicken restaurants : 56193)

양념치킨, 프라이드 치킨 등 치킨 전문점을 운영하는 산업활동을 말한다.

〈예시〉

· 양념 치킨 전문점

· 프라이드 치킨 전문점

〈제외〉

· 주류와 치킨을 함께 판매하는 경우 주된 산업활동에 따라 분류

· 치킨과 햄버거를 함께 판매하는 경우 주된 산업활동에 따라 분류

(d) 김밥 및 기타 간이 음식점업(Dried seaweed rolls and other light food restaurants : 56194)

간이 음식(대용식이나 간식, 야식 등)용으로 조리한 김밥, 만두류, 찐빵, 면류(라면, 우동 등), 떡볶이류, 튀김류, 꼬치류 등을 제공하는 음식점을 운영하는 산업활동을 말한다. 간이 음식류를 포장 판매도 하지만 객석 판매가 많은 경우를 포함한다. 이들 음식점은 간단한 메뉴를 동일한 방식으로 신속하게 조리하는 경우가 일반적이다.

〈예시〉

· 김밥 판매점

· 일반 분식점

· 아이스크림 전문점

〈제외〉

· 객석 없이 간이 음식류를 조리하여 판매하는 경우(56199)

· 면류, 만두류를 전문적으로 요리하여 판매하는 경우(561)

간이 분식점(이동식 제외), 김밥 전문점, 떡볶이 전문점(고정식 음식점), 떡볶이가게(이동식 제외), 라면가게(간이음식점), 분식점, 스낵점(snack, 간편식) 운영, 아이스크림 전문점, 우동가게(이동식 제외, 간이요리형), 찐빵 전문점(고정 매장)

(e) 간이 음식 포장 판매 전문점(Take-out light food restaurants : 56199)

고정된 장소에서 대용식이나 간식 등 간이 음식류를 조리하여 포장 판매하거나 일부 객석은 있으나 포장 판매 위주로 음식점을 운영하는 산업활동을 말한다.

〈예시〉

감자요리 판매(고정 매장), 닭꼬치 판매(고정 매장), 붕어빵 판매(고정 매장), 크레페 전문점(고정 매장), 튀김가게(고정 매장), 호떡집(고정 매장)

(2) 주점 및 비알코올 음료점업(Drinking places and non-alcoholic beverages places : 562)

접객시설을 갖추고 주류 및 비알코올 음료를 판매하는 산업활동을 말한다.

① 주점업(Drinking places : 5621)

요정, 선술집(스탠드바), 나이트클럽, 생맥주 전문점, 디스코클럽, 카바레, 대폿집 등과 같이 술과 이에 따른 음식을 판매하는 산업활동을 말한다.

(a) 일반 유흥 주점업(General amusement and drinking places : 56211)

접객시설과 함께 접객 요원을 두고 술을 판매하는 각종 형태의 유흥주점을 말한다.

〈예시〉

· 요정

· 한국식 접객 주점

· 룸살롱

· 바(접객 서비스 포함)

· 서양식 접객 주점

· 비어홀(접객 서비스 포함)

가요주점(접객서비스 포함), 술집(접객서비스 포함)

(b) 무도 유흥 주점업(Dancing and drinking halls : 56212)

무도시설을 갖추고 술을 판매하는 무도 유흥 주점을 말한다.

〈예시〉

· 무도 유흥주점

· 카바레

· 극장식 주점(식당) 클럽

· 나이트클럽

〈제외〉

· 무도장 및 콜라텍 운영(91291)

극장식 주점(무도시설 보유), 나이트클럽, 디스코클럽, 무도 유흥주점, 카바레(무도시설 보유)

(c) 생맥주 전문점(Taphouses : 56213)

접객시설을 갖추고 대중에게 주로 생맥주를 전문적으로 판매하는 주점을 말한다.

〈예시〉

· 생맥주집(호프집)

〈제외〉

· 생맥주 이외 맥주 판매 주점(56219)

생맥주 전문점, 생맥주집 운영

(d) 기타 주점업(Other drinking places : 56219)

생맥주 전문점을 제외한 대폿집, 선술집 등과 같이 접객시설을 갖추고 대중에게 술을 판매하는 기타의 주점을 말한다.

〈예시〉

· 소주방

· 막걸리집

· 토속 주점(막걸리, 동동주 등)

가라오케(접객서비스 없음), 간이주점(소주방 등), 단란주점(접객서비스 없음), 민속주점, 사케 전문점, 선술집(고정식), 와인바

② 비알코올 음료점업(Non-alcoholic beverages places : 5622)

커피 전문점(Coffee shops), 기타 비알코올 음료점업(Other non-alcoholic beverages places)

(a) 커피 전문점(Coffee shops : 56221)

접객시설을 갖추고 볶은 원두, 가공 커피류 등을 이용하여 생산한 커피 음료를 전문적으로 제공하는 산업활동을 말한다. 접객시설 없이 커피 포장 판매를 전문적으로 하는 음료점도 포함한다.

〈예시〉

· 커피 전문점 · 커피숍

〈제외〉

· 전통식 다방(인스턴트 커피점)(56229)

이동식 원두커피 판매점, 커피 전문점, 커피숍 운영

(b) 기타 비알코올 음료점업(Other non-alcoholic beverages places : 56229)

접객시설을 갖추고 주스, 인스턴트 커피, 홍차, 생강차, 쌍화차 등을 만들어 제공하는 산업활동을 말한다. 접객시설 없이 비알코올 음료 포장 판매를 전문적으로 하는 음료점도 포함한다.

〈예시〉

· 주스 전문점

· 찻집

· 다방

간이찻집, 과일주스 전문점, 국산찻집, 다방 운영, 다실 운영, 비알코올 음료점, 생과일주스 전문점, 생과일주스 전문점(고정 매장), 이동식 냉차 판매, 인삼찻집 운영

반면 한국산업훈련연구소의 분류에 따르면, 외식업체는 크게 점포음식, 무점포음식, 급식, 연회로 구분하는데, 분류내용은 〈표 1-9〉와 같다.

〈표 1-9〉 한국산업훈련연구소에 의한 외식업소 분류

대분류	소분류
점포음식	음식점 : 레스토랑, 카페테리아, 전문음식점, 다방
	매점 : 패스트푸드, 도시락, 김밥, 델리커숍(Delicashop)
	알코올음식점 : 막걸리집, 바(Bar), 카바레, 술집
	요정
무점포음식	노점
	택배음식 : 부식물 택배, 음료류 택배, 조리품 택배, 출장조리
급식	집단급식 : 학교급식, 병원급식, 사무실급식
	교통급식 : 기내급식, 차내급식, 선내급식
연회	호텔
	여관

2) 「식품위생법」에 의한 분류

외식산업을 「식품위생법」에 준거하여 분류하면 크게 음식을 판매하는 음식점과 주류를 판매하는 주점으로 구분할 수 있다. 또한 음식점은 주류의 판매 여부에 따라 구분되며, 주점은 유흥종사자의 유무에 따라 구분된다.

가. 휴게음식점 영업

주로 다류(茶類), 아이스크림류 등을 조리 · 판매하거나 패스트푸드점, 분식점 형태의 영업 등 음식류를 조리 · 판매하는 영업으로서 음주행위가 허용되지 아니하는 영업이다. 다만, 편의점, 슈퍼마켓, 휴게소, 그 밖에 음식류를 판매하는 장소에서 컵라면, 일회용 다류 또는 그 밖의 음식류에 물을 부어 주는 경우는 제외한다.

나. 일반음식점 영업

음식류를 조리 · 판매하는 영업으로서 식사와 함께 부수적으로 음주행위가 허용되는 영업이다.

다. 단란주점 영업

주로 주류를 조리 · 판매하는 영업으로서 손님이 노래를 부르는 행위가 허용되는 영업이다.

라. 유흥주점 영업

주로 주류를 조리 · 판매하는 영업으로서 유흥종사자를 두거나 유흥시설을 설치할 수 있고, 손님이 노래를 부르거나 춤을 추는 행위가 허용되는 디스코클럽, 카바레, 룸살롱 형태의 주점업소를 말한다.

마. 위탁급식영업

집단급식소를 설치 · 운영하는 자와의 계약에 따라 그 집단급식소에서 음식류를 조리하여 제공하는 영업이다.

바. 제과점영업

주로 빵, 떡, 과자 등을 제조 · 판매하는 영업으로서 음주행위가 허용되지 아니하는 영업이다.

3) 「관광진흥법」에 의한 분류

관광이란 집을 떠나 행하는 행위로 외식은 필수적으로 요구된다. 따라서 「관광진흥법」에서는 관광객의 편의를 증진하기 위하여 운송, 숙박, 운동, 오락, 휴양 또는 용역과 함께 음식 제공을 규정하고 있으며, 분류기준은 다음과 같다.

가. 관광숙박업

관광숙박업의 경우 모든 업소가 숙박과 음식을 제공하는 것이 아닌 국민호텔업과 휴양콘도미니엄업, 그리고 가족호텔업은 음식을 제공하지 않는다. 이는 건전한 국민관광을 유도 · 발전시키려는 국가시책에 부응하는 것으로, 여행자에게 저렴하고 편리한 숙박시설과 함께 편익을 제공하기 위해 직접 취사할 수 있는 시설을 제공한다.

나. 관광객 이용시설업

관광객 이용시설업의 경우 음식과 직접적으로 관계가 있는 관광음식점업과 외국인 전용 유흥음식점업으로 구성되어 있다. 또한 직접 관계가 없는 외국인전용 관광기념품 판매업을 비롯하여 간접적으로 관계가 있는 전문휴양업, 종합휴양업, 자동차 야영장업, 관광유람선업 등이 있다.

다. 관광 편의시설업

관광 편의시설업은 음식과 관련이 없는 관광사진업을 비롯하여 간접적으로 관련이 있는 자동차 정류장 시설업, 직접적인 관련이 있는 관광토속주 판매업, 전문관광 식당업 그리고 일반관광 식당업 등이 있다.

PART 02

외식산업의 창업

Chapter 1

외식 창업의 이해

학습목표

1. 국내 외식 창업 환경을 학습한다.
2. 창업의 개념을 이해한다.
3. 창업의 3요소에 대해 학습한다.
4. 외식산업 창업이 타 산업의 창업과 다른 특징에 대해 학습한다.
5. 창업의 목적에 대해 학습한다.
6. 창업의 다양한 유형에 대해 학습한다.
7. 창업의 형태에 대해 학습한다.
8. 창업의 성공요인에 대해 학습한다.

1. 창업 환경

오늘날 베이비부머의 퇴직과 창업, 정부의 창업지원책 등으로 인해 외식업은 꾸준히 창업 선호업종으로 각광받고 있다. 따라서 우리나라 외식업체는 비약적인 성장과 발전을 거듭하여 불과 몇 년 만에 포화상태에 이르게 되었다. 그럼에도 불구하고 많은 사람들이 아직도 외식업을 최고의 창업아이템으로 손꼽으며, 너

도나도 외식업 창업에 뛰어들고 있다. 그러나 과거의 외식업이 맛있는 음식을 만들어 판매하면 성공하던 것에 비해 오늘날의 외식업은 문화사업이라 불릴 정도로 다양하고 복합적인 요소를 갖추어야 성공할 수 있다.

외식 창업이란 단순히 외식업을 시작하는 것으로 끝이 아니라 사업을 성공적으로 유지하는 것이 중요하다. 우리나라 자영업자 수는 IMF 이후 조금씩 감소하다가 최근 경기침체가 장기화되면서 구직보다는 창업을 하려는 사람들로 인해 다시 증가하고 있다. 따라서 철저한 준비과정 없이 우후죽순으로 식당을 개업했다가 불과 6개월도 영업을 유지하지 못하고 문을 닫는 경우가 다반사로 공정거래위원회에 등록된 외식업체 중 3분의 1이 없어졌다가 생겨나는 것을 반복한다고 한다. 특히 계속되는 경기침체와 대기업의 외식시장 진출 등의 이유로 인해 소자본 외식시장은 점차 생존이 어려워지고 있다. 이러한 불황 속에서 리스크를 최소화하고 틈새시장을 찾아 성공적인 창업을 하기 위해서는 창업에 필요한 요소를 갖추었는지 확인함은 물론 나아가 창업에 필요한 준비과정을 꼼꼼히 살펴보고 체계적이고 과학적인 시장조사와 함께 창업절차에 따라 차근차근 계획하여 철저하게 준비하는 자세가 필요하다 하겠다.

2. 창업의 개념

창업(創業)이란 말 그대로 사업을 새롭게 만드는 것을 의미한다. 우리나라「중소기업 창업지원법」(2001. 3. 제정)에 의하면 "창업은 중소기업을 설립하는 것"이라고 하였다. 따라서 외식산업 창업이란 사업아이템을 결정하고 인적 자원과 물적 자원을 결합하여 기업의 목표를 달성하기 위해 음식상품을 생산·판매하고 이와 관련된 부수적인 활동을 시작하는 것이라 하겠다. 그러나 최근 들어 외식 창업은 그 범위가 확장되어 새롭게 외식업을 시작하는 것뿐만 아니라 기존의 외식업체가 새로운 제품을 생산하기 위해 영업을 확장하는 것을 포함하여 타인이 경영하던 외식업체를 인수받아 새롭게 사업자등록을 마치고 경영하는 것도 창업에 포함하고 있다.

3. 창업의 3요소

외식산업 창업을 위해서는 창업의 주체가 되는 창업자가 어떤 형태의 레스토랑을 설립할 것인지에 대한 사업아이디어를 가지고 이를 실행하는 데 필요한 인적, 물적 시스템을 구축하기 위한 자본을 갖추어야 한다. 즉 외식 창업을 위해서는 레스토랑을 경영하고 운영할 경영주를 비롯한 종업원 등의 인적 요소, 무엇을 판매할 것인지에 대한 상품요소, 상품을 생산하기 위해 필요한 환경을 구축하는 데 필요한 물적 요소를 창업의 3요소라 한다.

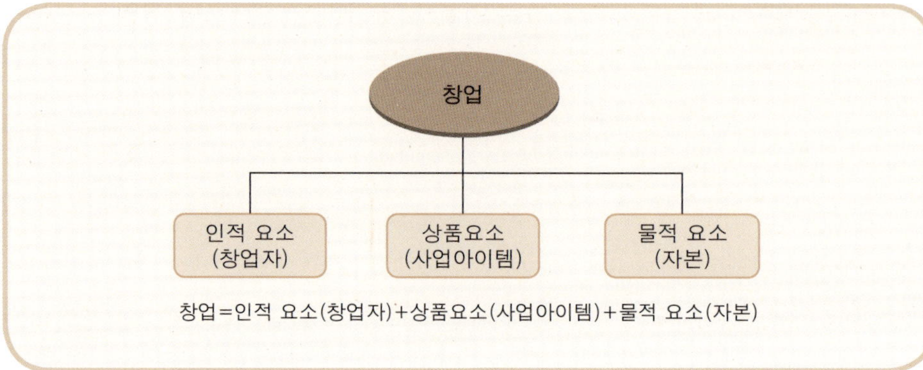

〈그림 2-1〉 창업의 3요소

1) 인적 요소 : 창업자

외식업을 새롭게 시작하기 위해서는 주체가 되는 창업자를 비롯하여 조직을 이끌어갈 조직원 즉 음식상품을 계획하고 생산하며 판매, 관리할 종업원이 필요하다. 특히 외식산업은 인적 의존도가 높아 우수한 인적 자원을 확보하는 것이 중요하다.

창업자는 사업아이템과 사업자본을 결합하여 사업성을 분석하고 사업을 계획하며 수립, 실행을 주도하는 사람이다. 따라서 창업자의 자질이나 능력, 가치관 등은 사업의 성패를 좌우할 수 있으므로 매우 중요하다. 그러나 최근 들어 외식업체 경영에 대한 지식이나 경험이 없이 자본이나 사업아이템만을 지닌 창업희망자의 경우 레스토랑 운영 전반에 관한 전문지식과 기술을 갖춘 경영전문가를 고용하여 레스토랑의 운영을 맡기거나 일정기간 동안 한정적으로 경영을 의존하고 창업자가 관련업무를 숙지한 후 직접 경영에 참가하는 경우도 증가하고 있다.

가. 경영자의 유형

① **소유 경영자** : 레스토랑 소유자가 직업 경영하는 경우로 자신의 자본으로 레스토랑을 설립하고 의사결정과 지휘, 통제 등 운영 전반을 담당한다.

② 전문 경영자 : 레스토랑 소유자는 자본만 투자하고 레스토랑 경영은 전문가를 고용하여 운영하도록 하는 경우로 소유와 경영이 분리된 형태이다.

나. 창업자(경영자)가 갖추어야 할 자질과 능력

① 전문지식과 기술 : 경영자는 레스토랑 운영에 필요한 전반적인 경영지식과 각 분야별 업무에 대해 숙지하고 있어야 성공적인 창업을 할 수 있다.

② 리더십과 대인관계기술 : 경영자는 레스토랑을 이끌어가는 리더로 종업원들을 이해하고 통솔할 수 있는 능력을 지녀야 한다. 특히 레스토랑 경영자는 다양한 직업과 연령, 성별 등의 고객을 상대하므로 바른 인성과 교양, 언어구사력, 고객과의 의사소통능력 등을 지녀야 한다.

③ 상황판단력 : 경영자는 변화하는 트렌드를 파악하여 자신의 레스토랑을 조정하거나 통합하는 등 적극적으로 대처하는 상황판단능력을 지녀야 한다. 특히 자신의 레스토랑이 현재 어떠한 상황에 처해 있는지 정확히 파악하여 어떠한 방향으로 나아가야 할지를 결정하는 것도 경영자의 능력이라 하겠다.

④ 창업자의 자세 : 외식업의 규모, 업종 · 업태를 불문하고 외식업을 성공적으로 이끌기 위해서는 창업자의 자세, 즉 창업자의 정신이 중요하다. 창업자의 자세란 창업자의 마인드를 의미하는 것으로 창업에 임하는 강인한 정신력과 체력, 변화에 대처하는 자세 등을 들 수 있다.

2) 상품요소 : 사업아이템

외식산업의 상품은 타 상품과 달리 유형의 음식상품에 무형의 서비스, 분위기 등 기타 요소가 결합되어 완전한 상품을 이룬다. 과거와 달리 현대에는 소비자들이 레스토랑을 선택함에 있어 메뉴상품의 맛뿐만 아니라 독특함, 서비스품질, 분위기, 편의시설, 부가서비스 등 다양한 상품요소를 고려한다. 따라서 성공적인 외식 창업을 위해서는 먼저 소비자가 무엇을 원하는지를 파악하고 이를 바탕으로 무엇을 생산하고 어떻게 판매할 것인지를 고려하여야 한다. 이를 창업 아이템이라 하는데 우수한 아이템을 선정하기 위해서는 철저한 시장분석과 전문기술이나 Know-How, 전문가의 조언 등이 바탕이 되어야 한다. 또한 사업의 지속적인 운영을 위해 메뉴상품을 선택할 때는 반드시 수익성을 고려하여야 한다.

3) 물적 요소 : 자본

물적 요소란 우수한 음식상품을 생산 · 판매하기 위해 갖추어야 할 환경요소로 예를 들어, 주방설비, 매장 인테리어, 재료, 자본 등을 들 수 있다. 특히 자본은 창업에서 가장 중요한 요소 중 하나로 창업자가 아무리 우수한 사업아이템이 있어도 창업자본이 준비되지 않으면 창업할 수 없으며, 창업의 규모나 입지, 시기 등에 영향을 미친다. 따라서 창업자본은 성공적인 창업을 위해 반드시 필요한 요소라 하겠다.

4. 창업의 특징

외식산업 창업은 상품의 특성상 타 산업의 창업과는 달리 다음과 같은 특성을 가지고 있다.

첫째, 창업의 성패(成敗)를 예측하기 어렵다.

창업이란 창업자의 경험(經驗) 유무(有無)와는 관계없이 그 성패(成敗)를 예측하기 어렵다. 특히 외식산업에 경험이 전무(全無)한 창업자의 경우 이제까지 경험해 보지 못했던 미지의 사업을 새롭게 시작하는 것이므로 준비과정이 철저하다고 해도 그 결과에 대한 예측이 불확실하다.

둘째, 창업에는 많은 자본이 소요된다.

외식산업을 창업하기 위해서는 입지, 건물, 시설 등 유형의 자본뿐만 아니라 음식상품을 생산하고 판매하는 인적 자원을 확보하기 위한 많은 자본이 소요된다. 특히 창업 초기에는 음식상품 판매를 통한 자금의 회수가 원활하지 않을 수 있으므로 영업 유지에 필요한 현금 등의 무형자본이 필요하다.

셋째, 창업은 창조적이며 모험적이다.

창업은 사업자가 기존에 인기 있는 사업을 모방하여 창업하는 경우도 있으나 대부분의 경우 창업자 자신의 자아실현을 위해 새로운 아이템으로 창업하거나 기존의 사업체가 영업이 잘되어 새로운 성장기반으로 삼기 위해 창업을 시도하기도 한다.

현대의 소비자는 개성을 추구하여 나만의 욕구를 충족시켜 주는 레스토랑을 선호한다. 따라서 외식업을 개시(開始)할 때는 주변에서 흔히 볼 수 있는 형태의 레스토랑보다는 자신만의 독특함이 있는 레스토랑을 창업하는 것이 중요하다. 단, 새로운 아이템으로 레스토랑을 창업한다는 것은 모험을 하는 것으로 실패 확률을 낮추기 위해서는 충분한 시장조사와 전문가의 조언 등이 바탕이 되어야 한다.

5. 창업의 목적

창업의 궁극적인 목적은 레스토랑 운영을 통한 이윤추구라 할 수 있다. 그러나 사람에 따라 자신의 꿈을 실현하기 위해 창업하는 경우가 있으며, 자신이 개발한 사업아이템을 현실화하기 위한 모험심으로 창업하는 경우도 배제할 수 없다. 따라서 창업 목적은 다음과 같이 다양하다.

1) 이윤추구 목적

레스토랑 창업에 투자한 자본을 회수하고 지속적인 운영을 위해서는 메뉴상품 판매를 통한 이윤이 획득되어야 한다. 이윤은 투자한 자본에 대한 회수의 개념을 벗어나 새로운 메뉴상품을 연구개발하고 시설을 개·보수하는 데 사용될 뿐만 아니라 미래의 위험에 대비하기 위해 반드시 준비되어야 할 필수요소라 하겠다.

2) 사회적 목적

외식산업을 창업하기 위해서는 인적, 물적, 상품적 요소가 갖추어져야 한다. 즉 하나의 레스토랑이 생겨나면 새로운 일자리가 창출되어 인력이 요구될 뿐만 아니라 메뉴상품의 생산과 판매를 위해 다양한 설비와 식재료를 구입하여야 하므로 관련 산업체의 경제적인 발전에 미약하나마 기여할 수 있다. 이는 곧 지역사회 발전과 국가발전의 원동력이 된다고 하겠다.

3) 서비스 목적

외식산업은 우수한 품질의 메뉴상품을 합리적인 가격으로 고객에게 제공하는 것이다. 만약 외식업체가 없다면 많은 사람들이 가정에서 식사를 해결해야 하므로 요즘 같은 맞벌이 시대에는 많은 어려움이 있을 것이다. 특히 최근에는 고객이 원하는 장소로 배달이 가능할 뿐만 아니라 포장판매가 확대되는 등 고객의 편의를 고려한 판매방법이 다양화되고 있다. 따라서 외식산업 창업은 어느 면에서는 고객에게 서비스하는 사업이라 할 수 있다.

또 다른 측면에서의 서비스 목적은 외식산업에서의 상품은 음식과 서비스가 합쳐진 것으로 맛있는 음식과 친절한 서비스는 고객의 재방문을 유도할 뿐만 아니라 충성고객화함으로써 이윤추구의 토대를 마련할 수 있다. 따라서 많은 외식업체들이 더 많은 소비자가 만족할 수 있도록 각 레스토랑만의 독특하고 다양한 서비스방법을 개발하고 있다.

4) 자아실현의 목적

우리나라 중소 레스토랑 창업자들의 대부분이 개인의 성취욕구 충족과 아이디어의 사업화를 통한 경제적 성장을 위해 창업한다고 한다. 즉 자신이 하고 싶은 분야에서 자신이 생각한 아이디어를 가지고 능력을 최대한 발휘함으로써 자아실현의 욕구 충족과 함께 경제적 부를 축적하기 위해 창업하는 것이라 하겠다.

6. 창업의 유형

창업의 유형은 창업자 연령, 점포의 유무 등에 따라 다양하다. 우리나라에서 중소 레스토랑을 가장 많이 창업하고 성공적으로 운영하고 있는 연령층은 25세에서 35세까지로 이 연령층의 창업자는 자본은 많지 않으나 참신한 사업아이템과 시장정보력, 실패를 두려워하지 않는 도전정신, 민첩한 신체 움직임 등이 바탕이 되기 때문인 것으로 생각된다. 그러나 최근에는 직장에서 조기 은퇴한 50대 창업자들이 외식 창업에 몰리기 시작하면서 2000년대 중반처럼 또다시 자영업 대란이 일어날 것을 우려하는 시선도 적지 않다. 우리나라 창업의 유형을 연령과 점포의 유무에 따라 구분하면 다음과 같다.

1) 연령에 따른 창업 유형

가. 모험창업

20대 창업자가 주를 이루며 자기의 전공, 직업과 관계없이 자신이 선택한 아이템을 기반으로 도전적인 창업을 실행한다. 따라서 이 연령대는 풍부한 경험과 지식이 뒷받침되지 않으므로 실패율이 높으나 반면, 누구도 상상하지 못했던 독특한 아이템이나 적극적이고 긍정적인 자세로 인하여 성공잠재력 또한 매우 높다. 특히 이 연령층의 창업자들은 실패하더라도 젊음을 무기로 재도전의 기회가 많다고 하겠다.

나. 선택창업

30대 초반의 창업자가 주를 이루며 이 시기의 창업자들은 직장생활에서 벗어나 자아실현을 위해 창업하는 경우가 많다. 따라서 자신이 그동안 경험했던 지식을 바탕으로 비슷한 분야를 찾아 창업하거나 자신의 적성에 맞는 아이템을 개발하여 창업하는 경우가 많다.

다. 기반창업

30대 후반의 창업자가 주를 이룬다. 이 시기의 창업자들은 가정도 있고 사회에서도 일정 분야에서 어느 정도 기반을 구축한 상태이므로 위험성이 높은 창업보다는 안정적인 창업을 선호한다. 따라서 자신의 사회경험을 기반으로 최대한의

쉬어가기

50代 자영업자 310만 명 시대

통계청에서는 2011년 50대 이상 자영업자 수가 310만 명을 넘어서면서 사상 최고치를 기록했다고 발표했다. 이는 2000년대 중반처럼 또다시 '자영업 대란'이 일어날 수 있다는 것을 시사한다. 최근 50대 이상 자영업자가 크게 증가하는 것은 직장에서 은퇴한 '베이비 붐 세대(1955~1963년생)'들이 마땅한 일자리를 찾지 못하고 음식점과 커피전문점, 편의점, PC방 등 영세 자영업 창업에 몰리고 있기 때문이다. 지난 1997년 외환위기 이후 영세 자영업자들이 무섭게 증가하다가 2000년대 중반에 이르러 한 해 수십만 개의 자영업체가 폐업하였다. 이로 인해 2005년 이후 자

영업자 수는 점차 감소세를 보였으나, 2011년 들어 자영업자는 다시 증가세를 보이고 있는 것으로 나타났다.

50대 이상의 자영업 창업에 뛰어든 대다수는 생계형 점포로 최근 극심한 경기침체로 인해 생존할 수 있는 비율이 극히 낮다. 우리나라는 전체 고용에서 자영업자가 차지하는 비중이 전체 28%를 차지해 미국의 7%, 일본 9% 등 선진국의 평균 10% 미만에 비해 매우 높다. 이러다 보니 폐업률 역시 높을 수밖에 없는 실정이다. 지난해 중소기업청이 발표한 '자영업자 월 평균 매출현황'에 따르면 전체 자영업자 중 58.3%가 월 400만 원, 25.4%가 400~1,000만 원의 매출을 기록한다는 것이다. 또 '자영업자 월 평균 수입 현황'은 ▲적자 및 무수입이 26.8%, ▲100만 원 이하의 수입이 30.8%, ▲101~200만 원의 수입이 23.4%를 차지한다고 발표했다. 즉 우리 정부가 3인 가족의 최저 생계비로 정한 111만 원도 벌지 못하는 자영업자가 전체 자영업자 중 57.6%를 차지하는 것이 우리나라 자영업자의 현실이다.

–월간식당, 2012년 02월, 통권 323호에서 발췌, 글/ 발행인 박형희

인맥을 활용할 수 있는 위험성이 적은 아이템을 선정하여 창업하는 경우가 많다.

라. 전문창업

40대 창업자가 주를 이루는데 이 연령층의 창업자들은 자신의 업무분야에서 20여 년 이상 근무한 경험을 바탕으로 쌓은 Know-How가 풍부하다. 따라서 자신의 전문분야를 바탕으로 창업하는 경우가 많다. 단, 이 시기의 창업자들은 직장에서 어느 정도의 위치에 있었기에 적극적으로 레스토랑 운영에 참여하기보다는 관리자적 성향을 보이고, 자신의 경험을 과신하여 주변의 의견을 반영하지 않는 과오(過誤)를 범할

우려가 있다.

마. 안정창업

50대 이상의 창업자가 주를 이루는데 이 연령층의 창업자들은 풍부한 사회경험과 전문지식, 해당 분야의 인맥, 자금력 등이 풍부하다. 단, 굳이 창업을 하지 않아도 생활에 불편함은 없으나 안정적인 노후생활을 영위하기

쉬어가기

서민 두 번 울리는 무점포 창업, 진입장벽 낮아 사회적 약자들 쉽게 접근

경기불황이 장기화되면서 소자본으로 할 수 있는 무점포 창업에 대한 예비창업자들의 관심이 높아지고 있다. 따라서 신문광고나 케이블 방송광고 등을 보고 무점포 창업을 시도했다가 수익은 커녕 투자비마저 날리는 서민들이 늘고 있다. 경기가 나빠지면서 소자본창업에 대한 수요가 늘고 있는 틈을 타 사회적 약자인 노인이나 주부, 취업을 하지 못한 청년들을 타깃으로 무점포 창업을 유치하려는 움직임이 활발해지고 있는 것이다.

예비창업자들이 무점포 창업을 선호하는 이유는 가맹비나 초도물품 구입비, 점포 임대료, 인테리어 비용 등의 점포 창업에 필요한 기본적인 비용을 많이 절감할 수 있기 때문이다. 또한 비교적 노동력이 적게 들고 시간안배가 자유로워 투잡 개념으로 접근하기에도 좋은 것이 무점포 창업이 인기 있는 이유라 하겠다.

무점포 창업은 말 그대로 점포 없이 창업을 하는 것으로, 창업자가 본사(제조회사)에 일정 금액을 내면 해당 지역의 영업권을 부여받는 방식이 가장 일반적이다. 하지만 범위를 넓혀보면 그 형식은 더욱 다양해진다. 크게는 시설 투자형, 용역 서비스형의 두 가지 형태로 나뉘는데 용역 서비스형이란 무점포로 청소 대행, 심부름 대행, 각종 수선 수리를 진행해 영업능력에 따라 수익을 얻게 되는 구조이며, 시설 투자형이란 자판기나 설비 등을 대상 점포나 상권에 설치하고 그에 따른 물품 공급과 매출에 따른 이익을 분배받는 구조다. 외식업의 경우, 시설 투자형이 많은 비중을 차지하고 있다.

사기성을 띠는 무점포 창업이 기승을 부리는 이유는 본사의 입장에서 신제품 론칭에 들어가는 마케팅이나 영업비용에 대한 부담을 가맹형식을 빌려 창업자들에게 떠넘길 수 있기 때문이다. 여기에 저렴한 창업비용에 큰 노력 없이도 안정적인 수익을 올릴 수 있다는 말에 쉽게 현혹되는 창업자들도 무점포 창업의 무방비한 양산에 일조하고 있는 상황이다.

공정거래위원회에 따르면 창업관련 분쟁은 지난 2008년 이후 매년 크게 늘어나고 있으며 그 중 가장 높은 비중을 차지하고 있는 것이 바로 무점포 창업에 관한 분쟁이다. 무점포 창업은 내용적으로 가맹사업에 해당하지만, 가맹업체의 상표 사용권 보유와 지속적인 교육 등의 요건을 충족하지 못하는 경우가 많아 '가맹사업거래의 공정화에 관한 법률'에서 규정하고 있는 가맹사업에 해당하지 않는 사례가 많다. 결국 분쟁이 발생하면 개별적으로 소송을 통해 구제받는 방법 외에는 대안이 없는 상태다. 따라서 대부분의 창업자들은 사면초가 상태에서 피해를 고스란히 떠안을 수밖에 없는 것이다.

–월간식당, 2012년 02월, 통권 323호에서 발췌. 글/김성은 기자

위한 수단으로 창업을 하는 경우가 많아 실패할 확률이 낮은 안정적인 창업을 선호한다. 따라서 창업 전반에 걸쳐 심사숙고(深思熟考)하여 결정하므로 창업을 위한 시간이 많이 소요될 뿐만 아니라 자신의 체면을 중요하게 여겨 종업원들에게 솔선수범하기보다는 지시형이 많은 것이 특징이다.

2) 점포 유무에 따른 창업 유형

가. 점포 창업

일반적인 형태의 창업으로 특정 장소를 임대하거나 구매하여 생산 및 서비스

시설을 갖추고 고객 접객이 가능하도록 유형의 레스토랑 형태를 갖추는 것을 말한다.

나. 무점포 창업

IT산업의 발달로 전자상거래가 가능해졌을 뿐만 아니라 TV매체를 이용한 홈쇼핑 등으로 인해 오늘날에는 많은 사람들이 가정에서 쇼핑을 즐기고 밖으로 나오기를 꺼려하는 코쿠닝족[1)]이 증가하고 있다. 초기에는 공산품이 주로 이용되었으나 최근에는 포장기술과 유통이 발달하여 신선상품을 비롯한 음식상품도 각자의 가정으로 배달이 가능하게 되었다. 이러한 추세는 기존 외식산업에서 중요하게 여기는 입지와 상권의 중요성에 대한 개념을 무너뜨리고 있다. 따라서 무점포 창업이란 특정한 입지나 상권에 위치한 상점이 아닌 일반 주택가나 눈에 띄지 않는 건물 등의 공간을 이용하여 생산시설만을 갖추고 창업을 하는 경우를 일컫는다.

이 경우 창업하는 데 많은 자금이 소요되지 않으므로 매우 효율적이라 할 수 있는데, 배달전문점, 반찬전문점, 야식전문점, 홈쇼핑 전문, 인터넷 판매 전문점 등이 이에 속한다.

7. 창업의 형태

창업이란 새롭게 레스토랑을 개업하여 운영하는 것을 의미하지만 타인이 운영하는 사업체를 그대로 인수받아 창업할 수도 있으며, 일정금액의 수수료를 지급하고 본사의 경영지원을 받을 수 있는 프랜차이즈 형태의 창업도 있다.

1) '코쿤'이란 '불확실한 사회에서 단절돼 보호받고 싶은 공간'이라는 뜻으로, 코쿤족은 외부 세계로부터 도피하여 자신만의 안전한 공간에 머물고자 하는 '칩거증후군'의 사람들을 일컫는다.

1) 신규 창업

신규 창업은 말 그대로 새로운 레스토랑을 만드는 것이다. 따라서 시설과 인력, 공급자뿐만 아니라 메뉴아이템 개발 및 선정, 서비스 방법, 고객을 유인하기 위한 마케팅 전략 등 다양한 요소가 준비되어야 영업을 개시(開始)할 수 있다. 특히 레스토랑 설립에 필요한 법적 절차나 법률 조항, 주변의 경쟁업체, 시장정보 등 다

쉬어가기

창업으로 인정하지 않는 경우

① 포괄승계의 경우

- 상속이나 증여에 의하여 기존 사업체에서 동종 업종을 계속하는 경우
- 폐업한 공장을 인수하여 동일한 사업을 계속하는 경우
- 사업의 일부 또는 전부를 양도받아 동종 업종을 계속하는 경우
- 기존 공장을 임차하여 기존 사업과 동종 업종을 계속하는 경우

② 형태변경의 경우

- 법인으로 전환하거나 합명회사에서 합자회사로, 유한회사에서 주식회사 등으로 법인의 형태를 변경하여 동종의 사업을 계속하는 경우
- 기업을 합병하여 동일한 사업을 계속하는 경우(단, 조직을 변경하고 업종이 종전과 다른 경우는 창업으로 인정한다.)

③ 폐업 후 동종 업종을 재개하는 경우

- 일시적으로 휴업한 후 사업을 재개한 경우
- 기존 장소에서 이전하여, 새로운 장소에서 동일한 사업을 계속하는 경우

양한 요소를 충분히 검토하여 창업해야 하므로 시간과 노력이 많이 소요된다. 또한 신규 창업의 경우 창업자가 외식업의 경험이나 지식 및 기술이 전무(全無)한 경우 실패 확률이 높다고 하겠다.

2) 인수 창업

레스토랑을 창업할 때 시설, 인력 등 모든 환경을 창업자가 의도한 대로 구축하는 것도 좋으나 경험과 시간, 자본이 부족한 경우에는 타인이 운영하던 기존의 레스토랑을 인수하여 그대로 운영하거나 약간의 보수를 통해 창업할 수 있는데 이를 인수 창업이라 한다. 인수 창업의 경우 창업자의 의도를 그대로 반영하기에는 어려움이 있을 수 있으나 기존 레스토랑이 구축해 놓은 시스템을 이용하므로 시간과 노력이 절약된다. 특히 기존의 인력을 그대로 인수받은 경우 인력 채용에 대한 비용이 절약되며 식자재 공급자, 기존 고객 등이 확보되어 바로 영업을 개시(開始)할 수 있는 장점이 있다.

3) 프랜차이즈 창업

프랜차이즈(Franchise) 형태의 창업은 체인사업이라고도 하는데 본사와의 계약을 통해 창업하는 형태이다. 계약이 성립되면 가맹점은 본사에 일정액의 로열티를 지급하고, 본사는 이에 대한 대가로 본사의 상표 사용허가와 브랜드 인지도, 레스토랑 운영 전반에 대한 지원, 메뉴 상품 개발 및 생산 지원, 인력 지원 등을 통해 가맹점이 레스토랑을 원활하게 운영할 수 있도록 지원하는 방법이다.

이 형태의 창업은 가맹점의 경우 적은 노력과 비용으로 본사의 브랜드 인지도와 상품력, 운영 능력을 지원받을 수 있으며, 가맹본부의 경우 규모의 경제성 효과를 누릴 수 있다. 또한 소비자의 경우에는 본사와 동일한 상품을 판매하는 레스토랑을 가까이에서 이용할 수 있는 편리성이 있다.

8. 창업의 성공요인

1) 입지력

입지란 레스토랑이 위치하게 될 지역을 일컫는 것으로 좋은 입지력이란 인구이동이 많고 교통이 편리할 뿐만 아니라 미래 개발 가능성이 있으며, 유사 업종이 어느 정도 있는 곳이 좋다. 외식사업에서 입지력은 사업의 성패를 좌우할 수 있을 정도로 매우 중요한 요소이다. 따라서 창업하고자 하는 레스토랑의 업종과 업태에 맞는 입지를 선정하기 위해서는 주요 고객층을 분석하고 주변 상권, 경쟁업체 등을 꼼꼼하게 체크해야 한다. 그러나 좋은 입지는 많은 자본(임대료, 권리금, 세금, 보증금 등)이 소요될 뿐만 아니라 경쟁도 치열하다. 따라서 자신이 창업하고자 하는 업종과 업태에 적합한 입지를 자신이 지불 가능한 자본력 한도 안에서 찾는 것은 결코 쉬운 일이 아니므로 여러 곳을 많이 다녀보는 것이 필요하다.

2) 상품력

고객이 레스토랑을 선택할 때 가장 기준이 되는 것이 메뉴상품의 품질이다. 메뉴상품의 품질은 메뉴의 종류, 메뉴 수, 맛, 모양, 가격, 제공시간, 1인 분량, 형태를 들 수 있는데, 이를 상품력이라 한다. 외식산업에 있어서 상품력은 입지력만큼 중요한 요소이다.

3) 점포력

최근 고객들은 개성추구와 가치추구의 욕구가 높아짐에 따라 메뉴상품의 품질은 기본적으로 갖추어야 할 요소이며, 이와 더불어 점포의 분위기, 편의시설 등의 환경적인 요소가 선택의 기준이 되고 있다. 이는 오늘날에는 레스토랑이 단순히 배를 불리기 위한 장소가 아니라 음식과 함께 분위기를 즐기고 종업원의 서비스를 받는 등 정신적인 안정과 만족을 추구하기 위한 장소로 인식되고 있기 때문이다. 따라서 레스토랑의 업종과 업태에 맞는 고객층을 파악하여 그들이 선호하는 인테리어와 편의시설을 구축하는 것이 중요하다.

4) 경영력

창업이 레스토랑을 계획하고 실행하여 영업을 시작하는 작업이라면 경영은 레스토랑의 운영을 유지하는 능력이라 하겠다. 레스토랑을 오래도록 성공적으로 운영하기 위해서는 고객의 욕구와 시장의 변화를 끊임없이 예측하고 이를 레스토랑에 적용할 수 있는 경영전략을 세워 성공적으로 실행하는 것이 필요하다.

5) 구매력

창업의 목적인 이윤을 추구하기 위해서는 기본적으로 식재료 구입 원가를 낮추어야 한다. 그러나 무조건적인 원가 인하는 저품질의 식재료 구입으로 이어져 결국에는 메뉴상품의 품질 저하를 초래할 수 있다. 최고의 음식은 좋은 재료에서 비롯된다고 한다. 따라서 좋은 식재료를 필요한 시기에 필요한 수량만큼 경쟁력 있는 가격으로 구입하는 것은 좋은 품질의 음식상품을 생산하는 밑거름이 될 뿐만 아니라 궁극적으로는 레스토랑의 경영 목적을 달성하는 요소가 된다.

〈표 2-1〉 외식 창업의 성공요인

분류	내용
입지력	입지의 장소적 특성에서 유발되는 요소로 교통편의성, 인구이동, 경쟁업소, 개발가능성 등
상품력	상품의 종류, 맛, 가격, 품질, 양, 모양, 제공시간, 서비스 형태 등
점포력	실내인테리어, 편의시설, 주차장 등
경영력	경영자가 레스토랑을 창업하고, 경영 목표를 설정하며 이를 달성하기 위한 운영능력으로 시장변화에 대처하는 능력 등
구매력	우수한 품질의 식재료를 적시(適時)에 필요한 수량만큼 경쟁력 있는 가격으로 구입할 수 있는 능력

우리나라 외식업체의 60% 정도가 창업 1년 이내에 문을 닫고, 나머지 40% 중 20%는 겨우 현상 유지에 급급하며, 5년이 지나 살아남는 업체는 이 중 10%에 지나지 않는다고 한다. 이처럼 외식 창업의 성공률이 낮은 것은 창업을 준비하는 과정에서부터 체계적이고 꼼꼼하게 체크하지 못한 이유도 크다고 할 수 있다. 레스토랑 창업은 창업자에게는 인생에 있어 중요한 모험이라 할 수 있다. 그럼에도 불구하고 많은 창업자가 자신의 경험을 과신하거나 사업아이템이나 자금력만을 믿고 창업의 준비과정을 거치지 않고 무턱대고 창업을 하는 경우가 많다. 이렇게 외식업체를 창업하는 경우 운이 좋아 성공할 수도 있지만 경기불황이나 식재료 파동, 직원의 이직 등 계획하지 못했던 일이 불시에 발생할 경우 대처하지 못하고 문을 닫게 될 수도 있다. 따라서 창업의 안전성을 높이기 위해서는 자기 자신이 외식업체를 경영하기에 적합한 사람인가를 판단하고, 전문가와의 협조체제를 구축하여 사업목적과 사업아이템을 충분히 분석한 후 자본을 투자하여 인적 자원과 물적 자원을 조직화하는 등의 체계적인 창업 준비과정이 반드시 필요하다.

쉬어가기

외식업 경영자 및 종사자가 갖추어야 할 기본조건 9가지

번호	제목	내용
1	밝은 미소를 지을 수 있는가?	레스토랑에 들어서면 가장 먼저 접하는 것이 종업원이다. 서비스 접점에서 종업원이 밝은 미소로 응대한다면 가장 강력한 서비스 무기가 될 것이다. 웃는 것도 연습이 필요하므로 외식업체 종사자들은 거울을 보고 웃는 모습을 가꾸는 것이 필요하다.
2	육체적·정신적으로 건강한가?	외식사업은 많은 시간을 서서 근무하므로 강인한 체력이 밑받침되어야 한다. 특히 다양하고 많은 사람을 상대하는 직업이므로 정신적으로 건강하지 않으면 좋은 서비스를 지속적으로 할 수 없다.
3	적성에 맞는가?	모든 일이 그렇듯이 외식업도 자신의 적성에 맞아야 할 수 있다. 등 떠밀려 억지로 한다면 고객을 진심으로 응대할 수 없을 뿐만 아니라 오래도록 종사할 수 없다.
4	전문지식과 기술은 지녔는가?	외식사업은 전문적인 지식과 기술이 바탕이 되어야 한다. 끊임없이 소비자의 욕구를 파악함으로써 최신 메뉴상품을 개발하여 제공함으로써 고객을 유지할 수 있다. 또한 물가변동, 식재료 품귀현상 등의 시장상황을 잘 살펴야 차질 없이 레스토랑을 운영할 수 있다.
5	자금력은 충분한가?	레스토랑을 창업하기 위해서는 많은 자금이 소요된다. 특히 레스토랑을 개시하여 일정기간 또는 일시적인 고객감소, 경기침제 등의 변수로 인해 영업을 통한 자금회수가 어려울 수 있으므로 자기자본이 여의치 않은 경우 타인 자본을 활용할 수 있어야 한다.
6	계산 및 컴퓨터 사용능력은?	레스토랑 경영자는 운영 전반을 분석할 수 있는 계산능력을 지녀야 한다. 수입과 지출을 파악할 수 있을 뿐만 아니라 데이터를 바탕으로 손익분기점과 대차대조표를 작성하고 분석할 수 있어야 한다. 특히 최근에는 대부분이 Pos, 컴퓨터 등의 기기를 이용하므로 이를 사용할 수 있어야 한다.

7	바른 인성과 서비스 정신은?	고객을 응대할 때는 고객의 마음을 읽고 그들의 입장에서 서비스할 수 있는 서비스정신을 갖추어야 한다. 이는 억지로 되는 것이 아니라 바른 인성에서 비롯되는 것이므로 직원을 채용할 때는 고려하여야 한다.
8	리더십을 지녔는가?	레스토랑은 경영자를 비롯한 많은 종업원들이 유기체를 이루어 운영된다. 따라서 예기치 못한 인사사고가 발생될 수 있으며 운영전반에 대한 전략을 추진함에 있어 의견충돌이 발생할 수 있다. 따라서 경영자는 리더십을 발휘하여 종업원들을 이해시키며 통제할 수 있어야 한다.
9	가족의 동의는 받았는가?	외식산업은 많은 사람을 상대할 뿐만 아니라 오랜 시간 근무해야 하므로 육체적 · 정신적으로 많은 에너지를 요구한다. 따라서 가족의 따뜻한 위로와 적극적인 협조가 뒷받침되지 않는 경우 그 자체가 스트레스 요인이 될 수 있다. 특히 우리나라 중소 외식업체의 경우 대부분 부부가 함께 운영하는 경우가 많은데, 가족이 반대하는 창업이라면 다시 한 번 고려하는 것이 좋다.

① 경영자가 익혀야 할 점포관리기술(점장직무용)

- 콘셉트 유지관리, 메뉴상품의 개발 및 품질관리, 점포시설 및 자산관리
- 인사관리, 고객관리, 상권관리, 공급처관리, 점포운영관리, 매출 및 원가 관리

② 경영자가 익혀야 할 점포운영기술(직원교육용)

- 주방의 운영기술 : 식재료에 대한 지식과 취급방법, 주방기기 및 기물, 전기용품에 대한 지식과 취급방법, 메뉴상품 조리기술, 청결, 위생관련 지식
- 객장의 운영기술 : 판매상품의 종류 및 관련 지식, 객장에서 사용하는 기물의 종류와 위치 등의 지식, 고객서비스 기술과 클레임 대처방법, 청결, 위생관련 지식

Chapter 2

외식 창업의 계획

학습목표

1. 성공 창업을 위한 준비과정을 학습한다.
2. 외식 창업 환경에 대해 이해한다.
3. 창업 아이템에 대한 전반적인 내용을 학습한다.
4. 창업자본의 개념과 종류, 구조에 대해 학습한다.

1. 창업 준비 절차

창업은 여러 가지 요소가 결합되어 창업자가 레스토랑 창업이 가능한지를 판단할 뿐만 아니라 사업 목적과 사업 아이디어를 검토하고, 자본을 투자하여 인적·물적 자원을 조직화하는 등의 다양한 과정을 거치게 된다. 외식 창업의 경우 점포를 임대차하여 창업하는 경우와 기존에 운영하는 레스토랑을 인수하여 창업하는 경우로 크게 구분할 수 있다. 창업을 위한 절차를 그림으로 정리하면 〈그림

2-2〉와 같다.

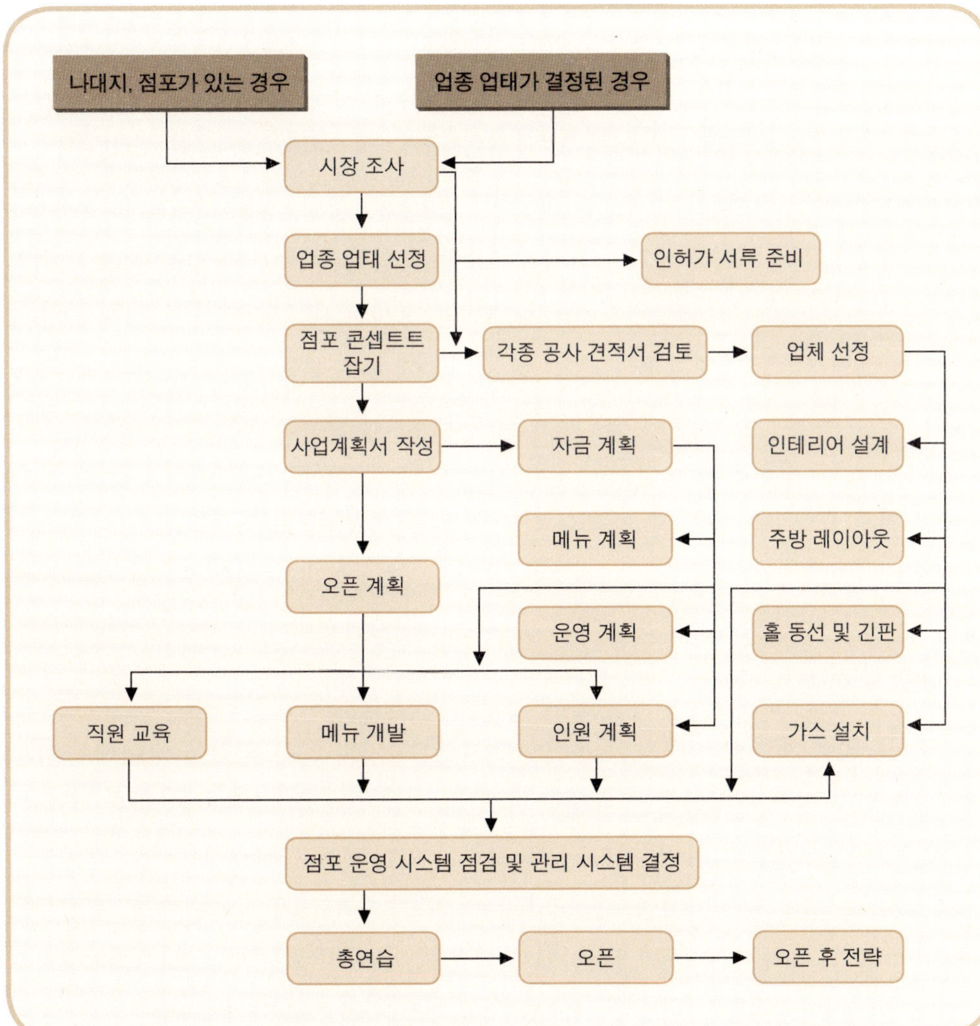

출처 : 장상태 · 함동철, 2010, 외식산업의 이론과 실제, 에이드북, p. 369.

〈그림 2-2〉 창업 Flow Chart

2. 외식 창업환경 분석

창업은 단순히 레스토랑을 개점하여 운영하는 것이 아니라 여러 가지 요소가 결합된 것으로 성공적인 창업과 영업유지를 위해서는 창업자 자신의 환경을 분석하여 자신이 창업하기에 충분한지 또 시기적으로는 적당한지 여부를 판단해야 한다. 뿐만 아니라 사업하고자 하는 목적이 분명해야 한다. 사업 목적이 분명해야 자신이 사명감과 성취감을 가지고 레스토랑을 운영할 수 있기 때문이다. 또한 아무리 작은 규모의 레스토랑일지라도 창업자 혼자서 레스토랑 설계, 아이템 선정, 콘셉트 개발, 마케팅, 시장조사, 상권 및 입지조사 등의 모든 부분을 감당할 수 없다. 따라서 각 분야의 전문가로부터 조언을 구하거나 팀을 구성하여 창업의 전 과정을 체계적 · 계획적으로 진행해야 한다. 이러한 제반과정을 창업환경 분석이라 하며 이의 요소로는 창업자 환경과 사업 목적의 명확성, 오픈 프로젝트 팀 구성 등을 들 수 있다.

1) 창업자 환경

외식사업은 체력적 소모가 많은 업종일 뿐만 아니라 많은 사람을 상대해야 하므로 창업자 자신이 사람을 좋아해야 하며, 융통성이나 인내심이 필요하다. 특히 종업원들에게 자신의 사업방향을 이해시키고 이끌어가기 위해서는 긍정적이고 적극적인 사고방식과 리더십, 의사소통능력, 창업자 자신의 직업에 대한 확신이 있어야 한다. 따라서 창업을 결정하기 전에 자기 자신이 이 사업에 적합한지 생각해 보고 나아가 가족이 찬성하는 사업인지에 대하여 반드시 확인해야 한다.

2) 사업 목적의 명확성

예비 창업자는 현재 창업하려는 목적이 무엇인지를 파악하여 단순히 현실 도피형 창업, 자기과시형 창업, 이윤추구형 창업 등의 창업이 되지 않도록 해야 한다. 또한 자신이 지닌 자본이나 사업 경험이 충분치 않은 상태에서 타인의 자본이나 경험 또는 아이디어 등의 도움에 의지해서 창업을 하는 경우 사업의 목표가 명확지 않아 운영방향을 잃기 쉽다. 따라서 이 사업을 왜 하려 하는지, 무엇을 목표로 하는지를 명확히 하는 것이 우선시되어야 한다.

3) 오픈 프로젝트 팀 구성

외식업이 대부분 중소기업이라고는 하지만 창업자 개인이 시장조사, 아이템 결정, 메뉴개발, 직원채용, 인테리어, 판매방법 등 창업의 전 과정을 단독으로 결정하고 실행하는 것은 현실적으로 어렵다. 따라서 창업을 위해서는 창업자 자신을 비롯하여 컨설팅업체에 의뢰하여 전 과정을 의논하여 결정하는 방법이 있는 반면 인테리어, 직원채용, 메뉴개발 등 특정의 분야만 전문가 또는 전문업체에 의뢰하여 작업을 수행할 수 있다. 특히 향후 프랜차이즈와 같이 다점포화를 계획하고 창업하는 경우에는 법적 규제사항도 복잡해지는 등 고려해야 할 사항이 많아진다.

따라서 창업자 자신의 환경과 사업 목적을 명확히 하였다면, 창업을 위한 전문가 집단으로 구성된 프로젝트 팀을 구성하고 전문가와의 협의를 통해 창업의 전 과정을 진행하는 것이 중요하다.

3. 창업 아이템

창업을 준비하는 예비창업자는 자신의 환경과 사업 목적을 명확히 한 다음 전문가와 함께 창업 아이템을 선정해야 한다. 창업 아이템(Item)이란 판매할 상품이나 서비스방법을 의미하는 것으로 창업을 위해 가장 먼저 고려해야 할 사항이다. 창업 아이템은 사업의 규모와 자본뿐만 아니라 사업의 성패를 결정짓는 중요한 요소이므로 신중히 결정해야 한다.

1) 창업 아이템 선정 절차

무계획적이고 체계가 없는 아이템 선정은 많은 시간과 노력, 자금을 낭비시킬 뿐만 아니라 결국에는 아이템 선정 자체가 어려워질 수 있다. 따라서 창업자 자신이 미리 예상해 두었던 아이템이 있는 경우든 새로운 아이템을 선정해야 하는 경우든 보다 성공적인 아이템을 선정하기 위해 다음과 같은 순서에 따라 결정하는 것이 좋다.

① 창업 희망 아이템 조사
② 동종 아이템 경영자 또는 전문가를 통한 정보 수집
③ 후보 아이템 선정, 구체적인 시장조사 및 정보 수집
④ 아이템 타당성 분석(고려사항 분석)
⑤ 예비사업 아이템 선정

2) 창업 아이템 선정 시 고려사항

가. 상품성

한때 조개구이전문점, 불닭 · 찜닭 전문점 등이 선풍적인 인기를 끌었지만 오래 가지 못한 것처럼 아무리 인기 있는 상품이라 할지라도 모든 상품에는 수명주기, 즉 라이프사이클(Life Cycle)이 있다. 따라서 아이템을 선정할 때는 상품이 안정적으로 오래도록 유지될 수 있는지, 잠재고객은 충분한지 등을 반드시 살펴야 한다. 또한 계절을 타는지 여부와 운영상 문제가 없는지, 상품을 판매하기 위해 전문기술자가 필요한지, 수익성이 있는 메뉴인지, 법적 규제가 있는지 등의 상품성을 고려해야 한다.

나. 시장성

현재 시장에서 소비자들이 선호하는 아이템은 무엇이며, 무엇이 잘 팔리는지,

경쟁업체는 어느 정도 분포되어 있는지 등을 파악해야 한다. 그러기 위해서는 먼저 경기동향이나 트렌드, 경쟁업체의 장단점 등을 분석하여 어떤 아이템이 소비자들에게 어필(Appeal)할 수 있는지, 어떠한 차별성을 갖추어야 하는지 등 진입시장을 분석해야 할 것이다.

다. 전문성

상품성과 시장성을 갖춘 아이템이라 할지라도 예비 창업자가 아이템에 대한 경험이나 유통, 판매, 소비 등에 대한 전문 지식이 부족한 경우에는 경쟁업체를 물리치고 성공하기 어렵다. 그러나 반드시 그 아이템을 선택해야 한다면 예비 창업자가 아이템에 대한 충분한 지식과 기술을 쌓기 위해 부단한 노력을 기울여야 할 것이다.

라. 자금력

창업을 위해서는 많은 자금이 소요된다. 특히 사업 아이템에 따라 인테리어, 주방설비, 인력 등 모든 요소가 결정되므로 아이템을 선정할 때는 소요자금의 범위를 예비창업자가 조달할 수 있는 정도인지를 염두에 두어야 할 것이다. 일반적으로 창업 시 자기자본 비율은 최소 60%가 되어야 한다.

마. 위험성

이윤이 높다고 해서 무조건 좋은 아이템이라 할 수 없다. 이윤이 높은 아이템일수록 사업의 위험성이 높다고 할 수 있기 때문이다. 이윤이 높다는 것은 경쟁자가 적은 것을 의미하며, 경쟁자가 적은 것은 그만큼 위험성이 높기 때문에 많은 사람들이 기피하는 아이템이라 해석할 수 있다. 예를 들어, 식재료를 수입에만 의존하는 경우 국제정세에 문제가 생기거나 환율 급등 등의 이유로 영업을 유지하기 어려울 수 있다. 큰돈을 벌 수는 없더라도 사업을 지속적으로 유지할 수 있는 아이템이 좋은 것이라 하겠다.

4. 창업자본

살면서 한번쯤은 사업가가 되는 꿈을 꾸는 경우가 있다. 꿈을 실현하기 위해서는 많은 용기가 필요한데 용기만큼 필요한 것이 자본 곧 창업자금이다. 사업을 시작하기 위해서는 많은 자본이 필요하기 때문에 대부분의 사람들은 쉽게 도전하지 못하고 망설이거나 꿈을 잠시 접어두기도 한다. 따라서 창업을 하기 위해서는 먼저 창업을 위해 어느 정도의 자본을 투자할 것인지를 생각하고, 그에 맞추어 자신이 조달할 수 있는 자본은 어느 정도이며, 타인자본은 어느 정도 확보가 가능한지를 미리 검토해야 한다.

아무리 좋은 사업 아이템이 있을지라도 자본이 충분치 않으면 아이템 자체가 변경되거나 콘셉트, 입지, 규모 등 많은 부분에 영향을 미치므로 자본 확보는 창업을 시작하기 전에 미리 계획하고 확보되어야 할 필수요소라 하겠다. 따라서 외식업체를 운영하기 위해 충분한 자본은 준비하지 못할지라도 적어도 자신의 사업에 투자해 줄 투자자나 금융기관, 투자회사 등을 통해 창업 자본을 확보할 수 있어야 한다.

1) 자본의 종류

가. 자기 자본(Equity Capital)

예비창업자가 소유한 자금을 창업에 투자한 경우 이를 자기 자본이라 한다. 자기 자본 비율이 높을수록 사업자의 의견이 많이 반영되므로 경영방향을 결정함에 있어서도 일관성을 지킬 수 있다. 특히 이윤을 통한 재투자가 쉬우며 투자비율도 높일 수 있다.

나. 타인 자본(Debt Capital)

금융기관, 투자회사, 가족, 친지 등 예비 창업자의 자본이 아닌 타인을 통해 투자된 자본을 타인 자본이라 한다. 타인 자본의 비율이 높은 사업체의 경우 위험성이 높다고 할 수 있는데, 이는 투자자의 의견이 사업에 반영될 수 있어 경영 목표를 설정함에 있어서 일관성을 갖기 어렵기 때문이다. 또한 이윤을 투자자와 함께 배분할 뿐만 아니라 투자된 자금에 대한 일정의 이자를 지급해야 하므로 이윤이 낮아질 수밖에 없다. 심한 경우는 대부분의 이윤이 이자로 지급될 수 있으며, 타인 자본의 경우 계약에 의해 회수기간이 정해져 있으므로 이 기간 안에 갚지 못하면 자금이 회수되어 영업을 유지할 수 없게 되는 위험이 따르므로 주의해야 한다.

2) 자본의 구조

가. 운전자본(Working Capital)

운전자본이란 사업의 운영에 필요한 자본이라 하여 운영자본 또는 회전되는 자본이라 하여 회전자본이라 한다. 즉 레스토랑을 직접 운영하는 데 소요되는 자본을 의미하는데, 예를 들면 음식상품을 만들기 위해 미리 구입해 두어야 하는 재고상품과 직원의 급여, 매달 지급하는 임차료, 세금, 보유 현금 등이 여기에 속한다.

나. 고정자본(Fixed Capital)

레스토랑을 창업하기 위해 구입한 토지, 건물, 기계, 장비 등은 곧 바로 현금화하기는 어려우나 필요한 경우 처분하여 현금화가 가능한 자본이므로 고정자본이라 한다.

Chapter 3

외식 창업 준비

학습목표

1. 외식 창업을 위한 업종의 분류와 신고절차, 업태의 종류 등을 학습한다.
2. 레스토랑 운영형태와 창업방법에 대해 학습한다.
3. 콘셉트의 개념과 구성요소, 설정절차에 대해 학습한다.
4. 창업을 위한 시장조사의 개념과 종류에 대해 학습한다.
5. 사업계획서 작성에 필요한 전반적인 내용에 대해 학습한다.
6. 사업타당성 분석방법에 대해 학습한다.
7. 입지선정을 위한 유형별 특징과 입지의 형태에 대해 학습한다.
8. 상권조사를 위한 분류방법과 내용에 대해 학습한다.
9. 점포 임대차를 위한 계약의 유형과 계약 시 주의사항에 대해 학습한다.

1. 업종과 업태 결정

1) 업종 분류

식품접객업의 업종은 일반음식점, 휴게음식점, 단란주점, 유흥주점 등 네 가지로 구분되는데, 영업을 개시(開始)하기 위해서는 해당 지자체의 담당부서에 신고나 허가를 받아야 한다. 단, 업종만 변경할 경우에는 신고만으로 가능하다.

〈표 2-2〉 식품접객업의 업종 분류

구분	영업 내용	행정절차
휴게음식점	음식류를 조리, 판매하는 영업(음주행위가 허용되지 않음) 주로 다류를 조리, 판매하는 다방, 제과, 제과, 패스트푸드점 등	신고
일반음식점	음식류를 조리, 판매하는 영업(부수적으로 음주행위가 허용되는 영업)	신고
단란주점	주로 주류를 조리, 판매하는 영업 손님이 노래를 부르는 행위가 허용되는 영업	허가
유흥주점	주로 주류를 조리, 판매하는 영업 유흥 종사자를 고용, 유흥시설 설치 허용	허가

■ **업종선택 시 검토사항**

① 자신의 경력, 적성을 활용할 수 있으며, 전문지식이 있는지를 고려하여 업종을 선택한다.
② 자신이 투입 가능한 자본규모에 맞는 업종을 선택한다.
③ 점포가 확보된 경우 지역상권의 특성과 입지를 고려하여 업종을 선택한다.
④ 메뉴상품의 수명주기가 도입기나 성장기인 업종을 선택한다.
⑤ 투자대비 수익성이 높은 업종을 선택한다.
⑥ 자금회수율과 상품회전율이 높은 업종을 선택한다.
⑦ 여성고객이 중심이 되는 업종을 선택한다.

2) 업태 분류

외식사업에서의 업태는 업종 내에서 조리품목 또는 영업형태를 구분하는 것으로 영업주가 허가(신고) 없이 임의로 선택하는 사항이다. 즉 업태는 서비스방법, 점포 분위기, 메뉴의 질과 가격 정도를 의미하는 것으로 패스트푸드, 패밀리레스토랑, 디너하우스(파인다이닝) 등으로 구분할 수 있다.

〈표 2-3〉 업종 · 업태별 종류의 예

구분	한식	일식	양식	중식	전문점
패스트푸드	비빔밥, 냉면	우동	햄버거 체인점	자장면, 만두	포장마차
패밀리레스토랑	고기집	대형 초밥집	대형 체인점	대형 체인점	피자
파인다이닝	고급 한식	고급 일식	고급 호텔 레스토랑	고급 호텔 레스토랑	고급 전문 레스토랑

2. 운영형태 결정

1) 경영형태

레스토랑 경영형태는 크게 독립경영과 체인경영으로 구분할 수 있으며, 기타 회원점 공동브랜드 창업 등 다양한 형태로 창업이 가능하다. 따라서 각각의 경영형태에 따른 장단점을 비교한 후 자신에게 적합한 경영형태를 선정하는 것이 바람직한 방법이다.

〈표 2-4〉 독립경영과 체인점 경영의 장단점 비교

구분	독립경영	체인점 경영
장점	• 자신의 의도가 반영된 경영 • 이윤이 창업자에게 귀속됨 • 경영 방향 변경이 쉬움	• 체인점 본사의 경영관리를 받으므로 해당분야 경험이 없어도 경영 가능 • 브랜드 인지도가 형성되어 고객모집이 쉬움
단점	• 독단에 빠지기 쉬움 • 육체적 · 정신적 피로 • 해당 분야의 전문지식과 경험, 기술이 없으면 어려움 • 고객에게 인지되기 위해서는 일정기간이 소요됨 • 적극적인 홍보 · 판촉 전략이 필요	• 자신의 경영의도가 반영되기 어려움 • 본사의 판매전략을 따라야 함 • 메뉴, 영업시간 등 유연성 부족 • 로열티 지급 • 본사나 타 가맹점에 문제가 생긴 경우 자사 점포까지 위험이 전달됨

2) 창업방법 결정

창업이란 새로운 사업을 시작하는 것으로 신규 점포에 시설과 장비를 갖추고 영업을 시작하거나 타 업종의 점포를 인수하여 개보수를 통해 시작하는 것이다. 그러나 넓은 의미의 창업으로는 기존의 외식업체를 인수 또는 매수하여 영업을 개시(開始)하여 그대로 운영하거나 약간의 개·보수를 마치고 영업을 지속하는 방법이 있다.

새로운 점포에서 외식업체를 시작하는 경우 인테리어나 시설구축이 편리하지만 외식업체 허가가 나는 건물인지 전기, 수도, 정화조 등의 세부사항을 확인하는 등의 절차가 따른다. 반면 기존의 외식업체를 인수받아 영업을 개시하는 경우는 권리금 등의 비용이 많이 소요되고, 콘셉트 등이 자신이 의도한 바와 다를 수 있으나 바로 영업을 시작할 수 있어 시스템을 구축하는 시간을 절약할 수 있다. 또한 기존 고객이 확보되어 있는 상태이므로 고객 모집을 위한 홍보·판촉 등의 노력이 적게 드는 장점이 있다. 따라서 예비창업자는 이러한 장단점을 고려하여 창업방법을 선택해야 한다.

〈표 2-5〉 점포 선택방법 비교

구분	점포상태	개점방법
신규창업	신축건물	• 인허가 등 영업 가능여부 확인(전기, 수도, 정화조 등) • 인테리어 • 시설 및 장비구축 • 인력 채용
매수 창업	타 업종	• 인테리어 재정비 • 시설 및 장비개선 • 업종, 업태의 변경
	외식업종	• 권리금 소요 • 현재의 업종과 업태를 유지 • 바로 영업 시작

출처 : 나영선, 2006, 외식사업 창업과 경영, 백산출판사, p. 196.

3. 콘셉트의 설정

1) 콘셉트의 개념

콘셉트(Concept)란, 소비자들에게 눈에 띄게 강조되는 점, 즉 자신의 레스토랑이 소비자들에게 어떻게 인식되었으면 좋은가 하는 이미지라 할 수 있다. 특히 과거의 맛이나 가격만을 레스토랑 선택기준으로 삼던 고객과는 달리 현대의 고객들은 개성, 가치, 분위기, 편리, 다양성 추구 등 자신의 욕구를 충족시켜 줄 수 있는 레스토랑을 선호한다. 특히 콘셉트는 레스토랑의 마케팅 전략과 비전, 입지, 메뉴, 광고 등 운영 전반에 영향을 미치므로 타사와 확연히 구분되는 독특한 콘셉트 개발은 매우 중요한 작업이라 하겠다.

2) 콘셉트 구성요소

콘셉트는 어느 하나의 요소가 아니라 메뉴, 메뉴의 수, 고객 이용목적, 표적시장, 입지, 분위기, 가격, 상호, 판매방법, 규모 등의 모든 요소가 결합되어 형성된다. 이러한 각각의 요소들은 어느 하나가 중요하다고 할 수 없으며, 레스토랑의 목표를 달성하기 위해서는 유기적인 관계를 형성하여 균형을 이루어야 한다.

가. 메뉴의 종류와 수

외식업체에서 메뉴는 곧 상품을 의미하며, 고객이 레스토랑을 선택하는 가장 우선되는 요소라 할 수 있다. 또한 메뉴의 수는 레스토랑 운영에 많은 영향을 미친다. 메뉴는 레스토랑의 분위기, 인테리어, 주방설계, 인력 등을 계획하는 기본요소가 될 뿐만 아니라 메뉴 수가 많으면 고객은 선택의 폭이 넓어 좋을 수 있으나 경영주 입장에서는 그에 필요한 시설과 장비, 저장공간을 갖추어야 하므로 고려해야 한다. 또한 메뉴를 조리하기 위해 특수한 기술이 요구되는 경우 전문 조리사를 채용해야 하므로 이러한 문제점을 고려하여 메뉴를 선정한다.

나. 표적시장

표적(Target)시장이란, 공통적인 특성을 가진 고객들의 집합이다. 예를 들어, 성별, 연령, 직업, 소득, 거주지, 추구 편익, 사용량 등의 변수를 기준으로 구분할 수 있는데 창업하고자 하는 레스토랑이 어느 고객층을 표적으로 할 것인지 결정해야 한다.

다. 고객 이용목적

고객의 레스토랑 이용목적은 내부 인테리어나 편의시설에 영향을 미친다. 예를 들어, 단순히 식사를 목적으로 하는 레스토랑인지, 분위기를 즐기기 위한 목적인지, 접대를 위한 목적인지 등을 파악해야 한다.

라. 운영방법

레스토랑을 창업자가 직접 운영할 것인지, 체인경영을 할 것인지 등 경영방법에 따라 콘셉트는 영향을 미친다. 예를 들어, 체인으로 경영하는 경우 본사의 콘셉트를 따라야 하므로 콘셉트 개발에 필요한 시간과 노력을 줄일 수 있다.

마. 입지

입지란 건물이나 상가가 위치하는 물리적 공간을 의미한다. 외식산업은 입지산업이라 할 정도로 입지에 대한 의존도가 높다. 그러나 최근에는 인터넷 사용자가 증대하였고 대중교통의 발달, 자가용 소유자 증가, 배달음식 증가 등 사회환경이 변화함에 따라 외식산업에서의 입지 중요성이 낮아지고 있으나 본질적으로 입지는 중요한 요소라 하겠다. 따라서 레스토랑의 성격과 메뉴에 맞는 콘셉트 개발, 즉 입지에 적합한 콘셉트 개발은 중요하다.

바. 분위기

입지가 레스토랑의 외적인 요인이라면 분위기는 레스토랑의 내적인 요인이라 하겠다. 아무리 입지가 좋아도 레스토랑의 위생상태, 인테리어 등 전반적인 분위기가 고객이 생각하는 수준에 미치지 못하거나 메뉴상품과 일치하지 못한다면 그 레스토랑은 실패할 수밖에 없다.

사. 가격

가격이란 고객이 레스토랑에서 메뉴상품과 함께 서비스를 제공받고 그에 대한 대가로 지불하는 수단이다. 가격은 상기에 언급한 요소들 이외에 식재료 원가, 경쟁업체의 가격, 판매방법, 상품수명주기 등과 유기적인 관계가 있으므로 이를 고려하여 결정한다.

아. 상호

사람은 누구나 자신만의 이름을 갖듯이 레스토랑도 다른 경쟁업체와 구분될 수 있도록 이름을 붙이는데 이를 상호(商號)라 한다. 상호는 특정 문자들을 결합한 단어로 구성하는 것이 일반적이지만 독특한 기호나 로고 등을 함께 사용하여 구성하기도 한다. 단, 상호는 레스토랑에서 판매하는 메뉴가 무엇인지를 어느 정도 연상시킬 수 있어야 하며 고객이 부르기 쉽고 오래도록 인식할 수 있도록 간단명료한 것이 좋다.

자. 판매 및 서비스 방법

셀프서비스와 같은 간단한 서비스 방법을 취할 것인지, 풀서비스 레스토랑인지 등 레스토랑의 서비스 방식, 즉 업태에 따라 콘셉트는 달라진다. 또한 최근에는 다양한 이유로 인해 식당을 직접 방문하지 않고 가정이나 직장 등 자신들이 있는 장소에서 음식을 먹는 고객이 증가하고 있다. 따라서 대부분의 레스토랑에서 배달 판매나 Take Out 판매방식을 병행하고 있으며, 아예 배달만 전문으로 하거나 Take Out만 전문으로 하는 매장도 증가하는 추세이다.

차. 규모(점포의 크기)

레스토랑의 규모, 즉 점포의 크기는 자본, 업태와 관계가 깊다. 점포의 규모가 충분한 경우 테이블 간의 간격을 넓히거나 유아 놀이방 등의 고객 편의시설을 확충할 수 있다. 또한 넉넉한 주방공간 확보와 직원 휴게시설 등 근무환경을 좋게 할 수도 있다. 그러나 큰 규모의 레스토랑을 꾸미기 위해서는 그에 상응하는 자본이 소요되므로 충분히 고려하여 결정해야 한다. 단, 다이닝 레스토랑의 경우에는 고급스럽고 안락한 분위기, 메뉴의 종류나 수준이 높으므로 충분한 규모의 점포가 필요하다.

3) 콘셉트 설정 절차

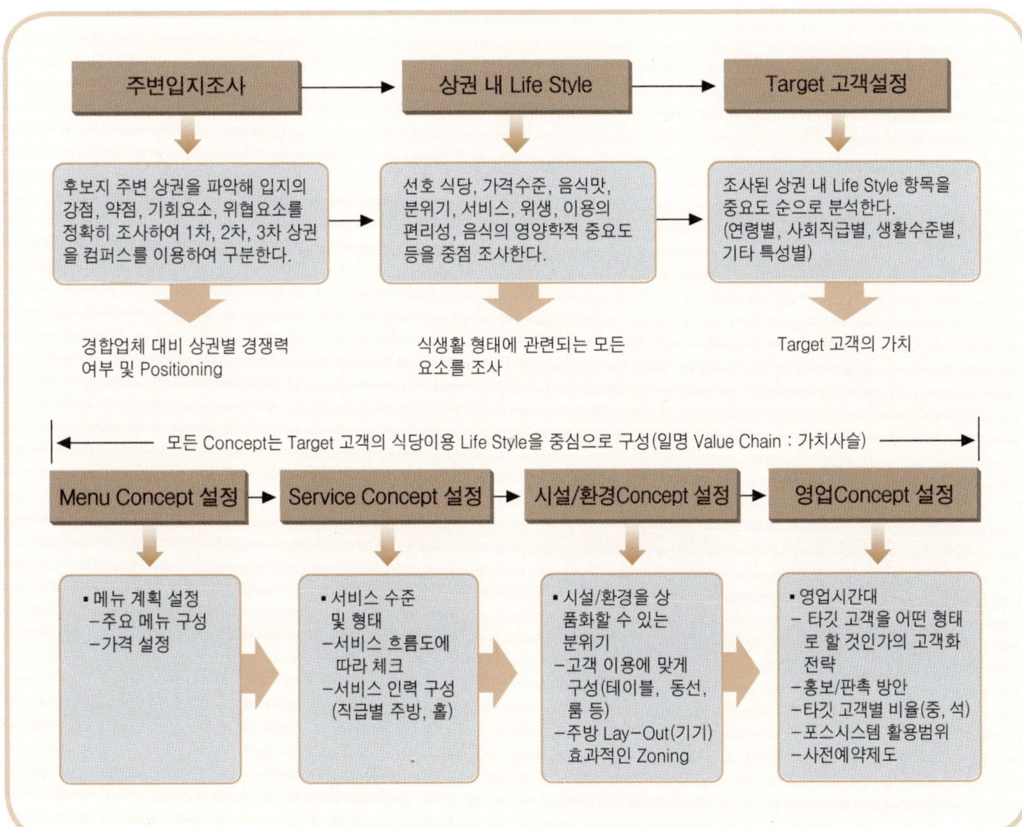

출처 : 장상태 · 함동철, 2010, 외식산업의 이론과 실제, 에이드북, p. 370.

〈그림 2-3〉 외식업 창업 및 점포 콘셉트 Flow Chart

쉬어가기

훌륭한 콘셉트의 7가지 조건

조건 1 : Unique, 독특한가

하나의 제품이 히트상품이 되는 이유는 상품성 그 이전에 콘셉트가 소비자에게 어필했기 때문이다. 과연 내가 뽑아낸 콘셉트가 좋은 콘셉트인지 확인하기 위한 기준이 바로 유니크(Unique)다. 유니크는 세상에 단 하나뿐인, 아주 독창적이고 특이한 것이어야 한다.

조건 2 : Differential, 차별화했는가

차별화란 본질의 차별화이며, 그것은 패러다임의 차별화다. 콘셉트가 차별화되어 있지 않으면 결국 단골손님을 확보할 수 없다. 도무지 차별화할 수 없다면 차별화에 성공한 콘셉트를 따라가는 것도 나쁘지 않다.

조건 3 : Relevance, 연관성이 있는가

콘셉트와 회사, 콘셉트와 기술, 콘셉트와 제품, 콘셉트와 브랜드, 콘셉트와 광고 사이에는 강력한 연관성이 있어야 성공할 수 있다. 좋은 콘셉트임에도 불구하고 연관성이 부족하면 콘셉트는 힘을 잃는다.

조건 4 : Consumer Oriented, 고객 지향적인가

몇몇 기업들이 고객감동을 실천하고 사랑받으며 시장 장악력을 키우는 이유는 고객 지향적인 콘셉트 때문이다. 따라서 콘셉트는 소비자 지향적이어야 한다. 소비자 지향은 구호나 표어가 아니라 실천사항이다. 콘셉트는 고객에 의한 테스트를 받아야 한다.

조건 5 : Condition, 조건에 맞는가

설정한 콘셉트가 좋은 콘셉트인지 검토를 할 때 꼭 염두에 두어야 할 것이 바로 주어진 조건이다. 콘셉트는 비용 · 기술 · 능력이라는 조건이 맞아야 하며, 또 조건이 따라주어야 한다. 또한 추진하는 영역에 따라서 성격 · 인간관계 · 유통 · 기온 등 그 콘셉트를 둘러싸고 있는 제반조건들 또한 검토해야 한다.

조건 6 : Reaction, 반응이 즉시 오는가

콘셉트는 소비자에게 즉각적인 반응을 불러일으킬 수 있는 언어적 개념(문장)으로 되어 있어야 한다. 언어적 개념은 굳이 문장에 맞지 않아도 되며 다소 거칠어도 상관없다. 그러나 구체적이면서 차별화되며 소비자에게 즉각적인 반응을 일으킬 수 있는 개념이면 된다. (예 : 한 끼 식사로 충분, 먹어도 살이 찌지 않는…)

조건 7 : Scenario, 시나리오가 있는가

콘셉트를 검증하기 위해 콘셉트를 실행에 옮기는 구체적인 방법이 바로 시나리오다. 시나리오는 전략을 의미하며, 전술까지 마련해야 한다. 여기서의 전술이란 예상하지 못한 일의 발생과 그것에 대한 대응으로 시나리오는 최악의 상황을 최상의 상황으로 바꿀 수 있는 방법까지 기록해야 한다. 훌륭한 콘셉트 시나리오는 시행착오와 비용, 리스크를 최소화한다.

4. 시장조사

1) 시장조사의 개념

시장조사란 과거와 현재의 시장상황을 조사 · 분석하여 미래시장을 예측하고, 창업하고자 하는 아이템의 성공 가능성과 시장규모, 잠재력, 경쟁전략을 수립하기 위한 활동이다. 따라서 시장조사는 다양한 정보를 객관화하고 공식적인 과정을 거쳐 분석함으로써 정확성을 지녀야 한다. 이러한 과정을 거쳐 획득된 시장조사 자료는 미래 외식업체를 운영함에 있어서 고객의 수요를 예측하고, 수요에 따른 시설계획과 생산 및 판매 계획을 세우는 데 활용된다.

또한 경쟁적인 시장환경에 의사결정의 밑받침이 되며, 전략이나 계획을 수정 · 보완함으로써 성공 창업으로 이끄는 원동력이 된다. 시장조사를 통한 결과가 부정적일 경우 새로운 아이템을 개발하거나 창업 시기 조절, 심한 경우에는 창업을 포기하는 등의 의사 결정을 하는 중요한 자료가 되므로 시장조사는 계획하고 있는 창업 아이템의 성패를 예측할 수 있는 중요한 자료라 하겠다.

■ 시장조사의 장점

① 고객의 특성에 대한 정보를 알 수 있다(표적고객, 시장규모, 나이, 수입, 교육수준, 직업, 관심분야, 취미, 세대, 거주지역 등).
② 구매력(Purchasing Power)과 구매습관(Buying Habit)을 알 수 있다.
③ 목표시장의 자금규모와 경제적 속성 등을 알 수 있다.
④ 경쟁업체에 대한 정보를 알 수 있다.
⑤ 생산성과 사업운영에 영향을 미치는 경제환경과 정치환경을 알 수 있다.
⑥ 현재 그리고 미래 고객과의 커뮤니케이션을 제공한다.
⑦ 사업 아이템이 지닌 문제점이 무엇인지를 파악하고, 구체화함으로써 창업 아이템의 위험요인을 최소화할 수 있다.
⑧ 유사 아이템에 대한 벤치마킹을 할 수 있도록 돕는다.
⑨ 사업의 성공 가능성을 평가할 수 있다.
⑩ 사업 방향을 결정하도록 돕는다.

2) 시장조사의 종류

시장조사는 목적에 따라 크게 '탐색조사', '기술조사', '인과조사'의 3가지로 나눌 수 있다.

탐색조사는 다른 조사의 선행단계로 문제를 보다 명확히 파악하기 위한 조사단계이다. 기술조사는 관련 상황의 특성 파악과 상황 변화에 대한 각 변수들의 반응을 예측하기 위한 조사방법이다. 따라서 주로 조사목적이 설정된 후 관련 변수들 간의 관계가 어느 정도 파악된 다음에 이용한다.

인과조사는 마케팅 현상 간의 인과관계를 밝히기 위한 조사방법으로 체계적인 실험설계를 통해 실험상황을 통제한 후 특정 변수들 간의 원인과 결과를 파악하는 방법이다.

가. 탐색조사(Exploratory Research)

탐색조사는 시장조사의 초기단계에서, 조사에 대한 아이디어와 통찰력을 얻기 위해 실시하는 조사방법이다. 탐색조사의 경우 가변성이 높으므로 효율적인 조사를 수행하여 의사결정에 의미 있는 정보를 제공하기 위해 조사자의 예리한 통찰력이 요구된다. 또한 일반적으로 탐색조사가 이루어지고 나서 기술조사나 인과조사가 실시되므로 탐색조사는 이들 조사를 실시하기 위한 예비조사라 할 수 있다. 탐색조사를 위한 정보는 주로 도서나 정기간행물, 인터넷, 컨설팅회사 등을 통해 얻을 수 있다.

나. 기술조사(Descriptive Research)

기술조사는 특정 문제와 가설에 대한 정확한 정보를 획득하기 위한 조사방법으로 조사 목적을 명확히 설정하는 등 정교한 조사계획이 요구된다. 정확한 정보란 수집된 자료가 믿을 만하고 체계적인 오차가 적음을 의미하는데, 이는 바로 자료의 타당성과 신뢰성이 높아야 한다는 것이다. 또한 기술조사는 특정 문제와 가설에 대한 정확한 정보를 획득해야 하기 때문에 많은 사전지식을 가지고 행해지며, 사전에 철저한 계획과 체계적인 절차에 의해 실시된다.

기술조사의 내용으로는 시장의 크기, 소비자의 구매력, 기존 유통업자의 이용 가능성, 소비자의 특성 등 관련 시장조사와 자사 및 기존 경쟁사의 시장 점유율 같은 시장 점유율 조사, 지역별, 제품 계열별, 거래 고객 규모별 매출액을 조사하는 매출액 분석 조사, 제품에 대한 소비자의 태도 등이 해당된다.

다. 인과조사

인과조사는 현재 외식업에서 발생하는 특정 현상의 원인에 대한 결과의 관계를 규명하기 위한 조사방법이다. 인과조사는 현상의 이해와 결과의 설명을 통해 미래의 상황을 예측할 수 있는 조사방법으로 매우 중요한 의미를 갖는다.

조사내용에는 메뉴조사, 판매조사, 소비자조사, 광고조사, 잠재수요자 조사, 판로조사 등이 포함된다.

3) 벤치마킹(Bench-Marking)

예비창업자는 창업하고자 하는 아이템을 판매하는 동종 레스토랑을 벤치마킹함으로써 창업하고자 하는 아이템의 강점과 약점을 파악할 수 있다. 특히 벤치마킹한 업체를 통해 레스토랑 운영에 필요한 전반적인 시스템을 다시 한 번 점검할 수 있으며, 벤치마킹한 업체의 장점을 자신의 레스토랑에 접목시키는 계기를 마련할 수 있다. 대부분의 예비창업자들은 자신의 역량을 과대평가하거나 필요 이상으로 과소평가하기도 한다. 따라서 벤치마킹을 통해 자신의 강점과 약점을 객관적으로 판단하고, 자신의 강점을 더욱 살릴 수 있는 방안을 모색해야 한다. 반면 자신의 약점이 무엇인지도 파악함으로써 이를 보완할 수 있는 방안을 모색하는 계기로 삼아야 한다.

5. 사업타당성 분석

사업타당성 분석이란 창업자 자신이 가지고 있는 창업 환경에서 창업할 경우에 발생할 수 있는 위험요소를 사전에 선별하여 대비하도록 하는 작업으로 창업하기 전에 실행하는 필수적인 과정이다.

1) 사업타당성 분석의 필요성

① 창업자가 계획한 상품의 시장성, 수익성, 자금수지 계획, 기술성 등 세부적인 항목을 분석할 수 있다.

② 창업자의 주관적인 사업구상이 아니라 객관적이고 체계적인 사업타당성을 분석하기 때문에 성공확률을 높일 수 있다.

③ 창업자들이 사업타당성 검토를 통하여 구상하고 있는 사업의 구성요소를 정확히 파악하기 때문에 창업기간을 단축시킬 수 있다.

2) 사업타당성 분석 내용

사업타당성 분석은 자신이 창업하고자 하는 사업의 시장성, 기술성, 경제성을 재검토하고 분석함으로써 객관적으로 판단하게 된다. 따라서 실패율을 줄이고 나아가 경영에도 도움이 되므로 성공확률을 높일 수 있다.

가. 시장성 분석

창업하고자 하는 사업의 콘셉트가 성공 가능성이 있는지를 알아보기 위해서는 사업아이템과 관련된 표적시장의 규모와 잠재고객의 파악이 중요하다. 또한 과거와 현재의 시장뿐만 아니라 미래시장의 환경변화와 메뉴상품 수명주기, 식자재 수급의 원활성 등의 분석을 통해 창업 가부(可否)와 시기(始期)를 판단하여 창업해야 한다. 특히 현재 경쟁구도에 있는 동종업체의 상황과 오픈하고자 하는 입지의 주변 경쟁업체의 상황에 대한 정밀한 분석을 토대로 자사의 메뉴상품이 추구하는 위치와 가격, 예상 점유율, 매출액 등의 전략을 세우고 사업의 성공 가능성이 어느 정도인지를 분석해야 한다.

■ **시장성 분석내용**

① 시장조사
② 식자재 수급 조사
③ 소비자 조사
④ 동종업계 조사
⑤ 시장 세분화
⑥ 총 수요 및 점유율 예측
⑦ 제품 포지셔닝
⑧ 가격결정 및 매출액 추정

나. 기술성 분석

외식업체에서 가장 중요한 것은 메뉴상품의 품질이라 하겠다. 자사의 메뉴상품과 개발능력이 타 경쟁업체의 품질보다 어느 정도 우위에 있는지와 예상 판매량, 최대 생산 가능량 등을 분석해야 한다. 특히 독특하고 새로운 메뉴상품일 경우 수요 창출 가능성과 메뉴상품의 품질 수준, 제품의 원가율, 서비스방법, 원자재 확보력, 인재 보유력, 생산시설 확보 등 메뉴상품 생산에 필요한 전반적인 내용을 분석해야 한다.

■ 기술성 분석내용

① 제품의 기술적 특징
② 생산의 지원에 대한 검토
③ 입지의 적합성
④ 업소 규모와 건설 계획
⑤ 주방 설비와 장비
⑥ 전문기술을 지닌 인재 확보
⑦ 시설 소요자금의 검토
⑧ 메뉴상품의 생산 적합성

다. 경제성 분석

외식사업은 타 사업에 비해 투자자금의 회수기간이 빠른 편으로 대략 6개월 정도로 추정한다. 특히 대부분이 중소기업으로 외식업체를 알리기 위한 홍보기간이 많이 소요될 뿐만 아니라 고객의 평가가 주관적이므로 재구매 정도와 기간을 정확히 예측하기 어렵다. 따라서 소비자 반응 정도가 예측보다 낮거나 오래 걸릴 수 있어 창업 초기에 예측하지 못했던 운영비용이 발생할 수 있다. 그러므로 창업자금을 계획함에 있어서 손익분기점 도달기간까지의 운영비용을 충분하게 고려하여 계획을 세우는 것이 매우 중요하다.

또한 계획하는 사업이 적당한 수익률과 현금 흐름을 보장할 수 있을지를 검토하는 것이 중요하다. 특히 자기자본율이 타인자본율보다 낮은 경우는 채무상환 계획과 위험요인, 이자율 등을 동시에 고려하여 사업의 수익성과 사업의 재무적 타당성 등 사업의 경제성을 반드시 미리 검토하고 사업을 전개해야 한다.

〈표 2-6〉 사업타당성 분석절차 및 평가방법

평가항목	평가내용	업종 a	업종 b	업종 c	가중치	점수
창업자 경영능력	관련지식과 경험이 풍부한가?					
	창업가로서의 자질과 경영능력은?					
시장성	시장은 형성되어 있는가?					
	경쟁상황은 어떠한가?					
	수요층은 다양한가?					
제품성	제품과 서비스의 차별성은?					
	제품과 서비스의 계절성은?					
	라이프스타일의 현재 위치는?					
수익성	투자수익률은 높은가?					
	손익분기점은?					
	성장성은?					
재무성	소요자금의 조달능력은?					
	현금흐름은 좋은가?					
종합평가						

출처 : 한솔창업아카데미 자료 인용(www.vchangup.com).

6. 사업계획서 작성

1) 사업계획서의 개념

사업계획서는 창업하고자 하는 사업아이템에 대한 전반적인 활동을 문서로 정리한 것으로 창업자와 사업의 목표, 사업내용의 요약, 투자비용, 손익분기점, 사업추진 일정 등과 사업목표 달성을 위해 어떤 전략과 전술로 사업을 진행할 것인지를 구체적으로 정리한 문서이다.

사업계획서는 창업자본을 투자받기 위해 투자자에게 보이거나 투자회사에 제출하는 경우를 위해서도 반드시 필요하다. 그러나 가장 중요한 것은 사업계획서는 누구를 위한 것이 아닌 창업자 자신을 위해 작성하는 문서이다. 즉 창업자 자신이 계획하는 레스토랑을 완벽하게 이해함으로써 실패를 예방하고 위험을 최소화시킬 수 있는 대비책을 세워 경영지침이 되도록 하는 문서라는 점을 간과해서는 안 된다. 따라서 사업계획서는 이상적인 방향이 아닌 현실에 입각하여 확실한 근거와 사실을 바탕으로 작성하여 설득력과 신뢰감을 줄 수 있어야 한다.

2) 사업계획서의 필요성

외식사업을 시작하기 위해서는 자신이 그동안 시장조사를 통해 파악한 자료를 근거로 사업을 구체화시켜 정리하는 작업이 우선되어야 한다. 그러나 아직도 많은 예비 창업자들이 단순히 입지, 자본, 사업아이템만을 과신하여 자신의 레스토랑이 성공할 것이라는 착각에 빠지는 오류를 범한다. 뿐만 아니라 창업을 진행하다 보면 주변 사람들에게 조언을 구하게 되는데, 자칫 잘못하면 조언자들의 말에 의해 전략이 바뀌다 못해 기준을 잃어버려 기존에 생각했던 것과는 다른 방향으로 진행할 수도 있으며, 필요한 절차를 빠뜨리는 실수를 범하기도 쉽다. 이로 인해 어렵게 시작한 사업을 문도 열어보지 못하고 닫아야 하거나 오픈 시기가 늦춰지는 등 경제적인 손실을 입을 수 있다. 따라서 구체적이고 체계적으로 사업계획서를 작성하여 창업 전반을 실행하기 위한 참고서로 활용할 뿐만 아니라 창업 후에도 레스토랑 운영지침서로 활용하기 위해 반드시 필요하다.

■ 사업계획서의 용도

① 체계적인 사업 준비와 진행을 돕는다.
② 사업 성공 가능성을 높여준다.
③ 자본 조달의 수단으로 이용된다.
④ 의사소통 수단으로 이용된다.
⑤ 사업 타당성을 판단하는 자료가 된다.
⑥ 창업자의 능력을 평가하는 자료가 된다.
⑦ 레스토랑 운영지침서가 된다.

3) 사업계획서의 구성

가. 표지

사업계획서의 표지는 상대방에게 가장 먼저 보여지는 얼굴이므로 간결하게 작성한다. 표지에는 레스토랑 이름, 주소, 전화번호, 창업예정자(대표) 성명 등을 표시한다.

나. 사업계획서 요약문

사업계획서 요약문은 계획하는 사업의 핵심 내용을 요약한 것으로, 사업계획서의 심장이라 할 수 있다. 따라서 요약문에는 계획하는 사업의 아이템과 누가 어떻게 실행하며, 사업 성공을 위한 핵심전략 등을 간결하고 설득력 있게 기술한다.

요약문은 대부분 2~3페이지 이내 분량으로 작성하는데, 그 이유는 핵심 내용만 기술함으로써 투자자들의 관심을 유발시켜 본문 내용까지 읽어 보도록 유인하는 역할을 하기 때문이다.

다. 목차

사업계획서에 기술된 내용의 큰 제목을 해당 페이지 번호와 함께 표시함으로써 논리적인 전개를 한눈에 살펴볼 수 있도록 하며, 필요한 내용을 쉽게 찾아볼 수 있게 한다.

라. 회사 및 사업 개요

레스토랑 이름, 대표자, 업종과 업태, 경영진, 사업동기 및 방향, 경영이념 및 목표, 자본금, 인력구성, 소재지 등을 설명한다.

마. 제품 및 서비스 계획

판매하고자 하는 주력 메뉴상품과 보조상품, 서비스방법, 콘셉트와 특징, 메뉴상품의 품질, 표적고객 등에 관한 세부 설명과 차기 아이템에 대해 설명한다. 자사의 메뉴상품이나 서비스의 독특성은 무엇인지를 설명하고, 콘셉트의 차별성과 고객을 유인할 수 있는 요소는 무엇인지 등을 자세히 설명한다.

바. 시장 진입 및 성장 전략

시장 진입 및 성장 전략에서는 과거와 현재 시장의 트렌드 분석을 통해 예상되는 표적고객, 시장의 규모와 전망, 경쟁사 분석 등을 설명한다. 세부 내용은 다음과 같다.

① 표적고객 분석

자사가 목표로 하는 표적고객은 누구이며 고객에 대한 접근방법, 난이도, 고객의 규모, 구매결정까지 걸리는 시간, 구매결정에 영향을 미치는 요인 등에 대해 설명한다.

② 시장규모와 전망 분석

향후 5년 동안의 외식시장 규모의 예측을 통해 자사의 제품과 서비스가 시장에서 차지할 점유율과 매출액 등을 추정한다. 또한 경제 추이, 관련 산업동향, 인구이동 등의 시장변동 요인을 분석하여 향후 3년간 예상되는 연간 성장률을 제시한다.

③ 경쟁업체 분석

경쟁사에 대한 전반적인 분석을 통해 강점과 약점을 객관적으로 평가하여 설명한다. 경쟁업체 분석은 현재의 경쟁상대뿐만 아니라 과거의 경쟁업체, 잠재적인 경쟁업체를 대상으로 조사하고 시장 점유율, 품질, 가격, 유통방법, 서비스 등에 대해 설명한다. 특히 이들 경쟁업체의 시장 진입 성공요인과 실패요인을 설명하고 이를 바탕으로 자사의 레스토랑에 어떻게 적용할 것인지를 설명한다.

사. 마케팅 전략 계획

목표시장에서 자사가 판매하고자 하는 메뉴상품과 서비스의 혁신적인 마케팅 전략을 설명한다. 특히 비수기의 판매 전략이나 추후판매 확대에 대한 계획 등을 함께 설명하며, 세부 내용은 다음과 같다.

① 가격 전략

판매하고자 하는 메뉴상품과 서비스에 대한 가격과 책정 근거를 설명한다. 그리고 메뉴 가격의 원가율과 공헌이익, 산출근거, 미래 가격 전략에 대해 설명한다.

특히 가격 전략에는 고가격전략, 시장침투 전략 등 다양한 방법이 있으므로 어떠한 방법을 사용하여 향후에는 어떻게 전략을 구사할 것인지에 대한 설명이 뒷받침되어야 한다.

② 판매촉진 전략

판매촉진은 어떠한 수단으로 고객의 구매를 유도할 것인지에 대해 설명하고 식재료 조달방법 등을 논의한다. 판매촉진 전략은 단기적으로 매출을 증대시키기 위한 수단을 일컫는 것으로 외식업체가 최종 소비자에게 직접 판매를 촉진하는 고객 판매촉진과 중간상을 통해 판매를 촉진하는 중간상 판매촉진으로 구분된다. 외식사업은 대부분 중간상이 존재하지 않으므로 고객에게 직접 판매를 촉진하는 것이 일반적인 방법이다.

③ 광고와 홍보 전략

고객의 관심을 유도하기 위한 제품의 홍보방법으로 매체를 이용한 광고, 메일링, 텔레마케팅, 카탈로그, 판촉, 인쇄물, 광고대행사의 활동 등에 대한 홍보계획을 설명한다.

아. 시설 및 설비 계획

인테리어 디자인과 견적, 시공, 감리, 간판, 전기, 전화, 완공일자 등을 설명한다. 또한 레스토랑 운영에 필요한 장비와 기물, 규격, 예상 구매 단가 등을 설명하고, 향후 도입할 예정인 설비와 이유 등도 함께 설명한다.

자. 입지

개점할 점포의 입지 위치와 규모, 소유형태, 점포 특성, 환경, 주변 상권, 상권 내 경쟁업체 등을 분석하고 설명한다.

차. 인원 및 조직 계획

경영진과 조리 종업원, 식음서비스 종업원 등 레스토랑 운영에 필요한 전반적인 인력 구성에 대해 설명한다. 예상 조직도를 제시하고 각 부문의 역할 및 책임자를 소개할 뿐만 아니라 주요 경영진은 이력사항과 Know-How, 직무능력 등을 상세히 설명함으로써 업무를 수행할 수 있는 능력을 갖춘 인재임을 설명한다. 기타 종업원들은 예상 채용인원과 연봉, 조건, 직급, 업무내용 등을 제시한다.

카. 전반적인 사업추진 일정

창업 전반에 필요한 진행과정을 일목요연하게 표로 정리한 것이다. 그러므로 사업추진 일정표에는 시장조사와 마케팅 계획, 판매 및 운영 계획, 재무 계획, 인력채용 계획, 인테리어공사 계획, 장비구입 시기 등의 계획을 언제부터 언제까지 추진할 것인지를 나타내야 한다. 사업추진 일정표는 창업예정자에게는 진행과정을 효율적이고 계획적으로 추진할 수 있도록 하며, 투자자들에게는 사업의 성공에 대한 신뢰도를 제고시켜 준다.

타. 법규 및 특수 고려사항

계획사업 그리고 그 제품과 서비스에 적용되는 법률이나 규정을 확인한다. 예를 들어 면허사항, 허가지역, 보건관련 허가사항, 환경 승인사항 등을 파악하여 정리한다. 그리고 계획하는 사업에 즉각적으로 영향을 줄 수 있는 현재 진행 중인 법규의 변동사항에 대해서도 파악한다.

파. 재무계획

재무계획에는 사업계획서 각 부문의 계획을 바탕으로 추정 대차대조표, 추정 손익계산서, 추정 현금흐름표, 손익분기점 분석이 포함되어야 한다.

① 추정 대차대조표

자산과 부채, 자본 항목을 통해 사업의 자산 규모와 부채 정도로 투자 위험성을 파악할 수 있다. 대차대조표는 최소한 향후 3년 동안의 대차대조표를 작성한다.

② 추정 손익계산서

예상 매출액과 예상 운영비용 항목을 통해 순이익 등 계획하는 사업의 경영성과를 파악할 수 있다. 손익계산서는 향후 5년 동안의 예상 손익계산서를 작성하며, 기초자료로는 제조원가 명세서, 판매비 및 일반관리비 등에 대한 내용도 포함한다.

③ 추정 현금흐름표

현금의 유입과 유출을 예측하는 표로 계획하는 사업에서의 현금 운영과정을 알 수 있다. 현금흐름표는 사업 첫해에는 매달 작성하고, 다음해부터 2년 동안은 적어도 4분기마다 작성하여 현금흐름을 분석한다.

④ 손익분기점 분석

사업의 궁극적인 목적은 이윤추구라 할 수 있다. 손익분기점이란 투자한 자금을 회수할 수 있는 시점을 말하는데, 예상매출액과 수준을 통해 손익분기점 시점을 추정할 수 있다.

■ 사업계획서 구성 항목 리스트

- 사업 목적
- 사업 내용
- 사업 배경
- 창업자 현황
- 취급상품 분석
- 시장분석
- 판매 계획
- 종업원 구성 계획
- 투자비용 계획
- 매출 계획
- 관리운영비 계획
- 입지 및 상권 분석
- 이익 계획 등과 총 소요자금 계획 또는 자금조달 계획
- 업소의 인테리어 및 레이아웃 계획
- 예상 재무 계획
- 총 일정 계획 등

4) 사업계획서 작성 시 주의사항

사업계획서가 창업자 자신을 위한 것이라 해도 자신만이 알아볼 수 있게 작성되어서는 안 된다. 앞에서 설명한 바와 같이 사업계획서는 다용한 용도로 이용되므로 기본적으로 다음과 같은 사항에 주의해야 한다.

■ 사업계획서 작성 시 주의사항

① 사업계획서에 창업자의 사업 성공에 대한 확신, 즉 자신감이 나타나야 한다.
② 창업자를 비롯한 경영진이 사업을 성공적으로 경영할 수 있는 능력을 갖추었음을 객관적으로 보여주어야 한다.
③ 기존의 사업과는 다른 독창성이 강조되어 설명되어야 한다.
④ 계획하는 사업에 대한 설명과 잠재력을 간결하고 짧게 작성한다. 또한 예상되는 문제점과 위험요소를 밝히고 해결방안에 대해 설명한다.
⑤ 사업계획서 내용은 빠짐없이 충분한 설명을 곁들여 작성한다.
⑥ 제품 및 기술성 부분에서는 전문용어나 전문가만이 알 수 있는 표현은 피하고, 단순하고 보편적인 표현을 사용한다.
⑦ 자금조달방법 및 운용계획, 투자자본의 회수전략을 실현 가능하도록 구체적으로 제시한다.
⑧ 읽는 사람에게 신뢰감을 줄 수 있도록 근거가 불충분한 자료나 애매하고 과장된 표현은 삼간다.
⑨ 예비창업자가 작성하기 어려운 경우 외부전문가 등의 도움을 받아 작성한다. 단, 반드시 예비창업자가 사업계획서 작성과정 전반에 참여하여 모든 내용을 숙지하여야 한다.

〈표 2-7〉 외식업 사업계획서 작성 시 세부항목의 예

① 사업의 개요 • 사업의 개념과 목적, 방향 **② 영업 계획** • 점포 이미지 • 좌석 수 • 영업시간 • 예상 메뉴 • 서비스방법 **③ 메뉴 계획** • 메뉴 계획 설명 • 메뉴 가격	**④ 인력 운영 계획** • 인원 계획 • 조직 구성 계획 • 채용 계획 • 교육 계획 **⑤ 시설 및 구매 계획** • 점포 계획 • 인허가 사항 체크 • 점포 레이아웃 • 설비업체 리스트 • 설비 및 비품 리스트

- 식자재 리스트
- 운영에 필요한 수배사항
- 오픈 물품 반입 스케줄

⑥ 운영관리 계획
- 주방 일일 매뉴얼
- 홀 일일 매뉴얼
- Q.S.C. 체크표
- 영업일보
- 품목별 판매 현황표
- 식자재 발주표
- 사입집계표
- 영업효율표
- 식자재 보관 매뉴얼
- 주문전표

⑦ 판매촉진 계획
- 준비사항
- 판매 촉진 스케줄표
- 오픈 직후의 판촉 계획

⑧ 투자 예산 및 손익 계획
- 고정비용 분석
- 손익분기 매출의 계산
- 투자비용 분석
- 매출 계획
- 월차 손익 계획 표준형 P/L

출처 : 장상태 · 함동철, 2010, 외식산업의 이론과 실제, 에이드북.

7. 상권조사

상권조사는 창업하고자 하는 아이템으로 점포를 오픈했을 때 고객을 끌어들이는 지리적 범위가 어느 정도인지를 파악하는 것으로, 개별점포의 영향력이 미치는 범위를 의미한다. 따라서 상권조사는 사업의 실패를 예방하기 위해 점포의 입지가 발전가능성이 있는지를 파악하기 위해 주변의 상권 크기와 질을 평가하기 위한 작업이다.

1) 상권의 의의와 중요성

좋은 입지를 선정하기 위해서는 먼저 상권을 분석해야 한다. 창업자는 자신이 창업하고자 하는 업종에 맞는 상권을 설정해야 하는데, 상권은 창업자가 사업을 개시하기 전에 개점하고자 하는 입지의 점포가 어느 정도 사업성이 있는가를 검토하여 입점을 결정하는 중요한 역할을 한다. 하지만 이보다 더욱 중요한 것은 상권분석을 통해 점포를 이용할 잠재고객을 파악할 수 있으며, 상권의 범위를 결정함에 따라 판매촉진 전략을 세우는 등 효과적인 경영이 가능하게 하므로 중요하다.

2) 상권의 분류

상권은 점포가 고객을 흡인하는 지리적 영역으로, 고객이 선호하는 공간적 범위를 의미하기도 한다. 상권은 범위에 따라 대형상권, 중형상권, 소형상권으로 분류하며, 고객 흡인 정도에 따라 1차 상권과 2차 상권, 3차 상권, 기타 상권으로 분류할 수 있다. 또한 상권의 설정방법 및 용도에 따라 잠재상권, 예상상권, 실제상권으로 분류한다. 레스토랑 오픈 시 상권의 분류방법 중 일반적으로 고객 흡인성에 따른 분류방법을 가장 많이 사용하는데, 이는 고객의 흡인 정도는 곧 매출과 직결되므로 점포를 오픈하기 이전 매출을 예측할 수 있는 데이터를 제공하기 때문이다.

쉬어가기

중소기업청이 예비창업자를 위해 무료로 제공하고 있는 상권정보시스템(http://sg.smba.go.kr)을 활용하면 상권 분석에 많은 도움이 될 수 있다. 상권정보제공시스템은 약 3만여 건의 정보를 시·공간의 제약 없이 온라인상에서 무료로 원하는 지역(동, 읍, 면 단위까지 가능)을 최대 3개까지 자유롭게 선택하여 전자지도를 이용, 지역별 상호 비교 분석할 수 있는 시스템이다.

지역별, 업종별로 분류된 상권정보를 전자지도를 통해 제공한다. 상권범위를 선택하면 1.5km 이내 반경까지 해당 상권 내에 있는 동종 경쟁업체 수와 업종현황 및 위치, 인구, 관공서, 아파트 등의 종합적인 정보가 보여진다.

전문가들이 작성해 놓은 상권리포트도 볼 수 있다. 소상공인지원센터 상담사가 직접 현장을 조사해 정리한 보고서를 전자지도 형태로 제공하는 것이다. 리포트는 상권의 유래 및 개괄, 상권의 범위, 특징, 점포평균 임대시세, 유동인구 현황, 상권 내 개발계획, 교통현황, 업종현황 등을 정리해 놓은 내용을 골자로 한다.

또한 업종별로 창업절차 모형도, 소비자 특성, 마케팅 전략, 손익분기점, 벤치마킹 모델 등에 대한 창업 전 필수 점검사항에 관한 정보도 제공하고 있다.

한편 상권정보시스템의 이용자는 2007년 17만여 명, 2008년 19만여 명에 이어 작년에는 24만 2천여 명이 이용해 매년 25% 정도 상승하고 있는 것으로 나타났다(http://www.bizplace.co.kr).

가. 상권의 범위에 따른 분류

① 대형 상권(General Trading Area ; GTA)

주로 도청소재지나 광역시 등 행정구역과 일치하는 상권으로 지역상권, 도심상권이라고도 한다. 하루 통행량 10만 명 이상인 곳으로 전국에 60여 개 정도 있으며 예를 들어 서울의 명동 상권, 강남역 상권, 종로 상권, 광주 충장로, 부산 서면 등의 상권 규모이다.

대체적으로 대형 쇼핑센터 및 아웃백, 베니건스 등의 대형 패밀리레스토랑 등은 대형 상권 정도의 규모가 되어야 입점한다. 이 상권 내의 업종은 제품의 질과 기호도에 따른 아이템으로 구성되어 있다.

② 중형 상권(District Trading Area ; DTA)

대형 상권 내에서 도시의 특정 지구 또는 역세권을 포함한 대형 상권 인근의 파생 상권으로 지구상권이라고도 한다. 대체로 행정구역의 명칭을 그대로 사용하거나 상권을 대표하는 시설물로 부르기도 한다. 일반적으로 하루 통행량이 2만 명 이상인 곳으로 전국에 500~600여 개 정도로 추산되며, 유동인구와 고객의 접근성이 우수한 연계상권이다.

서울 노량진, 양재역, 건대, 대학로, 부산의 하단오거리 등과 같은 곳이 해당된다.

롯데리아, 맥도날드 등의 대형 햄버거 체인업체는 주로 중형 상권 이상은 되어야 입점한다.

③ 소형 상권(Individual Trading Area ; ITA)

지구상권 내에서 특정 점포가 흡인하는 상권으로 동네상권, 지역상권, 점포상권이라고도 한다. 전국 곳곳에 산재되어 있으며 근린 생활형 상권으로, 주로 그 지역 주민이 주요 고객층이다. 김밥전문점, 우동전문점, 치킨점 등과 같은 유형의 업종이 적당하다.

나. 고객 흡인성(Attractivity)에 따른 분류

고객이 흡인되는 지역은 일반적으로 반경 500m를 기준으로 하여 1차 상권, 2차 상권, 3차 상권으로 구분한다. 단, 예외적으로 시내 중심가나 인적이 드문 지역의 경우 반경 250m와 반경 1㎞를 기준으로 하기도 한다. 일반적으로 흡인성에 의한 분류를 많이 사용하는데, 이는 점포 개설 시 고객의 유입이 매출로 이어지고, 산출이 용이하기 때문이다.

① 1차 상권(Primary Trading Area)

전체 이용 고객의 약 50~70%를 흡인하는 지역 범위로 점포에 가장 근접해 있고 고객 밀도가 가장 높은 지역이다. 1차 상권은 도심에서는 250m, 인적이 적은 곳은 반경 1km 이내로 하여 예상 매출을 산출할 수 있으며, 반경 500m 이내의 세대 수가 4,500세대 정도 되어야 한다.

② 2차 상권(Secondary Trading Area)

전체 이용 고객의 약 15~25%를 흡인하는 지역 범위로 1차 상권의 외곽에 위치하며, 반경 1km 이내이다. 대체로 고객이 넓게 분산되는 경향이 있다.

③ 3차 상권(Tertiary Trading Area)

2차 상권의 외곽을 둘러싼 지역 범위로 1차 상권과 2차 상권에 포함되지 않는 나머지 고객들을 흡인하게 된다. 전체 이용 고객의 약 10~15%가 거주하는 상권 범위로 약 2km 반경 이내이다. 고객이 아주 넓게 분산되어 있다.

④ 기타 상권(Fringe Trading Area)

상권 밖의 지역으로 고객의 5~10%를 흡인하며, 영향권이라고도 한다. 대체로 이들 고객은 유동적이고 산발적으로 분산되어 있다. 단, 3차 상권과 기타 상권의 고객 비율은 시장요인과 지역의 특성에 따라 차이를 보이므로 따로 구분하지 않고 3차 상권에 포함하여 구분하기도 한다.

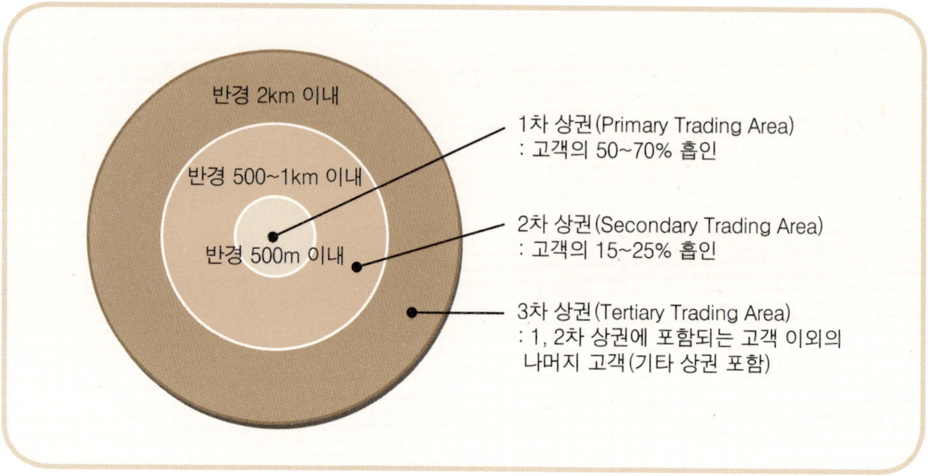

〈그림 2-4〉 고객 흡인성에 따른 상권의 분류

다. 설정방법 및 용도에 따른 분류

① **잠재상권(Potential Trade Area)** : 가능거래지역으로 특정 도시, 도시 내 지역, 개별 점포 등으로 현재는 아니지만 미래에 고객 유인이 가능할 것으로 예상되는 지역을 나타내기 위해 지도상에 임의로 설정하는 범위의 상권이다.

② **예상상권(Probable Trade Area)** : 잠재상권 이외에 점포 주변의 다른 분할지역들로부터 거래량을 확실하게 나타내는 상권이다. 보다 정밀한 중력모델을 이용하여 계산하고, 소비자가 점포를 방문할 가능성을 확률 값으로 계산하여 확률 등고선의 형태로 지도상에 표시한 범위의 상권이다.

③ **실제상권(Actual Trade Area)** : 고객 조사를 기초로 실제 소비자들이 점포를 이용하는 범위를 말하며, 거래량과 최대 도달 거리를 표시해 주는 보다 엄격한 경계선을 그릴 수 있는 상권범위이다.

〈표 2-8〉 상권조사의 분류와 특징

기준	상권분류	상권의 특성
상권의 범위에 따른 분류	대형 상권	지역상권, 도심상권이라고도 하며 주로 도청소재지나 광역시 등 행정구역과 일치하는 상권이다. 하루 통행량이 최소 10만 명 이상이 되는 상권으로 전국적으로 60여 개 정도 된다. 예 : 서울의 명동 상권, 강남역 상권, 종로 상권, 광주 충장로, 부산 서면 등
	중형 상권	도시의 특정지구 또는 역세권을 포함한 대형 상권 인근의 파생상권으로 전국에 500개 정도 있다. 하루 통행량 2만 명 이상이 되는 상권으로 전국에 500~600여 개 정도로 추산된다. 예 : 서울 노량진, 양재역, 대학로 등
	소형 상권	주로 지역 주민을 고객으로 하는 상권으로 동네상권, 지역상권, 근린상권이라고도 한다.
고객흡인성에 따른 분류	1차 상권	이용 고객의 50~70%를 흡인하는 상권 범위로 점포에 가장 근접해 있고 고객 밀도가 가장 높은 지역이다.
	2차 상권	이용 고객의 15~25%를 흡인하는 상권 범위로 1차 상권의 외곽에 위치한다.
	3차 상권	1 · 2차 상권의 외곽지역으로 전체 이용 고객의 10~15%가 거주하는 상권이다.
	기타 상권	상권 밖의 지역으로 고객의 5~10%를 흡인하며, 영향권 또는 주변상권이라고도 한다(따로 구분하지 않고 3차 상권에 포함하기도 한다).
설정방법 및 용도에 따른 분류	잠재상권	고객이 점포로 유인될 가능성이 있는 지역을 나타내기 위해 지도상에 임의로 설정된 범위이다.
	예상상권	점포 주변의 다른 지역들로부터 고객이 점포를 방문할 가능성을 확률값으로 계산하여 지도상에 표시한 범위이다.
	실제상권	고객조사를 기초로 거래량과 최대 도달거리를 나타내기 위해 경계선을 지도상에 표시한 범위이다.

3) 상권 분석방법

상권 분석은 점포의 영향권 범위를 개별적인 요소나 성질로 나누어 파악하는 것으로 다음과 같은 방법에 따라 파악한다.

① 상권 내의 지역정보를 수집한다.

② 지도를 구해서 지역상권에 대한 1차 상권, 2차 상권의 범위를 구분한다. 기존 점포의 경우에는 원으로 그려 해당 점포의 상권을 한눈에 파악할 수 있도록 한다.

③ 상권 내의 지역에 대해 조사한다. 조사 내용으로는 주소와 더불어 지역별 고객의 내점 빈도, 일정 지역 내 고객의 평균 구매액, 지불방식 등을 파악한다.

④ 고객 동향 조사를 위해 인구 수, 연령, 성별, 직업 분포, 주거 형태, 경제 수준, 유동 인구, 외식 빈도, 교육 수준 등을 파악한다.

⑤ 고객 등과의 심층면접을 통해 위의 조사자료를 확인하고 수정 · 보완한다.

4) 상권 분석내용

상권은 대지나 점포가 미치는 영향권으로 거래의 범위를 말하는데 인위적으로 형성되는 것이 아니라 자연적으로 형성되는 것이다. 따라서 다음과 같은 내용을 분석해야 한다.

가. 인구통계적 변수

인구통계적 변수는 사람의 규모를 결정짓는 가장 기초적인 자료이다. 내용으로는 인구 수, 연령별 분포, 교육수준, 소득, 직업별 분포, 자가용 보유 비율, 종교, 가족 구성, 지역 내 아파트 비율과 평형별 아파트 수 등이 포함된다.

나. 산업 여건

상권 내 인구가 종사하는 산업이 무엇인가를 파악하여 그 산업의 현재 여건과 미래 전망을 예측한다. 해당산업에 지나치게 많은 인구가 종사하는 것도 바람직

쉬어가기

통계청 통계지리정보를 이용한 상권 분석

예비창업자가 상권 분석을 할 때 무작정 발품을 팔아서 상권 내에 동일 업종이 얼마나 있는지, 경쟁점포는 얼마나 되는지, 상권 내의 남녀 성비, 연령, 세대구성 정도를 알아보기는 쉽지 않을 뿐만 아니라 시간이 많이 소요되며 정보도 정확하지 않다. 그러나 2007년부터 통계청에서는 대도시를 대상으로 통계지리정보 서비스를 제공하고 있다(http://sgis.kostat.go.kr). 또한 소상공인지원센터 등의 기관에서 제공하는 정보를 토대로 창업전략을 수립한다면 보다 체계적이고 안정적으로 창업할 수 있을 것이다.

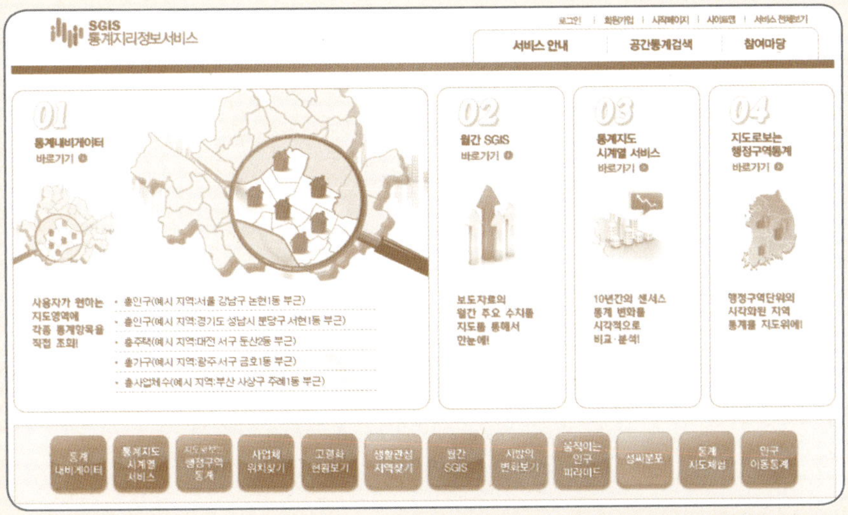

하지 못한데 이는 경기침체로 인한 장기불황 상황에서 지역경제 전체에 큰 타격을 줄 수 있기 때문이다.

다. 빅데이터 상권 분석

상권 분석의 핵심은 유동인구는 물론 유입 방향까지 제시하고 세분화된 데이터로 상권의 흐름과 업종 · 업태 분석, 소비성향, 경쟁 점포 등 상권을 자세하게 알 수 있도록 분석하는 방법이다.

출처 : 소비라이프뉴스(http://www.sobilife.com)

예를 들어 빅데이터 분석을 통해 상권입지에 대한 조사를 한다면 아날로그 방식도 필요할 것이다. 특히 위치, 접근성, 소비인구, 주변 근린 시설 등을 분석한다면, 공공데이터를 활용한 상권 분석이 필요할 것이며, 그리고 현장조사를 통해 상권을 분석하여 유동인구, 교통망 등에 대한 정보를 얻을 수 있다. 또한 후보지에 대한 의사결정을 하기 위해서는 인구분포, 평균 업종의 매출 등에 대한 분석 그리고 주변 근린 시설의 형태와 소비 트렌드를 파악하여 소비자들이 이용할 종합적인 분석 결과에 의해서 입지를 선정하여 점포를 개설하는 것이 바람직하다.

라. 빅데이터 상권분석 도구

코로나 19 이전에는 감이나 지인들 추천에 입지선정을 하였으나 요즘은 눈에 잘 띄지 않는 골목에 나만의 점포를 열어 배달 서비스를 하거나 모바일 플랫폼을 활용해 상품을 판매하는 창업 방식으로 바뀌고 있다. 특히 비대면 쇼핑이 뜨는 등 소비 트렌드가 빠르게 바뀌면서 빅데이터와 디지털 기술을 총동원해 고객의 취향뿐 아니라 연령대, 사는 지역, 구매 이력까지 종합적으로 고려해 입지를 선정하고 마케팅과 운영을 하고 있다.

소상공인들이 주목할 만한 빅데이터 기반 상권 분석과 디지털 도구를 살펴보면 다음과 같다. KDX한국데이터거래소, '어데고(adeGO)', 소상공인시장진흥공단 사이트, 'Kt 잘나가게', 통계청, 신용카드, SNS 등 다양한 빅데이터 도구들을 이용하여 점포개설 및 운영을 한다면 많은 도움이 될 것이다.

소상공인시장진흥공단

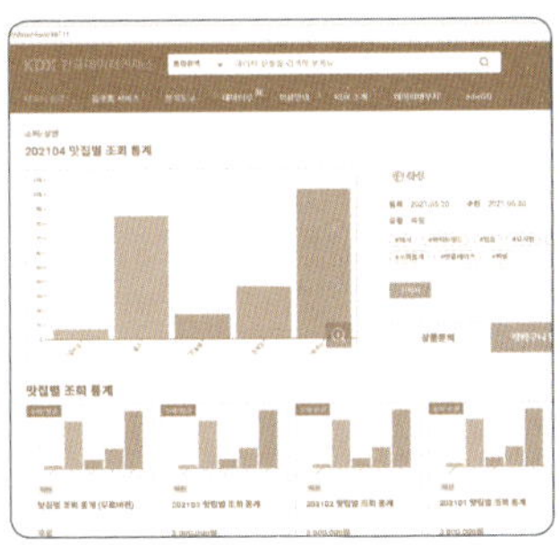

KDX 한국데이터 거래소

Kt 잘나가게

어데고(adeGO)

통계청

신용카드 빅데이터

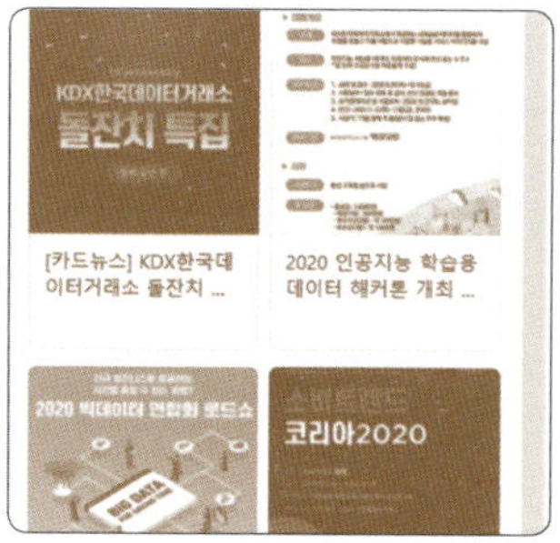

카카오톡

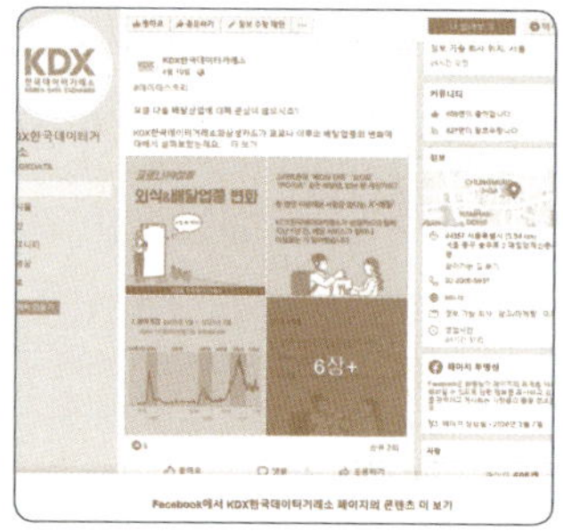

페이스북

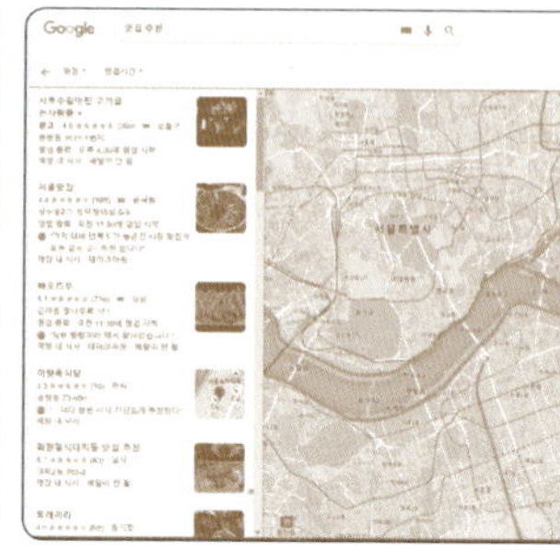
구글

마. 수요지역과의 접근성

수요지역과의 거리 및 소요시간은 상권의 확대, 축소, 성장, 위축에 큰 변수가 된다. 따라서 도로의 차선 수와 교통혼잡도, 대중교통수단의 유무 및 빈번성도 함께 고려되어야 한다.

바. 수요유발 요인

고객이 이 지역을 이용하는 이유, 즉 교통의 편리성, 관공서 밀집지역, 쇼핑단지 구성 등의 이유를 분석한다. 이러한 수요 유발요인이 점포의 매출에 긍정적인 영향을 미치는 요인인지를 분석한다.

사. 상권발전 전망

미래에 도로확장 예정이나 지하철 노선, 대형 아파트단지나 회사, 공장이 유치될 계획이 있는지를 파악해야 한다. 이러한 요인들은 거주민의 증가요인으로 장기적으로는 상권의 발전요소가 되며 나아가 지역경제의 발전요인이 되기 때문이다.

쉬어가기

"먹자골목은 가라, 이제는 '먹자지하철역' 시대"

이제는 지하철역에서도 제과, 커피, 분식 등 다양한 외식 브랜드를 쉽게 찾아볼 수 있는 시대로 접어들었다. 단순한 이동수단에 불과했던 지하철역에 다양한 외식 브랜드와 편의점 등이 들어서면서 복합휴게공간으로 거듭나고 있다. 이에 따라 지하철역 자체가 외식업계의 새로운 틈새상권으로 떠오르고 있다.

외식 브랜드의 지하철역 입점은 서울지하철 9호선이 역사 내에 외식 및 서비스 업종의 매장을 입점시키면서 시작되었으며, 최근에는 다양한 외식 브랜드들이 지하철 역사 내에 매장을 오픈하고 있으며, 서울메트로의 경우 최근 수제머핀 & 커피 전문 브랜드 마노핀을 22개 역에 동시 입점시켜 각종 언론으로부터 주목을 받았다.

외식업계에서 지하철역 입점에 주목하는 이유는 여러 가지를 들 수 있으나, 가장 큰 강점은 역시 풍부한 유동인구를 배경으로 하는 잠재수요라 할 수 있다. 특히 환승역의 경우 하루에도 수십만 명이 오가는 곳이기에 외식브랜드 사업자들의 구미를 당기는 것이다. 또 날씨에 큰 영향을 받지 않는다는 점도 지하철역 매장의 장점으로 꼽힌다. 일반 로드숍의 경우 여름에는 더위, 겨울에는 추위 때문에 운영 및 매장관리에 어려움이 있지만 지하철역 매장의 경우 상대적으로 여름에는 시원하고 겨울에는 따뜻하기 때문에 운영상 어려움이 덜하다는 설명이다.

이와 함께 철저한 위생관리에 따라 브랜드 신뢰도를 높일 수 있다는 점도 이점이다. 지하철 역사 내에 입점한 외식 매장의 경우 3~4단계의 위생점검을 받게 되므로 위생관리에 만전을 기할 수밖에 없다. 때문에 일반 소비자들에게 탄탄한 신뢰감을 줄 수 있는 것이다.

반면 지하철역사 매장의 경우 간단히 요기할 수 있는 가벼운 외식 아이템을 중심으로 활성화될 수밖에 없다는 점은 한계점으로 지적된다. 지하철역을 오가는 유동인구는 외식을 목적으로 하지 않기 때문. 바쁜 현대인들이 간단하게 요기를 하면서 건강을 챙길 수 있는 외식 아이템이라면 현대인들의 욕구에 맞춰 큰 성공을 거둘 수 있다.

반면 높은 임대료나 수수료율은 걸림돌이 되고 있다. 그럼에도 불구하고 매출 자체가 뒷받침해준다면 수익률이 낮아도 플러스가 된다는 판단이다. 박리다매 전략으로 수익률을 낮춰서 많이 팔면 그만큼 전체적으로 이득을 볼 수 있기 때문이다.

이처럼 다양한 외식 브랜드들이 지하철역을 새로운 틈새상권으로 주목하고 있는 만큼 향후 지하철역은 '먹자골목'을 대체할 '먹자지하철역'으로 자리매김할 것으로 보인다.

–월간식당, 2012년 2월, 통권 323호, 글/황정일 팀장(hji0324@foodbank.co.kr)

8. 입지선정

입지선정을 위한 조사와 상권 분석은 외식업체를 창업하기 전 사업의 실패를 예방하고, 운영을 원활하게 하기 위해 창업하고자 하는 콘셉트가 잘될 것 같은 자리를 찾는 작업이라 할 수 있다.

1) 입지선정의 의의

입지란 점포가 자리 잡게 될 일정한 지표상의 공간적 범위를 일컫는 것으로, 업소가 위치한 장소에서 유발되는 고객 유인력이라 하여 '입지력'이라고도 한다. 외식산업에서 입지와 상권은 사업의 성패를 결정지을 정도로 중요한 요소이다. 특히 입지는 창업 아이템에 따라 달라지며, 자금보유 여부 정도, 표적 고객층 등 여러 요인의 영향을 받으므로 좋은 입지란 정답이 없다. 또한 입지는 일단 결정하면 쉽게 변경할 수 없을 뿐만 아니라 다른 입지 확보를 위해서는 많은 시간과 노력, 자금이 소요되므로 신중하게 결정해야 한다. 따라서 창업하고자 하는 아이템에 맞는 우수한 입지를 선정하기 위해서는 먼저 입지조사 과정을 거쳐야 한다.

입지조사는 한 곳을 선정하는 것이 아니라 먼저 입점 예정 후보지를 몇 곳 선택하고 후보지 간 상호 비교를 통해 창업 아이템과 가장 어울리는 최종 입지를 선택하는 것이다. 즉 입지선정은 특정 지역 내에서 특정 입지인 점포를 선정하기 위해 행하는 사전조사 작업이라 하겠다.

2) 입지의 유형

입지는 유형에 따라 도심형, 시가지형, 도시 근교형, 야외 드라이브형으로 구분되며, 형태에 따라서는 학교주변형, 번화가형, 교외지역형, 관광지형, 역세권형, 비즈니스형, 주택가형 등 크게 7가지로 구분할 수 있다.

가. 입지의 유형별 분류

① 도심(다운타운)형

그 지방의 중핵 도시를 중심으로 쇼핑을 비롯하여 상권의 흐름이 이 상권을 중심으로 모였다가 분산된다. 서비스업이 활성화되어 있으며, 비즈니스형의 오피스와 병원 및 학교, 관공서 등이 많이 분포하므로 낮과 밤의 인구이동이 많은 것이 특징이다.

② 시가지형

아파트, 일반 주택가 및 오피스가의 혼재형으로 교외로 나가는 간선도로를 따라 그 뒤편에는 주택이나 아파트가 늘어서 있는 패턴이다. 과거에는 주택가였으나 시대의 발전에 따라 거리가 발전・확대되어 도로가 늘어나고 그 양측으로 오피스가 생긴 거리이다.

③ 도시 근교형

분당이나 일산, 평촌과 같은 신도시처럼 그 규모나 밀도에 있어서 고객을 많이 모을 수 있는 지역이다. 지방의 경우 공업단지나 도매단지, 대형 교외 쇼핑센터가 있는 입지 등으로 특수 경우를 제외하고는 일요일이나 휴일에 고객이 집중되는 경우가 많다.

④ 야외 드라이브형

간선도로를 따라 생기는 드라이브 주변의 입지를 일컫는 것으로 도로형이라고도 할 수 있다. 최근에는 유명 간선도로 주변에 관광지, 리조트 등이 생겨나고 있는데 이를 드라이브형 입지라 한다.

〈표 2-9〉 입지의 유형에 따른 성격, 특징, 규모

구분	도심(다운타운)형	시가지형	도시 근교형	야외 드라이브형
성격	• 역전형 • 번화가형 • 시장형 • 비즈니스형 • 기타	• 구 주택지형 • 이웃 상점형 • 간선도로형 • 생활도로형 • 기타	• 신흥주택형 • 신흥단지형 • 공업단지형 • 간선도로형 • 생활도로형 • 교외형	• 휴식지형 • 관광지형 • 기타
특징	• 구 도시에서 가장 많은 사람이 모임 • 인구 규모와 격차가 심함 • 낮과 밤의 유동인구 격차가 심함 • 전철, 버스, 도보 이동이 주체	• 80~90년대 주택 형성 지구 • 고령이나 독신이 많고, 연령별 격차가 큼 • 도보, 자전거, 오토바이의 이동이 많음	• 80~90년대 아파트 형성 지구 • 30대의 뉴패밀리가 많음 • 핵가족 세대가 많고, 외식 비율이 높음 • 주로 자동차로 이동	• 자동차 생활의 일반화로 휴양지 등이 형성
상권 규모	• 광역형, 지역형 상권 형성 • 10만 명 이상 • 1~10km 이내	• 지역형, 이웃형 상권을 형성 • 5만 명 전후 • 1~3km	• 지역형, 이웃형 상권을 형성 • 5~10만 명 • 3~5km	• 거리형, 도로형 • 1천 명~5만 명 • 5~20km

출처 : 사카기 요시오(2000)의 연구를 바탕으로 연구자 재작성.

나. 입지의 형태별 분류

입지의 형태별 분류는 학교주변형, 번화가형, 교외지역형, 관광지형, 역세권형, 비즈니스형, 주택가형 등으로 구분할 수 있으며 각각의 입지에 대한 주요 고객층과 특징은 〈표 2-10〉과 같다.

〈표 2-10〉 입지 형태별 구분, 주요 고객층, 입지 특징의 분류

입지 형태	입지의 구분	주요 고객층	입지 특징
학교주변형	• 학교의 종류에 따라 다름(예 : 대학교, 고등학교, 중학교, 초등학교 등) • 학교의 규모(예 : 학생 수의 많고 적음) • 학교의 접근성(예 : 교통의 편리성 등) • 학생의 성격(예 : 남자중심 학교/여자중심 학교, 교육관련 학교, 예술관련 학교 등) • 학교의 위치(예 : 도심, 지방 등)	• 학생 • 지역주민 • 인근 사무실의 직장인들	• 고객 수가 많다. • 하계 · 동계 방학기간이 있어 성수기와 비수기가 뚜렷하다. • 단, 학생 수가 많은 학교의 경우, 대학교의 경우 예외일 수 있다. • 이용 시간에 크게 구애받지 않는다. • 푸짐한 양, 저렴한 가격대, 유행(새로운 콘셉트, 새로운 인테리어, 메뉴 등)을 지향한다.
번화가형	• 고객의 연령대에 따라 다름 • 고객의 직업에 따라 다름 • 발달된 업종에 따라 다름(예 : 역세권 주변, 대형 쇼핑몰 주변, 온천 주변)	• 쇼핑객 • 극장 관람자 • 상권 내 근무자 • 특정 목적의 방문자(비즈니스, 유흥, 친교 등)	• 고객의 층이 다양하고 많다. • 주말과 평일, 주간과 야간의 유동인구 규모 차이가 심하다. • 유동인구가 많아 대부분의 업태에 적합하다. • 소규모 점포가 발달하였다. • 입지의 세분화가 이루어져 있어 구획별 성격이 뚜렷하다. • 지대료가 비싸 임대료가 매우 고가이며 권리금도 높다.
교외지역형	• 교외지역의 입지 특성에 따라 다름(예 : 광양-불고기, 강화-횟집) • 발달된 업종에 따라 다름(예 : 여주 프리미엄아울렛, 온양 온천)	• 특별한 이용목적을 가진 고객 • 가족 고객 • 아베크족 • 주변 거주자	• 고정 고객이 많다. • 점포 규모가 대형이다. • 주로 자가용을 이용하므로 주차공간이 넓다. • 단체고객이 많아 레저 지향적이다. • 다양한 가격대와 콘셉트를 가지고 있다. • 계절과 날씨에 영향을 받는다.

관광지형	• 관광지 종류에 따라 다름(예 : 놀이동산, 산, 해안가 등) • 관광지의 유명도에 따라 다름	• 여행자 • 관광지 거주자	• 성수기와 비수기의 차이가 크다. • 레저성향이 강하다. • 점포에 머무르는 시간이 길다. • 계절과 날씨에 영향을 많이 받는다. • 경기의 영향을 심하게 받는다.
역세권형	• 교통수단 유형-버스, 지하철 등 • 교통수단을 이용하는 고객 수 및 유동인구 • 위치한 장소-도심지역, 도시 외각 • 주위 연계교통수단의 발달	• 교통수단 이용고객 • 주변 거주자	• 유동인구가 많다. • 레저성향이 강하다. • 활동적이다. • 고객이 머무르는 시간이 짧다.
비즈니스형	• 비즈니스 업종에 따라 다름 • 비즈니스가의 형성 규모에 따라 다름 • 위치에 따라 다름(예 : 광화문 인근, 과천 종합청사 인근)	• 주변 사무실에 근무하는 샐러리맨 • 상시 이용고객 • 접대 목적의 고객	• 평일 점심시간과 퇴근시간 이후에 집중된다. • 공휴일, 여름휴가, 연휴 등의 영향을 받는다. • 급여일 전후 이용고객이 증가한다. • 분위기를 중시하며, 접대 목적의 고객일 경우 밀실을 선호한다.
주택가형	• 주택가 형성시기에 따라 다름(예 : 신도시, 구도시) • 주요 주택유형에 따라 다름(예 : 아파트 단지, 단독주택 지역) • 위치에 따라 다름(예 : 도심 인근지역, 외곽지역) • 거주민 소득수준에 따라 다름 • 거주민 연령에 따라 다름	• 주변거주자 • 가족고객 • 주부 • 퇴근길 직장인 및 학생	• 고정고객의 특징이 강하다. • 가족단위의 고객이 많다. • 평일 저녁과 주말, 공휴일 이용고객이 많다. • 친밀감을 중요시한다.

3) 입지선정 시 고려사항

입지를 선정하는 것은 외식업체를 운영하기 위한 장소를 찾는 것으로 창업 아이템에 따라 고려해야 할 요인들이 조금씩 다르지만 외식업체의 경우 일반적으로 좋은 입지를 선정하기 위해서는 다음과 같은 조건을 고려해야 한다.

가. 입지 조건 요인

건물 자체의 외관과 규모, 위치와 크기, 산업활동 상황 등(주거지역, 주변 사무실 상황, 상업지구, 교육시설, 쇼핑센터 상황 등)을 고려한다.

나. 도로 이용거리 요인

폭, 포장상태, 도로 커브상태, 보도, 조명, 경사도, 상가의 좌우측 건물 여부 등을 고려한다.

다. 교통 편리성 요인

대중교통 노선, 지하철역, 주차장 이용성, 교통의 혼잡과 시간대 및 요일별 혼잡도 등을 고려한다.

라. 토지 이용 상황 요인

현재의 토지 이용 상황, 변경 가능한 토지 이용의 변화, 건축 높이 제한 규정, 주차 한계 및 제한, 주변 건축물과의 관련성, 광고 간판의 제약조건 등을 고려한다.

마. 지역 개발 상황 요인

인구의 형태, 향후 성장 패턴, 주변 지역의 개발 상황, 잠재 노동력 전망, 향후 개발 계획 등을 고려한다.

바. 유사 경쟁업체 요인

창업하고자 하는 아이템과 비슷한 메뉴상품을 판매하는 음식점 수, 규모, 메뉴의 유형 및 가격, 평균 매출, 자기 점포와의 거리나 입지상의 관계 등의 장단점을 고려한다.

사. 주변 시각성(가시성) 요인

점포가 외부에서 얼마나 시각적으로 노출되는지를 파악하는 것으로 점포 전면의 폭, 건물의 특이성, 간판, 장애물 여부, 주위 환경과의 조화 등을 고려한다.

아. 호혜업종 및 시설 요인

점포의 인근에 위치하여 영업활성화에 긍정적 역할을 하는 업종의 유무(有無)를 파악한다. 주로 관공서, 금융기관, 영화관, 병의원, 의류점, 체육관, 서점 등의 유동인구를 늘리는 업종이 주변에 있는 것이 좋으며 부수적으로는 경찰서, 공영 주차장, 공원, 치안을 위한 보호거리 등을 고려한다.

자. 지역의 인구 통계적 변수 요인

나이, 직업, 종교, 인종, 가족 규모, 교육수준, 평균소득, 레스토랑을 지나가는 잠재고객들의 수, 주요 잠재시장으로부터의 거리 등을 고려한다.

차. 창업 아이템과의 조화 요인

입지는 사업아이템 선정만큼 중요한 요소로 사업하고자 하는 아이템에 맞는 상권에 위치한 입지를 선정하는 것이 중요하다. 상권과 아이템의 조화는 창업의 성패를 90% 이상 좌우하는 요인으로 꼽힌다. 따라서 입지선정 시 사업아이템에 어울리는 상권을 고려해야 한다.

카. 기타 투자 자본의 회수 전망 및 인력조달의 원활성

권리금의 유무와 점포임차료가 주변 시세에 비해 고가인지 여부, 혹 주변 시세보다 많이 저렴한 경우도 그 이유를 파악하여 영업에 저해가 되는 불가항력적 요인이 있는지를 파악해야 한다. 또한 투자자금의 회수가 일정기간 내에 가능한지 여부, 종업원을 채용하기 원활한 지역인지를 파악해야 한다. 인력 조달이 원활하지 않은 경우 기숙사를 제공하거나 교통비를 제공하는 등의 기타 경비가 소요되므로 고려해야 한다.

쉬어가기

어느 상권에 어떤 아이템이 어울리나?

상권은 크게 주택가, 오피스가, 대학가, 역세권 번화가, 혼합상권 등으로 나뉜다. 아이템은 한식, 양식, 일식, 고기구이, 카페, 제과제빵, 분식, 테이크아웃, 편의점 등으로 나뉜다.

먼저 베이커리 전문점은 주택가 상권에 입점하는 것이 유리하다. 창업전문가들은 "빵집은 주부나 학생을 대상으로 하는 아이템"이라며 "주로 집에 사가는 고객이 대부분이기 때문에 주택가에 위치하는 것이 좋다"고 말한다. 이에 은행이나 마트, 대형슈퍼, 관공서와 가까운 곳에 자리 잡는 게 좋다. 여기서 주의할 점은 빵의 신선도를 위해 직사광선이 잘 들지 않는 점포에 입점하는 것이 좋다는 것이다.

편의점은 배후 주거세대 수에 많은 영향을 받는 아이템이다. 그러나 무조건 배후 주거세대 수만 많다고 해서 되는 것은 아니다. 편의점을 주로 이용하는 소비층인 2030세대가 많아야 한다.

주점은 주로 번화가 또는 주택 밀집지역이나 아파트상가 등에 입점한다. 주점은 특성상 큰 규모를 예상한다면 번화가에 입점하는 것이 좋다. 하지만 주택가의 경우 20~30평의 안락한 규모가 적당하다.

퓨전요리나 파스타, 패스트푸드 등이 어울리는 상권은 대학가다. 주 고객이 유행과 가격에 민감한 10~20대 초반이기 때문인데, 평범하지 않은 아이템으로 창업을 준비한다면 대학가를 고려해 보는 것도 좋다.

역세권에 어울리는 아이템은 간편하고 빠른 구매가 가능한 것이다. 역세권의 유동인구는 대부분 교통수단 이용을 목적으로 하기 때문에 간편하면서 빠른 소비를 원한다. 포장마차나 간편식 판매, 편의점 등이 적합하다.

고기구이점은 되도록 넓은 매장이 좋다. 전면이 넓어서 앞 공간을 활용할 수 있는 점포가 유리하다. 고기구이는 고객과 창업자 모두에게 꾸준히 사랑받는 스테디셀러로 다양한 고객을 흡수할 수 있는 조건을 갖추는 것이 좋다. 고기구이점은 보기 드물게 오피스가, 공장밀집지역, 주택가, 대학가 등 모든 상권에 어울리는 아이템이다. 하지만 진입장벽이 낮은 만큼 경쟁이 심해 특별한 경쟁력이 없으면 살아남기 어려운 것이 사실이다.

분식점은 과거 소자본 아이템으로 분류됐지만 지금은 상황이 달라졌다. 1억 원 안팎의 창업비용이 드는 프리미엄 분식점들이 대세를 이루면서 창업시장도 전반적으로 업그레이드됐다.

사람만 있는 곳이면 장사가 된다는 것은 옛말. 경쟁이 심해져 성공 가능성이 낮아졌다. 이에 상권도 무시할 수 없는 상황이다. 배달영업도 같이 병행하는 분식점이 늘면서 초·중·고등학교, 오피스와 주택가의 혼합상권에 입점하는 것이 유리해졌다(http://www.bizplace.co.kr).

〈표 2-11〉 입지선정을 위한 분석 절차와 소요 정보, 분석 목적

분석 단계	소요 정보	분석 목적
입지 정보 수집(예비 조사)	1. 점포의 구조 2. 규모 3. 임대료 및 권리금의 적합성 4. 건물 전체의 업종 구성 5. 주변 상가의 업종 구성 6. 경쟁 점포와의 경쟁력 정도	접근성 · 가시성 정도에 따라 A, B, C급 입지로 구분
입지 환경 조사(현장 조사)	1. 자연환경 : 지형, 언덕 등 2. 교통조건 : 대중교통수단 유무, 도로망, 주차 유무, 교통혼잡도, 동선 등 3. 주변 환경 : 공공시설, 학교, 병원, 아파트, 오피스가, 쇼핑센터 등 4. 개발계획 : 지하철, 도로, 상업지구 선정 등 개발 계획 가능성 등 5. 고객 인구통계변수 조사 : 가족구성, 직업, 생활수준, 라이프스타일, 구매성향, 생활습관, 인구분포, 통행자, 교통수단, 인구이동 동선, 소득 정도 등	입지의 상권 형성 조건 파악
상권 규모별 입지 분석	1. 후보 점포 2~3곳을 선정 2. 시간대별, 연령대별, 요일별, 성별 유동인구 및 동선 조사 3. 전철역, 버스정류장, 교차로 등 도로와 교통 여건 조사 4. 경쟁 점포의 매출액과 영업 전략, 목표시장을 확인 5. 상권 규모에 따른 점포 및 아이템 선정 • 상권 반경 0.5km 이내 : 돈가스, 우동, 김밥, 치킨, 피자전문점, 한식집 등 일반음식점 • 상권 반경 1~2km 이내 : 감자탕, 레스토랑, 갈비집, 설렁탕집 등 대형 패스트푸드점 또는 전문 음식점	점포 선정 업종 또는 메뉴 아이템 결정

* A급 입지 : 은행, 유명 의류 판매점, 커피전문점, 제과점 등의 선매품이나 고가품, 외식업의 경우 패스트푸드점포가 있는 입지
* B급 입지 : 문구점, 완구점, 서점, 신발가게, 유아용품점 등의 업종이 밀집된 입지로 외식업의 경우 각종 전문 음식점이 있는 입지
* C급 입지 : 카센터, 우유대리점, 미용실 등 기술위주의 서비스업과 외식업종의 경우 배달 전문점이 있는 입지

4) 입지선정을 위한 9가지 원칙

가. 상권의 잠재력

점포가 속한 상권이 점포수명주기(도입기, 성장기, 성숙기, 쇠퇴기) 중 어느 단계에 속하는지를 파악한다. 또한 거주입지일 경우 거주자의 입주율이나 전 · 출입률은 어느 정도인지 등을 파악하여 관할상권 내에서 취급하려는 아이템에 대한 수익성 확보 가능성을 검토한다.

나. 상권의 성장가능성

대규모 아파트단지 입주나 오피스 건물의 신설 여부, 지하철역, 버스정류장의 신설이나 노선 확대, 관공서나 대형병원의 신설, 상업지역으로서의 용도 변경 등 상권의 성장가능성을 검토한다.

다. 접근성

관할 상권 내에 있는 고객을 자기 점포에 어느 정도 흡인할 수 있는가에 대한 가능성을 검토한다. 특히 고객의 접근을 방해할 수 있는 재개발 · 재건축공사, 지하철공사, 유동인구를 줄이는 버스정류장 신설, 대형할인점 신축공사, 관공서 이전 등의 계획을 사전에 검토한다.

라. 규모의 경제성

고객들은 일반적으로 같은 가격이라면 크고 시설이 좋으며 사람들이 많이 모이는 곳을 선호한다. 특히 외식사업의 경우 좌석 수가 수익의 원천이 되므로 규모의 경제성이 중요하다.

마. 권리금의 회수 가능성

상권이 잘 형성된 입지에 위치한 점포의 경우 대부분 권리금이 있다. 권리금을 지불하고 점포를 얻는 경우에는 계약기간까지 권리금 회수가 가능한지 여부를 고려해야 한다. 권리금은 영업권리금, 시설권리금, 바닥권리금의 세 가지로 구분되며 세부적인 내용은 다음과 같다.

① **영업권리금** : 전 점포 주인이 영업활동을 해서 형성한 고객 또는 순수익을 1년으로 계산한 금액이다. 예를 들어 임대료와 인건비 등의 모든 운영비를 제외한 월 수익이 100만 원이었다면 영업권리금은 1,200만 원으로 계산된다.

② **시설권리금** : 실내인테리어 및 장비기물에 대한 권리금으로 시설에 대한 감가상각은 통상 4년을 기준으로 계산하므로 실사를 통해 그 상태에 따라 권리금을 결정한다.

③ **바닥권리금** : 상권의 잠재가치를 평가하는 권리금으로 신축건물인 상가에 적용되는 권리금이다. 이 권리금은 주변시세를 통해 결정되는데, 사실상 근거가 없는 권리금이므로 영업권리금으로 대체되기도 한다.

바. 적정 임대료

외식업의 적정 임대료는 매출액의 10% 정도로 추정한다. 외식업체의 경우 점포의 좌석 수가 매출에 영향을 미치는데 좌석 수가 적은 경우 평당 매출액이 낮으면 임대료를 충당하기도 어려운 상황이 발생한다. 따라서 월 임대료를 기준으로 하루 예상 매출이 어느 정도 되어야 하는지를 예상하고, 나아가 객단가를 계산하여 하루 몇 명의 고객이 방문해야 하는지 목표 고객 수를 정한 다음 운영해야 한다. 자칫하다가는 건물주의 주머니만 불려줄 수도 있다.

사. 경쟁 회피성

경쟁점포의 입지, 규모, 형태 등을 고려하여 경쟁에서 우위를 확보할 수 있거나 가능성이 있는 입지를 선택한다. 또한 현재는 없더라도 향후 영향을 미칠 수 있는 신규 경쟁 점포가 입점할 가능성이 있는 입지인지를 파악하여 사전에 막을 수 있도록 한다.

아. 누적적 흡인력과 양립성

비슷한 아이템이나 동종의 점포가 밀집된 지역으로 고객에게 인지되어 있거나 영화관, 쇼핑센터, 카페 등의 상호 보완관계에 있는 시설 또는 점포가 서로 인접해 있음으로 인해 고객의 흡인력을 극대화할 수 있는 가능성이 있는 입지인지를 판단해서 결정해야 한다.

자. 중간 저지성

선정하고자 하는 입지가 상가나 주택가 등에 위치함으로써 고객에게 가시성이 좋지 않거나 인접도로 상황 등이 열악하여 점포로의 접근을 중간에서 차단하는지를 검토해야 한다.

〈표 2-12〉 업종별 입지조건 요인 체크리스트

구분			물건판매														음식				
업종 · 업태			복합 소매점			복합 전문 대여점			소형점												
입지 형태 \ 물건 해당			백화점	양판점	쇼핑센터	패션빌딩	홈센터	전문대여점	SM〈슈퍼마켓〉	CVS〈편의점〉	의류품	신변품	리빙용품	일용품	문화용품	식료품	대형〈점포내〉종합식품	패밀리레스토랑	전문식당	단일메뉴식당〈우동〉	찻집
흡인조건	흡인권	광역형	○	○	○	○	○	○			○	○	○		○		○				
		중간형				○			○		○	○	○		○			○	○		○
		근린형							○	○				○		○		○	○	○	○
	흡인형태	교외형		○	○		○	○	○	○							○	○			○
		터미널형	○	○	○	○			○	○	○	○	○	○	○	○	○	○		○	○
		도심형	○			○		○			○	○	○	○	○	○	○		○	○	○
	중심성	중심자입지	○			○		○			○	○	○		○		○		○	○	○
		중심이 아님		○	○		○	○	○	○				○		○	○	○	○	○	
소매집적상황		집적(대)	○			○		○			○	○	○		○		○		○	○	○
		중간형	○	○	○			○			○	○	○	○	○	○					○
		집적(소)		○	○		○	○	○	○				○		○		○			○
교통기관		철도객 의존	○			○					○	○			○				○		○
		도보자 · 자전거	○	○		○			○	○	○	○	○	○	○	○			○	○	○
		자동차객의존	○	○	○		○	○	○	○	○						○	○			○
환경		집객강제요소(유)				○					○	○	○		○				○	○	○
		집객강제요소(무)	○	○	○		○		○	○				○		○		○			
인구밀집지역 통행자 밀도		밀집지역	○			○			○	○	○	○	○	○	○	○			○		○
		분산지역		○	○		○	○		○								○			
평점																					

출처 : 장상태 · 함동철, 2010, 외식산업의 이론과 실제, 에이드북.

음식		레저					서비스										기타								
스낵·패스트푸드	주류판매점	영화·극장	옥외스포츠시설	옥외레크리에이션시설	실내스포츠시설	실내레저·레크리에이션시설	렌터카	금융	호텔	미용실	세탁소	병원	목욕탕	결혼식장	의상임대	주유소	학원	보육원·유치원	각종학교	자동차학원	주택(아파트)	주차장	창고업	트럭터미널	버스터미널
	○	○	○	○	○	○	○	○	○					○			○		○	○	○		○	○	○
○	○	○				○	○	○	○	○		○	○		○	○	○	○			○	○			○
○	○									○	○	○	○			○		○				○			
	○		○	○	○	○	○		○				○	○	○	○	○	○	○	○	○	○	○	○	○
○	○	○				○	○	○	○	○	○	○	○	○	○	○	○		○		○	○	○	○	○
○	○	○	○		○	○		○	○	○	○	○	○	○	○		○	○	○	○	○	○	○	○	○
○	○	○			○	○		○	○	○	○			○	○		○		○			○		○	○
	○		○	○			○		○	○	○	○	○	○	○	○	○	○	○	○	○		○		○
○	○	○			○	○		○	○	○	○	○	○												
○	○		○	○	○	○		○	○	○		○	○		○				○		○				○
	○		○	○			○			○	○	○	○	○		○	○	○	○	○	○			○	
○	○	○			○	○	○		○				○				○		○		○				
○	○	○			○	○		○	○	○	○	○	○				○	○	○		○				
			○	○				○	○			○	○	○	○	○	○	○	○	○	○	○	○	○	○
○	○	○				○													○	○		○			○
	○		○	○	○		○	○	○	○	○	○	○	○	○	○	○	○			○		○	○	
○	○	○				○		○	○	○	○	○	○		○	○					○	○			○
			○	○	○		○		○	○		○	○	○	○	○	○	○	○	○	○		○	○	○

9. 점포 임대차 계약

1) 부동산 중개계약

부동산 중개란 중개 대상물(토지, 건물 등)에 대하여 거래 당사자 간의 매매, 교환, 임대차, 그 밖에 권리의 득실 및 변경에 관한 행위를 알선하는 것을 말한다.

부동산 중개업이란 다른 사람의 의뢰에 의하여 일정한 수수료를 받고 중개를 업으로 행하는 것이다. 따라서 부동산 중개계약은 중개업자, 중개대상물, 중개의뢰인의 3요소가 있어야 성립될 수 있다.

2) 부동산 계약의 유형

부동산 계약방법으로는 보통 중개의뢰계약방법과 독점 중개의뢰계약, 전속 중개의뢰계약, 공동 중개의뢰계약, 순가 중개의뢰계약 방법 등의 5가지로 구분된다.

가. 보통 중개의뢰계약(Open Listing, 일반 중개의뢰계약)

의뢰인이 불특정 다수의 중개업자에게 경쟁적인 중개를 의뢰하는 계약형태이다. 우리나라에서 가장 일반적으로 사용되는 계약방법으로 의뢰인과 중개업자 쌍방에게 다 같이 불리한 계약방법으로 알려져 있다.

나. 독점 중개의뢰계약(Exclusive Right to Sell Listing, 전속 전임중개계약)

한 중개업자에게만 대상 부동산의 매도를 위임하는 형태의 중개의뢰계약이다. 독점 중개의뢰계약은 소유자를 포함하여 누가 계약을 성립시켰는가를 묻지 않고 한 번 의뢰받은 중개업자가 보수를 받으므로 중개업자에게 다소 유리한 계약방법이다. 부동산 중개의 능률화를 위하여 가장 이상적인 제도이나 중개업자의 중개기술, 지식, 신뢰성 등이 높아야 한다.

다. 전속 중개의뢰계약(Exclusive Agency Listing)

한 중개업자에게만 대상 부동산의 매도를 위임하는 형태의 중개의뢰계약으로 독점 중개의뢰계약과 동일하지만 전속 중개의뢰계약의 경우 의뢰인이 직접 계약을 성립시킨 경우에는 보수를 받지 못하므로 소유자에게 유리한 계약방법이다.

라. 공동 중개의뢰계약(Multiple Listing)

변형된 독점 중개의뢰계약의 일종으로 부동산 단체, 부동산 거래센터, 기타 2인 이상의 업자가 공동으로 중개업무를 하는 것을 허용하는 계약방법이다. 의뢰받은 그룹의 어느 중개사나 판매할 수 있으며, 수수료는 의뢰받은 중개업자와 판매한 중개업자가 나누는 계약방법이다.

마. 순가 중개의뢰계약(Net Listing)

매도·매수 가격을 사전에 의뢰인이 중개업자에게 제시하고 이를 초과한 금액으로 물건이 거래된 경우는 초과액 전액을 수수료로 중개업자가 취득하는 제도이다. 선진국에서는 법 규정으로 금지하고 있는 나라가 많으나 우리나라의 경우 현행 공인중개사법에서는 금지하고 있지 않다. 단, 법정 중개수수료를 초과하여 받는 것은 금지하고 있다.

3) 점포 계약

점포 계약은 기존의 점포를 임대차할 경우에는 기존 점포의 점주와 점포 및 시설물에 대한 양도계약을 체결한 다음 건물주와 임대차 계약을 체결하고, 중도금과 잔금을 지불해야 비로소 소유권이 인정된다. 따라서 점포계약을 체결하여도 대금 지불이 완료되지 않으면 입주뿐만 아니라 인테리어 및 설비를 시공할 수 없다.

4) 점포 계약 전 주의사항

후보 입지를 선정한 후 상권 분석을 통해 선정된 점포는 임대차 계약 또는 구입 계약을 체결해야 한다. 아무리 상권이 잘 형성되어 있고 입지가 좋아도 소유권자 신원확인, 권리금, 특약사항 유무, 근저당 설정, 영업허가가 가능한 점포인지 여부 등을 반드시 확인하고 계약을 체결해야 한다.

첫째, 등기부등본을 확인한다.

임대차계약을 하기 전 등기소 또는 인터넷 등기소(www.iros.go.kr)에서 해당 건물에 관한 부동산등기부등본(건물, 토지 또는 집합건물)을 발급받아 근저당권 설정등기, 가등기, 가압류, 가처분 등의 설정 여부와 채권 금액을 확인한다. 가등기된 상가나 근저당이 많이 설정된 건물을 임차한 경우 전세금을 돌려받지 못하는 상황이 발생할 수 있기 때문이다. 등기부등본은 계약 초기뿐만 아니라 계약기간 동안에도 점검하는 것이 안전하다(근저당 설정 금액이 임대차보증금을 합하여 점포 매매시세의 70% 이상을 초과하면 회수 가능성이 낮으므로 계약하지 않는 것이 좋다).

둘째, 목적물을 확인한다.

임차하고자 하는 건축물의 위치, 경계, 주위환경의 상태, 일조량, 통풍관계, 냉・난방시설, 주방 등의 배치상태, 급배수상태, 가스설비, 전력상태, 도로의 인접여부, 유휴공간 등을 확인한다. 또한 공법상 제한요소가 있는지 도시계획법, 토지정리사업법, 건축법, 국토이용관리법, 도시개발법 등을 공부상으로 확인한다(시・군・구청에서 도시계획확인원을 발급받아 점포가 위치한 지역에 개발계획이 있는지 확인한다).

셋째, 건축물관리대장, 토지대장 등을 통해 건축물 용도를 확인한다.

시・군・구청이나 전자민원 G4C(www.egov.go.kr)에서 건축물관리대장과 토지대장을 발급받아 지번, 면적, 소유자 등을 확인한다. 또한 토지이용계획확인원을 발급받아 건물의 용도, 개발계획수립여부 등을 확인하고 자신이 선택한 업종의 허가 또는 신고가 가능한 건축물인지를 확인한다. 외식업체의 경우 건축법상 제2종 근린생활시설에만 허가가 가능하기 때문이다. 만약 계약하고자 하는 점포가 제1종 근린생활시설로 되어 있다면 해당 관청 건축과에 용도변경을 신청해야 하는데, 정화조시설을 추가로 설치하는 등의 조건이 있을 수 있으므로 해당 관청을 통해 정확히 알아보고 용도변경이 가능한 경우에 계약한다.

넷째, 권리금의 유무와 임대료를 주변 시세를 통해 비교한다.

임대차계약을 체결할 때 일반적으로 권리금은 이전 점포의 임차인에게 지급하는 것이 관행이다. 따라서 권리금은 임차인끼리 주고받는 것으로 건축물 소유자와는 관계가 없으므로 보호받을 수 없으며, 계약기간 만료 후에도 보증금과는 달리 건축물 소유자로부터 돌려받을 수 없다. 따라서 주변의 비슷한 규모나 업종의 점포 조사를 통해 해당 점포의 임대료와 권리금이 적정한지, 계약기간 동안 영업을 통한 수익으로 회수가 가능한지 여부 등을 판단하여 계약한다.

5) 점포 계약 시 주의사항

첫째, 건물주인과 계약한다.

임대차계약을 체결할 때 실제 소유자라고 본인을 소개하더라도 부동산 등기부등본에 기재된 부동산의 소유 명의자와 계약자가 동일한지 반드시 확인한 후 소유 명의자와 계약을 체결해야 한다. 대형 점포의 경우 전전대 계약[2] 형태가 많아 이전의 점포 운영자와 계약을 체결할 수도 있으므로 반드시 임대인의 신원을 부동산 등기부등본, 주민등록증, 등기권리증을 대조하여 확인한다. 만약 대리인과 계약하는 경우에는 위임장과 인감증명서, 신분증을 반드시 확인하고, 소유자에게 직접 전화로 대리인 여부와 계약 상황을 확인해야 한다.

둘째, 계약서를 정확하게 작성한다.

계약서를 작성할 때는 공인중개업체만을 의존하지 말고 합의된 사항을 모두 기재하였는지 확인하고 특약사항 등이 기록되어 향후 문제가 될 수 있는 사항이 있는지를 반드시 확인해야 한다. 특히 계약서상 목적물과 등기부상의 표시가 일치하는지 확인한다.

2) 전전대 계약 : 임차인이 건물주와 임대차계약을 체결한 후 임차인 당사자가 다른 타인에게 다시 전대계약을 하는 계약형태이다. 전전대 계약의 경우 임차인이 건물주의 동의를 받고 전전대를 하는 경우도 있지만 건물주의 동의가 없이 전전대 계약을 하는 경우가 많다. 대형 상가는 전전대 계약형태를 많이 취하고 있는데, 전전대 계약의 경우 임대차보호법 보호를 받을 수 없어 분쟁이 많이 발생하고 있다. 따라서 점포 계약 시 서류를 꼼꼼히 확인해야 한다.

* 특약사항의 내용으로는 양도할 집기비품 명세 및 기타 자산내용, 인근에서 일정기간 동일 업종으로 영업하지 않을 것을 명기, 합의사항 위반 시 위약금, 잔금일에 전세권 또는 임차권 등기를 해달라는 내용, 부속물사용 여부(주차장, 간판, 창고 등), 다음 임차인에게 권리금을 받을 수 있도록 건물주가 협력해 달라는 내용 등을 기록할 수 있다.

셋째, 부동산 계약의 성립은 반드시 돈을 주고받아야 한다.

부동산 계약은 계약서 작성과 함께 권리금 및 보증금 등의 돈을 주고받아야 비로소 효력이 발생한다. 따라서 돈을 주고받을 때는 계약서와 함께 반드시 영수증을 받아두어야 한다.

넷째, 계약서에 반드시 확정일자를 받는다. 계약서를 작성하고 대금지불을 완료하고 나면 점포 임차인은 관할 세무서에 가서 사업자등록을 신청하고 확정일자를 받아두어야 한다.

쉬어가기

서민 두 번 울리는 무점포 창업

| 월간식당, 2012년 02월, 통권 323호 |

경기불황이 장기화되면서 소자본으로 할 수 있는 무점포 창업에 대한 예비창업자들의 관심이 높아지고 있다. 하지만 최근 들어 무점포 창업을 내세운 유사프랜차이즈가 극성을 부리면서 피해자가 속출하고 있다. 계약을 맺은 회사와 분쟁이 발생해도 현행법상 이를 규제하거나 처벌할 규정이 없어 법의 사각지대에 놓여 있는 것이다.

■ 무점포 창업 피해 3가지만 기억하자.

적법하지 않은 방법으로 창업자를 모집해 피해를 양산하는 불법 무점포 창업은 예비창업자들의 꼼꼼한 준비를 통한 예방이 최우선이지만, 피해를 당하고 난 후의 대책마련 역시 중요하다. 무점포 창업의 시작과 끝, 다음 3가지를 기억하면 도움이 될 수 있다.

1. 가맹사업법의 적용여부

소규모 무점포 창업의 경우 가맹사업법의 적용을 받느냐, 받지 않느냐가 향후 피해구제에 큰 영향을 차지한다. 예비창업자들은 사업을 시작할 때 정보공개서가 등록된 프랜차이즈 기업인가를 필히 확인해야 한다. 가맹사업이 아닌 경우 향후 분쟁 시 허위과장부분이 많더라도 민사상 사기 등을 입증하기 어렵다.

2. 피해 구제 도움받기

창업 이후 피해가 발생했을 때 차선책으로 취할 수 있는 방법은 개별사안을 가지고 공정거래위원회에 공정거래법 위반이나 약관규제법상의 위반행위(계약해지 제한 등)로 신고하는 방법과 한국공정거래조정원에 공정거래분쟁조정신청을 해보는 방법이 있다.

① 공정거래위원회

거래상 지위남용 행위 중 불이익 제공 시 인터넷으로 신고할 수 있다. 불이익을 받은 상황에 대해 ▲누가, 언제, 어디서, 누구에게 한 행위인가를 기술하고 ▲ 거래조건을 상대방에게 불리하게 설정하거나 변경한 경우, 그 거래조건의 내용을 기술하고 ▲거래과정에서 거래 상대방에게 불이익을 준 경우, 불이익의 내용이 있다면 이를 기술하면 된다.

약관규제법 위반 : 계약해지 등 부당한 계약조항 등에 대한 위반행위를 신고하면 된다.

공정거래위원회 홈페이지(www.ftc.go.kr, 문의 02-2023-4010)

② 공정거래조정원

인터넷 조정 신청 : 회원가입 후 인터넷으로 조정신청이 가능하다. 일반불공정거래행위 중 '불이익제공'에 의한 '거래상 지위남용'을 선택해 불이익을 받은 행위에 대해 기술하면 된다.

무료 법률서비스 상담 : 공정거래조정원은 소상공인 및 중소기업의 권익 보호를 위하여 변호사 및 관련 전문가와의 무료 상담 서비스를 실시하고 있다. 인터넷을 통해 무료법률상담 예약을 한 후 이용할 수 있다.

한국공정거래조정원 홈페이지(www.kofair.or.kr, 문의 02-2056-0000)

3. 피해연대를 통한 단체 움직임

동일업체의 피해를 받은 경우 연대를 통해 개인이 아닌 단체의 힘으로 피해를 구제받는 방법도 있다. 특히 경제정의실천시민연합 등에 무점포 피해사례를 공유하고 다양한 정보와 함께 한목소리를 내는 등 개인의 힘으로는 어려운 피해 구제를 위한 단체행동을 할 수 있다.

경제정의실천시민연합 홈페이지(www.ccej.or.kr, 문의 02-765-9731~2)

Chapter

4 외식 창업의 실제

학습목표

1. 레스토랑 메뉴의 종류와 가격, 분석방법 등 전반적인 내용을 학습한다.
2. 창업 메뉴 개발을 위한 고려사항과 절차에 대해 학습한다.
3. 메뉴상품의 가격결정방법에 대해 학습한다.
4. 메뉴디자인의 개념과 요소에 대해 학습한다.
5. 외식산업 창업을 위한 행정 절차와 필요 서류, 시설 기준 등에 대해 학습한다.
6. 종업원 채용방법과 고용형태, 교육프로그램에 대해 학습한다.
7. 식품위생관리의 범위와 방법에 대해 학습한다.
8. 종업원의 개인 위생관리방법에 대해 학습한다.
9. 외식업체의 위생관리를 위한 위해요소 중점관리기준에 대해 학습한다.
10. 주방의 안전관리수칙에 대해 학습한다.
11. 외식기업의 회계관리방법과 재무제표에 대한 내용에 대해 학습한다.
12. 외식산업 마케팅믹스에 대해 학습한다.
13. 레스토랑 공간 설계방법에 대해 학습한다.
14. 주방설계에 필요한 주방의 형태, 구성요소, 시설배치방법, 설비 종류 등에 대해 학습한다.
15. 식재료 관리에 필요한 발주, 저장, 출고, 재고관리 등의 절차와 내용에 대해 학습한다.
16. 외식업체 원가관리를 위한 계산방법과 목적에 대해 학습한다.

1. 창업 메뉴의 이해

1) 메뉴의 개념

메뉴란 라틴어로 '축소하다'라는 뜻인 'Minutus'에서 유래된 것으로 '작고 자세한 목록'을 의미한다. 따라서 메뉴는 외식업체에서 판매하는 메뉴상품을 의미하기도 하지만 메뉴판, 즉 요리의 품목과 명칭, 형태, 순서 등을 체계적으로 설명해 놓은 목록이나 차림표를 의미하기도 한다. 그러나 오늘날의 메뉴는 단순히 판매하고자 하는 메뉴상품 차림표의 의미를 넘어 외식업체의 모든 경영활동을 통제하는 도구일 뿐만 아니라 판매와 광고 · 판매촉진을 포함하는 마케팅 도구(Marketing Tool)로 정의되고 있다.

외식업체의 이미지는 어떤 특정 요인 한 가지에 의해 고객에게 인식되기보다는 인테리어, 서비스품질, 메뉴상품의 가격과 품질 등 다양한 요소에 의해 결정된다. 이 중 메뉴는 고객이 외식업체를 선택하는 가장 중요한 요인으로 메뉴상품 자체가 외식업체의 콘셉트로 인식되기도 한다. 고객의 대부분이 외식업체를 선택하거나 방문하고자 할 때 가장 먼저 메뉴를 고려한다. 따라서 경영자 입장에서는 메뉴상품의 제공방법과 사용 기물, 객단가 등을 달리하여 고객을 통제하는 등 경영수단으로 활용하기도 한다.

특히 식자재의 구매와 저장, 재고관리, 주방설비 및 배치, 서비스, 전문 인력의 필요성, 식음료 원가와 수익성 등은 메뉴의 내용에 의해 결정되므로 내부 통제 수단으로써 중요한 역할을 한다. 따라서 창업 메뉴개발은 자사의 콘셉트에 맞는 구체적인 목적과 목표를 세우고 시장조사를 통해 상품을 개발하는 것이 중요하다.

그러나 아무리 독특하고 우수한 메뉴, 수익성이 높은 상품일지라도 고객이 외

면하는 메뉴는 그 가치를 인정받을 수 없으므로 고객의 니즈를 파악하여 그에 맞는 차별화된 상품을 개발해야 한다. 뿐만 아니라 개발하고자 하는 메뉴상품이 대량생산이 가능한지, 마케팅에 적합한 상품인지 등도 고려해야 하는데, 외식기업의 경영은 메뉴의 계획으로부터 시작된다고도 할 수 있다.

2) 메뉴의 역할

메뉴는 다음과 같은 역할을 한다.

가. 최초의 판매도구이다.

고객과 커뮤니케이션하는 최초의 판매도구로서 판매수단이 되기도 한다. 고객은 외식업체에 들어서지 않고 쇼윈도나 간판 등의 메뉴를 통해 외식업체를 선택할 수 있다.

나. 마케팅 도구이다.

음식, 가치, 가격에 대한 정보를 고객에게 전달하여 판매를 촉진하며, 레스토랑의 콘셉트, 시설, 설비 등을 통제하고 관리하는 도구이다.

다. 고객과의 약속이다.

메뉴는 레스토랑에서 판매하는 상품을 적어놓은 것으로 고객에게 이 제품을 주겠다는 약속이다.

라. 내부통제수단이다.

저장, 시설, 레이아웃, 조직, 생산성 및 서비스, 수입통제, 원가관리 등 가장 효율적으로 생산할 수 있는 내부 통제수단이 된다.

마. 커뮤니케이션 도구이다.

고객에게 판매와 관련된 속성을 표현하는 상품화의 수단이 된다.

■ 메뉴의 기능

① Products : 표준구매명세서를 통해 구매해야 할 식재료의 품질 및 분량을 지시한다.

② Equipment : 메뉴에 따라 구입해야 할 주방기기가 결정된다.

③ Layout and Space : 메뉴에 따라 실내디자인 및 인테리어가 결정된다.

④ Staffing : 업장에서 필요한 종업원 수를 결정한다.

⑤ Production : 생산에 필요한 상황을 지시한다. 주방 및 업장 종업원의 기술 수준에 따라 메뉴가 달라진다.

⑥ Service : 서빙방법을 지시한다.

⑦ Nutrition : 서브되는 식음료의 영양분 내용을 지시한다.

⑧ Income Control : 수입을 결정한다.

⑨ Sanitation Management : 위해요소를 최소화한다.

⑩ Cost Control : 원가를 관리한다.

3) 메뉴의 분류

메뉴는 크게 구성 및 선택방식에 따른 분류, 유지기간에 따른 분류, 제공시간대에 따른 분류로 구분된다.

가. 메뉴의 구성 및 선택방식에 따른 분류

① 정식메뉴(Table D'Hote Menu)

한정식 밥상

정식메뉴는 여관이나 여인숙에서 숙박하는 고객을 위해 제공하는 것으로 식사가 정해진 가격에 투숙한 모든 고객에게 같은 음식을 제공한 것에서 유래되었다. 따라서 정식메뉴는 한 끼 식사가 될 수 있도록 맛과 영양, 분량이 균형을 이루도록 구성되어 있다. 또한 메뉴가 고정되어 있으므로 메뉴에 대한 지식이 없이도 주문이 가능한 반면 선택의 폭이 좁다는 단점이 있다. 정식메뉴의 제공순서는 5Course, 7Course, 9Course에 따라 차이가 있다.

5 course menu	전채(appetizer) → 수프(soup) → 주요리(main dish) → 후식(dessert) → 음료(beverage)
7 course menu	전채(appetizer) → 수프(soup) → 생선(fish) → 주요리(main dish) → 샐러드(salad) → 후식(dessert) → 음료(beverage)
9 course menu	전채(appetizer) → 수프(soup) → 생선(fish) → 셔벗(sherbet) → 주요리(main dish) → 샐러드(salad) → 후식(dessert) → 음료(beverage) → 식후 생과자(pralines)

〈그림 2-5〉 정식메뉴의 제공순서

② 일품메뉴(A' La Carte Menu)

전채, 수프, 생선요리, 주요리, 샐러드, 후식 등 식사의 순서에 따라 각 순서마다 몇 가지 요리품목으로 구성된 메뉴판을 보고 고객이 원하는 품목을 선택하여, 해당되는 금액을 지불하면 된다. 일품메뉴는 메뉴 선택의 폭이 넓은 반면 정식메뉴에 비해 가격이 고가이며, 주문 시 고객은 메뉴에 대한 지식이 있어야 한다.

오징어 먹물 캐비어와 수비드한 연어스테이크

③ 오늘의 메뉴(Daily Special Menu)

주방장이 최고의 기술을 발휘하여 고객의 식욕을 돋울 수 있도록 만든 메뉴로 보통 5~6가지 코스로 제공된다. 오늘의 메뉴는 고객에 의해 주문되는 것이 아니라 레스토랑에서 미리 계획하여 판매하는 메뉴

엘비스(딸기 파르페, 땅콩버터, 바나나, 베이컨)

이므로 빠른 서비스로 제공할 수 있으며, 재고품을 이용한 메뉴상품 판매로 매출 증진의 효과도 기대할 수 있다. 고객 측면에서는 매일 다른 메뉴의 상품을 비교적 저렴한 가격에 먹을 수 있어 좋으나 메뉴 선택의 폭이 일품요리에 비해 적은 것이 단점이라 할 수 있다.

④ 특별 메뉴(Special Menu)

랍스터 요리

명절, 발렌타인데이, 크리스마스, 입학 · 졸업식 등 특별한 기념일에만 판매하는 메뉴이다. 특별메뉴는 고객의 관심과 흥미를 불러일으킬 수 있으며, 고객에게 메뉴선택의 폭을 넓히는 등의 서비스 향상과 판매증진을 꾀할 수 있다.

⑤ 뷔페메뉴(Buffet Menu)

샐러드 바

대게

초밥

- Open Buffet : 불특정 다수를 대상으로 일정한 요금을 지불하면 마음껏 골라 먹을 수 있는 방식으로 일반적인 뷔페식당이 여기에 속한다.
- Closed Buffet : 각종 모임이나 연회 시 사전에 이용객의 수와 금액을 정하고 특정 다수가 이용하는 뷔페식당을 말한다.

⑥ 분자요리

1. 분자요리의 역사와 정의

• 분자요리의 발전과정

우리나라에서 분자요리하면 일반 소비자들에게는 생소할 것이다. 요리에 관심이 있거나 조리를 전공하는 사람들은 분자요리의 개념은 정확히 몰라도 들어서 알고 있는 정도이다. 특히 조리를 전문적으로 전공하는 학생 또는 현재 조리사로 근무하는 분자요리 동호회 정도에서 연구 중이며, 소수이지만 분자요리를 해외에서 공부한 셰프들이 조금씩 늘어나고 있다. 몇몇은 공부를 마치고 입국하여 젊은 조리학도들에게 분자요리를 가르치고 있다. 분자요리는 사람들의 호기심을 유발하며 TV 매체를 통해 해외의 유명한 셰프가 분자요리를 만드는 것을 보고 신기하다는 반응으로 많은 관심을 받고 있다.

분자요리가 소비자에게 대중적으로 알려진 것은 1980년 초부터이다. 분자요리의 역사가 매우 짧기 때문에 현재로서는 대중화되지는 않았다. 그러나 앞으로 분자요리는 마술 같은 신비함 때문에 대중에게 좋은 반응을 얻을 것으로 본다. 처음에는 분자요리라 하지 않고 '분자물리학 요리'라고 하였다. 분자조리의 시작이 물리 · 화학자들의 연구 활동에서부터 시작되었기 때문이다. 실제로 분자요리를 처음 인용한 사람은 조리사가 아니라 물리학자였다. 요리에 관심이 많았던 물리학자들이 평소에 연구하던 실험실 기구와 물리 · 화학적 현상을 이용하면 독특한 음식이 만들어질 것이라는 호기심에서 다양한 식재료들을 이용하여 실험실에서 요리를 연구하게 되었던 것이다. 벤자민 톰슨(Benjamin Thompson, 1753~1814)과 카운트 럼포드(Count Rumford, 1753~1814)는 자연철학자이며, 실용학자로서 음식을 과학적으로 분석하여 요리에 필요한 스토브를 발명하였으며, 이를 통해 많은 요리를 과학적으로 발전시켰다. 특히 럼포드와 라부아지에(Antone Laurent Lavoisier, 1743~1794)는 화학자로 육류와 가금류를 이용한 육수 중에서 탁하고 텁텁한 육수를 실험을 통해서 보다 좋은 품질의 맑은 육수를 얻게 되었으며 개발한 육수를 다양한 음식에 접목시켜 품질 높은 음식을 만들었다. 루이 파스퇴르(Louis

Pasteur 1822~1895)는 생명과학자로서 당시 인정을 받아 프랑스 왕이었던 나폴레옹 3세의 권유로 프랑스 포도주가 상하는 원인과 방지법을 연구하였으며, 오랜 연구 끝에 포도주를 섭씨 60~65℃의 저온에서 몇 분 동안 끓여 박테리아를 박멸하는 저온 살균법을 처음 발견한 생명과학자이다. 지질학자 폰 리이비히(Justus von Liebig, 1803~1873)는 고기 추출물을 이용하여 부용큐브를 개발한 농 · 생명 화학자이다. 또한 루이 카미유 마이야르(Louis Camille Maillard)는 고기를 구울 때 화학적 변화가 일어나는 마이야르 반응(Maillard reaction)을 개발한 음식 화학자이며, 탄수화물과 아미노산이 고온에서 반응하여 아로마 분자를 발생시키는 사실을 증명한 생화학자이다.

1988년 옥스포드의 헝가리 물리학자 니콜라스 쿠르티 교수와 프랑스 화학자 에르베 티스가 식재료 변형에 관한 학술연구를 하면서 물리와 화학적으로 인한 식재료의 변형을 '분자물리 요리학(Molecular and Physical Gastronomy)'이라고 정의하였으며, 1998년 니콜라스 쿠르티가 사망한 이후부터는 분자요리학이라고 정의하였다.

분자요리라고 정의한 에르베 티스

2. 분자요리의 정의 및 개념

• 분자요리의 정의

기존의 요리법은 볶고, 삶고, 익히고, 굽고, 찌는 과정에서 재료의 분자배열이 균형을 잃기 때문에 식재료 고유의 맛이 떨어지는 경향이 있었다. 그러나 분자요리는 원재료 맛과 향을 그대로 유지하면서 형태만 원하는 대로 바꾸어 색다른 모양의 구조로 만들어 내는 방식이다. 분자요리는 다시 두 가지로 세분화되며, 분자미식학과 분자요리로 세분화된다. 분자미식학은 음식을 만들기 이전의 물리 · 화학적 반응을 말하고, 분자요리는 분자 미식학을 이용한 조리방법, 새로운 조리기구, 재료 등을 이용한 요리이다.

• 분자요리의 개념

분자요리란 정확한 계량, 조리방법, 재료의 특성과 성질을 잘 파악하고 이것을 조리과학과 물리 · 화학적인 측면에서 접근하여 음식을 만드는 것이다. 분자요리라는 개념은 따로 존재하는 것이 아니라 기존에 있던 요리체계를 물리와 화학적 측면을 이용해 요리과정의 한 부분을 새롭게 재조명한 것이며, 궁극적으로는 요리사로서 식자재에 대한 이해와 고객에게 새로운 요리 과정을 신비롭게 재구성해서 시각적 또는 먹는 즐거움을 주어 외식산업에서 마케팅적으로 이용하고 있다.

분자요리를 배우고자 하는 초보자는 분자요리를 먼저 습득하기보다는 정통요리를 배운 후 정통요리에 분자요리를 적절히 부분적으로 이용한다면 메뉴개발에 있어 차별화로 경쟁력이 있을 것이다. 그러나 정통요리를 배제하고 분자요리만 습득하고자 한다면 새로운 개념의 요리를 개발하기 어려울 것이다.

세계적으로 유명한 분자요리 레스토랑은 유럽에 몇 개 있으며, 그중에서도 제일 유명한 레스토랑은 스페인 정부의 노력으로 분자요리의 성지가 된 엘블리(El bulli) 레스토랑이다. 2000년 스페인에서 '분자요리(Molecule Style)'라는 새로운 조리법을 개발하였으며, 다니 가르시아라는 요리사가 개발한 분자요리는 기존 요리에 물리와 화학을 접목시켜 식품의 맛과 향은 그대로 유지하면서 형태를 변형시킨 요리이다. 분자요리는 스페인 정부가 이탈리아나 프랑스 등 음식 선진국을 따라잡기 위해 새로운 요리법 개발을 장려하는 과정에서 탄생하였으며 지금 유럽 전역에서 많은 고객들에게 새로운 요리로 각광받고 있다.

또한 영국의 The Fot duck 레스토랑 그리고 프랑스의 Piere Gorgonier 레스토랑도 유럽에서는 유명한 레스토랑으로 명성을 날리고 있다. 그리고 미국을 살펴보면 캘리포니아에 소재한 French Loundry 레스토랑이 고객들에게 큰 호평을 받고 있다. 아시아에서는 일본이 가장 먼저 분자요리를 도입하여 고객들에게 큰 호응을 얻고 있다. 이처럼 분자요리는 전 세계적으로 유명한 셰프들이 요리의 차별화를 위해 분자요리를 상품으로 출시하고 있으며, 새로운 요리 트렌드로 자리 매김하고 있다.

• 분자요리 표현방법

분자 조리는 기존의 요리법보다 음식을 빠르게 제공할 수 있다. 예를 들어 브라운 소스를 전통적인 방법으로 만들려고 할 때 소고기 뼈를 오븐에 구워서 비프스톡에 뼈, 야채, 향신료를 넣고 약 3일을 끓여야 만들 수 있지만 분자 조리는 압력솥을 이용하여 조리시간을 단축시키고 걸러 낸 소스에 농밀제를 첨가하여 점성을 증가시켜 냉동시켜도 맛이 떨어지지 않는 혁신적이 조리 기법이다.

다음은 조리도구의 다양성으로 새로운 모양과 새로운 음식을 체험할 수 있다. 예를 들면 샤벳이나 아이스크림을 가공된 아이스크림을 고객에게 제공한다면 맛의 차별화가 없을 것이다. 그러나 질소와 믹서기를 이용하여 계절별 제철과일로 아이스크림을 고객이 보는 즉석에서 만들어준다면 고객들은 신기해하면서 신선한 식재료와 그에 대한 신뢰로 만족도가 높을 것이다.

특히 분자요리는 재료의 특성을 잘 살려 표현하고 더욱 구체적이고 현실성이 내포된 조리방법, 조리도구, 과학적 · 실험적 요리들이 분자요리와 기존요리의 차이점이라고 할 수 있다.

• 분자요리의 특성

분자요리에서는 다양한 식품첨가물을 사용하며, 이를 통해서 새로운 모양을 만들어 내는 것이 특징이다. 특히 알긴산이나 염화칼슘, 잔탄, 레시틴, 아가 등 다양한 식품첨가물 등을 많이 사용하고 있는데, 그 이유는 거품의 안정과 젤리 농도 또는 제품의 안정, 유화, 점성 등의 친수성 콜로이드로 식품의 기능적인 특성을 드러내기 위한 것이다.

새로운 맛과 재료, 다양한 조리도구(안티그리들, 원심분리기, 사이폰, 믹서기 등)를 이용하여 조화로움을 찾아내기 위해 기존 요리의 질감과 구조를 과학적으로 분석하여 여러 가지 맛의 배합과 모양을 만들어 내는 것이 특징이다.

분자요리는 다양한 식재료와 조리기구 등을 이용하여 소비자들에게 새로운 요리 모양과 색채를 만들어 보인다. 즉 감각적인 디자인 측면과 오감을 이용해 독창적인 요리를 만들어 소비자들이 경험하지 못한 요리들을 체험하도록 하는 것이 특징이다.

오징어 먹물 캐비어

폼소스를 곁들인 관자살 요리

달팽이를 표현한 카프리제

우주를 표현한 설탕구 무스 디저트

오징어를 수비드한 오징어 요리

굴 라비올리 폼소스

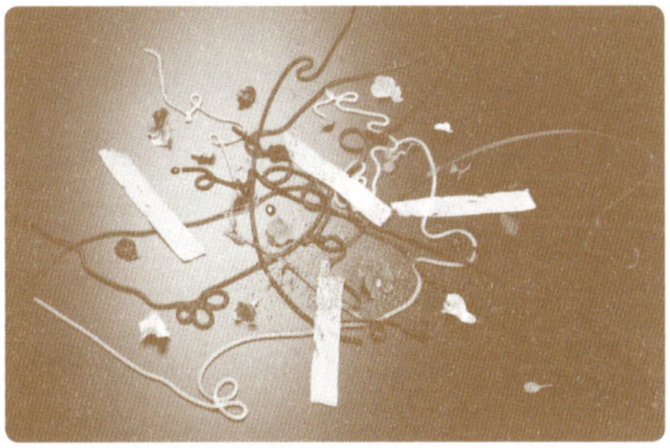

치즈 누들

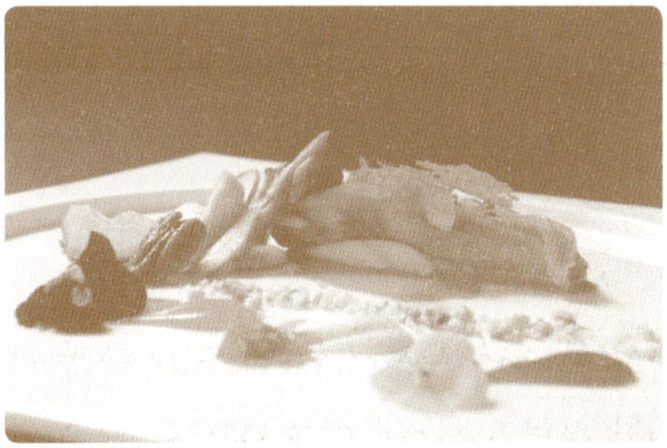

수비드한 오리가슴살 요리

나. 메뉴 유지기간에 따른 분류

① 고정 메뉴(Static Menu)

일정기간 동안 바뀌지 않고 반복적으로 제공되는 메뉴로 정기메뉴라고도 한다. 대부분의 전문 레스토랑의 메뉴가 여기에 속한다. 고정메뉴는 일정기간 동안 메뉴가 바뀌지 않으므로 원가가 절감되고 생산성이 높아지는 반면, 원가와 트렌드 변화에 유연성 있게 대처할 수 없는 단점이 있다.

② 순환 메뉴(Cycle Menu)

특정기간(계절별, 분기별)을 주기로 하여 메뉴를 교체하고 적용하는 메뉴로 일정기간을 정해서 몇 가지의 메뉴를 순환시키기 때문에 순환 메뉴라고 한다. 사이클 메뉴는 단체급식을 취급하는 카페테리아, 병원, 구내식당, 군대 등에서 많이 이용하는 메뉴이다.

다. 시간대에 따른 분류

① 아침메뉴(Breakfast Menu)

아침식사로 제공되는 요리로 일반적으로 미국식, 유럽식, 비엔나식, 영국식 등 4가지로 나누어진다.

- American Breakfast(미국식) : 계란요리가 곁들여진 아침식사로 커피, 주스, 시리얼, 햄, 베이컨, 소시지 등을 제공한다.
- Continental Breakfast(유럽식) : 계란요리를 곁들이지 않은 아침식사로 간단한 빵과 주스, 커피나 홍차를 제공한다.
- Vienna Breakfast(비엔나식) : 계란요리와 빵, 커피나 차를 제공한다.
- English Breakfast(영국식) : American Breakfast와 같으나 간단한 생선요리가 포함된다.

② 브런치 메뉴(Brunch Menu)

Breakfast와 Lunch의 앞부분을 따서 Brunch라 한다. 공휴일이나 일요일에 늦게 일어난 사람들이 아침 겸 점심을 먹는 습관에서 생긴 메뉴이다. 브런치는 아침식사 요리나 간단한 스낵류를 제공한다.

③ 점심메뉴(Lunch or Lunchon Menu)

정오에 먹는 식사로 대부분 직장인들을 대상으로 한다. 따라서 저렴한 가격과 푸짐한 양, 빠른 시간에 제공이 가능하며, 메뉴를 자주 교체하는 유연성이 요구된다. 대부분 세트메뉴로 구성하는 경우가 많다. 미국에서는 시간에 관계없이 저녁시간 전에 먹는 가벼운 식사를 모두 Lunch라 한다.

④ 저녁(정찬)메뉴(Dinner Menu)

하루의 식사 중 가격 면에서 가장 고가이며, 메뉴구성도 가장 복잡 · 화려하다. 주로 저녁에 많이 제공되며, 알코올이 함께 제공되는 경우가 많다.

⑤ 서퍼 메뉴(Supper Menu)

늦은 저녁이나 밤참으로 제공되는 메뉴로 큰 모임이나 행사 후의 식사로 2~3가지 간단한 코스가 제공된다. 근래에 와서는 음악회나 연주회 등 각종 모임이 끝난 후 제공되는 간단한 식사로 그 의미가 변하고 있다. 주로 샌드위치나 수프에 간단한 음료를 제공한다.

4) 메뉴상품의 수명주기(Menu Life Cycle)

메뉴는 외식업체의 상품으로 메뉴의 기획, 개발, 연구, 출시의 과정을 거쳐 시장에 출시되며, 도입기, 성장기, 성숙기, 포화기, 쇠퇴기의 과정을 거쳐 시장에서 철수되거나 지속적으로 유지 또는 전 과정을 되풀이하기도 하는데, 이를 메뉴의 수명주기(Menu Life Cycle)라고 한다. 일반적으로 메뉴가 시장에 처음 출시되는 단계를 도입기라 하며, 조금씩 알려지면서 매출이 증가되는 단계를 성장기, 메뉴가 대부분 확산되어 성장률이 조금씩 둔화되는 단계가 성숙기와 포화기이며, 매출이 감소하는 단계를 쇠퇴기라 한다. 따라서 메뉴상품을 개발할 때는 이러한 메뉴상품의 수명주기를 고려하여 유통, 광고, 인적판매, 가격, 판매촉진 전략들을 수정해야 한다.

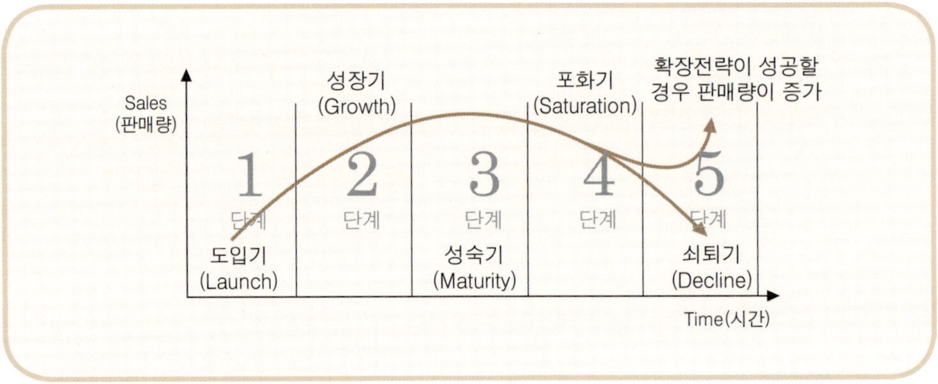

〈그림 2-6〉 메뉴상품의 수명 주기

5) 메뉴가격

메뉴가격은 고객의 수에 영향을 미칠 뿐만 아니라 이윤과 직접적으로 연관되므로 메뉴가격 결정은 중요하다. 특히 메뉴가격은 업태에 따라 달라지고, 업태는 고객의 이용 동기에 따라 결정된다. 따라서 메뉴가격은 레스토랑이 타깃으로 하는 고객층이 지불 가능한 범위 내에서 결정해야 한다. 메뉴가격을 결정할 때 일반적인 원칙은 '가장 비싼 주요리의 가격이 가장 싼 주요리 가격의 2.5배를 초과하지 않는다'이다. 따라서 메뉴상품을 생산하기 위한 원가를 충당하고 이익을 내기 위해서는 얼마만큼의 수입이 있어야 하는가를 먼저 계산하고, 자사가 목표로 하는 고객층의 수요, 입지, 레스토랑의 업태를 고려하여 적정판매가격을 결정한다.

가. 메뉴가격 결정요인

레스토랑의 메뉴가격을 결정짓는 요인에는 사업영역과 레스토랑의 입장에 따라 각각 다르다. 예를 들어, 새로 개업하는 레스토랑의 경우 시장 점유율을 넓히기 위해 가장 경쟁력 있는 가격을 설정한다. 반면 어느 정도 안정된 궤도에 오른 레스토랑의 경우에는 레스토랑을 유지하는 데 필요한 적당한 가격을 설정한다.

① 비용기준 가격절정

메뉴상품을 만드는 데 소요된 식재료비용에 이익을 더한 가격으로 결정하는 방법이다. 이 경우 가격을 이해하기 쉽고, 실제 가격결정에 적용하기 쉬운 장점은 있으나 시장수요를 반영하기 어렵고, 외식업체에서 이용하기에는 융통성이 없는 단점이 있다.

② 수요기준 가격결정

가) 효용가치에 의한 가격결정방법 : 고객이 느끼는 효용가치(분위기, 장식, 서비스 정도, 메뉴상품의 품질 등)를 바탕으로 메뉴가격을 결정하는 방법이다.

나) 수요탄력성에 의한 가격결정방법 : 가격의 변화에 의해 수요량이 영향을 받는 것으로 패스트푸드의 경우 수요탄력성이 큰 것이다. 즉 가격이 약간만 올라가도 수요가 감소하고, 조금만 내려가면 수요가 크게 증가하는 경우 수요탄력성이 크다고 할 수 있다.

다) 수요량의 변화에 의한 가격결정방법 : 특정 시간이나 요일에는 메뉴상품의 가격을 인하하여 이익은 적으나 매출을 증가시키기 위한 방법이다. 예를 들어, 주말이나 오전시간에 고객이 없는 시간에 가격인하를 실시하여 수요량 감소를 방지하기 위한 가격결정방법이다.

라) 시장경쟁의 정도에 의한 가격결정방법 : 경쟁업체나 경쟁상품의 가격은 메뉴상품의 가격결정에 영향을 미친다. 단, 무분별하고 무계획한 가격경쟁은 이익의 감소를 초래하므로 신중하게 결정한다.

6) 메뉴평가

아무리 많은 시간과 노력을 들여 개발된 메뉴상품이라 할지라도 창업 후 모든 메뉴상품이 좋은 반응을 보이기는 어렵다. 따라서 레스토랑 경영자는 창업 후 일정기간 동안의 영업활동을 통해 고객의 선호도가 좋은 메뉴는 무엇이며, 레스토랑에 기여도가 높은 메뉴는 무엇인지 등을 평가하는 과정이 필요하다. 특히 상권의 변화, 경쟁상황, 고객욕구의 변화, 식재료 가격의 변동, 운영방침의 변경, 기타 사회적 · 문화적 변화 등 내 · 외적 요인들로 인하여 기존 메뉴상품을 삭제하거나 새로운 메뉴상품을 개발하는 등의 메뉴개선이 필요하다. 메뉴평가는 메뉴분석과 메뉴엔지니어링 분석을 통해 메뉴당 얼마만큼의 이익이 발생하는지, 어떤 메뉴가 가장 잘 팔리는지, 각 메뉴당 공헌이익은 얼마인지 등을 파악하여 이를 바탕으로 메뉴를 개선한다.

가. 메뉴평가의 중요성

메뉴분석을 통한 메뉴별 판매수량과 공헌이익 등의 분석결과는 메뉴개선에 중요한 자료가 된다. 메뉴개선은 경쟁업체와의 차별화 전략 및 포지셔닝 전략 수립에 활용되므로 중요할 뿐만 아니라 경영목표를 효과적으로 달성하기 위해 반드시 필요한 과정이다. 따라서 레스토랑 경영주는 일정기간을 주기로 메뉴분석을 통해 메뉴를 평가하고 개선해야 한다.

나. 메뉴엔지니어링

메뉴엔지니어링은 1982년 카사바나와 스미스(Michael Kasavana & Don Smith)가 개발한 메뉴분석 방법으로, 고객이 선호하는 메뉴를 선호도 정도와 수익성 정도를 비교하여 분석하는 방법이다. 이 분석기법은 선호도가 높고 수익성이 높은 메뉴는 Stars, 인기도는 낮으나 수익성이 높은 상품은 Puzzles, 인기도는 높으나 수익성이 낮은 상품은 Plowhorses, 인기도도 낮고 수익성도 낮은 상품은 Dogs로 분류하여 메뉴의 퇴출여부와 포지셔닝 조정, 가격조정 등의 방법으로 메뉴를 개선한다.

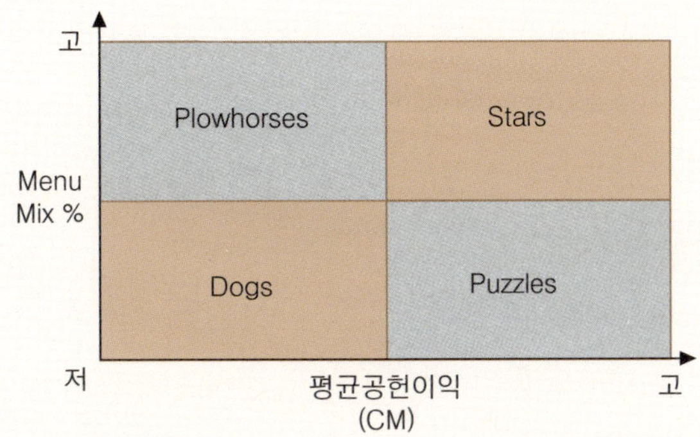

〈그림 2-7〉 메뉴엔지니어링의 매트릭스 구조

수익성 (Contribution Margin)	메뉴 혼합률 (Menu Mix %)	분류	평가
• High(고)	• High(고)	• Stars(특상품)	• 인기도와 수익성이 모두 높은 상품
• Low(저)	• High(고)	• Plowhorses (신상품)	• 수익성은 낮으나 인기도가 높은 상품
• High(고)	• Low(저)	• Puzzles(중상품)	• 인기도는 낮으나 수익성이 높은 상품
• Low(저)	• Low(저)	• Dogs(하상품)	• 인기도와 수익성이 모두 낮은 상품

출처 : 박기용, 2004, 외식산업경영학, 대왕사, p. 452.

〈그림 2-8〉 메뉴엔지니어링에 의한 메뉴 평가

① Stars

선호도도 높고 수익성도 높은 메뉴로 레스토랑에는 효자상품이라 할 수 있다. 따라서 메뉴판의 가장 잘 보이는 위치에 배치하고 기존 메뉴에 수정을 하지 않거나 탄력적으로 가격 인상을 고려할 수 있다.

② Plowhorses

선호도는 높으나 수익성이 낮은 메뉴로 레스토랑 경영자 입장에서는 도움이 안 되는 메뉴라 생각할 수 있으나 고객을 유인하는 미끼상품이라 할 수 있다. 따라서 표준분량을 조정하거나 부재료를 달리하여 원가율을 낮춤으로써 공헌이익을 향상시키는 방법을 고려할 수 있다. 또한 메뉴상품의 가격을 높이는 방법도 고려할 수 있으나 고객은 가격에 예민하므로 자칫하면 선호도도 낮아질 수 있으므로 주의한다. 따라서 메뉴상품의 가격을 올릴 경우 1인 분량의 양을 늘리거나 원가율이 낮은 사이드 메뉴를 함께 제공함으로써 고객이 가격의 민감성을 덜 느끼도록 해야 한다.

③ Puzzles

선호도는 낮으나 수익이 높은 메뉴상품으로 레스토랑 운영 측면에서는 지속적으로 판매해야 할 메뉴상품이다. 따라서 선호도를 높일 수 있도록 가격을 조금 낮추거나 메뉴의 품질을 높이는 등 메뉴를 개선하고 고객에게 잘 보이는 곳에 위치시키는 것이 좋다. 다른 방법으로는 메뉴상품의 형태나 재료를 수정하고 새로운 메뉴명을 부여하여 고객으로 하여금 신상품으로 인식할 수 있도록 하는 것도 방법이라 하겠다.

④ Dogs

선호도도 낮고 수익성도 낮은 메뉴상품으로 메뉴판에서 삭제시킬 필요가 있는 메뉴상품이다. 그러나 무조건적인 삭제보다는 선호도가 낮은 이유와 수익성이 낮은 원인을 분석하여 잠재력 있는 메뉴의 경우 개선과 메뉴판의 위치 변경 등 적극적인 방법을 통해 재판매하는 것도 필요하다.

다. ABC분석

ABC분석은 메뉴상품의 판매수량, 판매액, 이익을 집계하여, 공헌도가 높은 품목부터 낮은 순으로 차례대로 배열한 후 판매금액에 따라 A, B, C 세 그룹으로 분류하고 이를 근거로 메뉴를 평가하는 방법이다. 레스토랑 메뉴품목의 20%가 전체 매출의 80%를 차지한다는 20 : 80 법칙을 적용하는 분석기법으로 고객이 선호하는 메뉴를 간단하게 파악할 수 있어 대부분의 레스토랑에서 많이 사용한다. 단, ABC분석의 경우 선호도가 높은 메뉴와 비선호 메뉴를 파악할 수는 있으나 메뉴상품의 생산에 소요되는 시간과 투입되는 인력에 대한 인건비가 무시되므로 정확한 분석결과를 얻기는 어려운 단점이 있다.

① A그룹

일반적으로 판매금액이 상위 70% 정도에 속하는 메뉴상품으로 레스토랑에서 주력으로 하는 메뉴라 하겠다. 메뉴품목이 적을수록 판매가 효율적이며, 매출이 감소하지 않도록 철저하게 관리해야 한다.

② B그룹

판매금액이 상위 70~90% 범주 안에 속하는 메뉴로 구색을 맞추기 위한 메뉴라 할 수 있다. 주력 메뉴의 보조역할을 하며 대체로 미래와 과거의 주력메뉴가 혼재되어 있으므로 매출 증대 전략이 필요한 메뉴상품이다.

③ C그룹

A그룹과 B그룹에 속하지 않는 메뉴로 하위 10% 범위에 속하는 품목이다. 따라서 과감하게 메뉴판에서 삭제를 고려하거나 메뉴형태를 변환하는 등의 조치를 취해야 하는 메뉴이다. 단, 새로 개발한 메뉴가 여기에 속한 경우 좀 더 시간을 두고 지켜보는 등 신중을 기해야 하며, 노인이나 어린이 등을 유인하는 미끼상품일 경우 지속해야 한다.

■ ABC분석방법

① 일정기간(보통 1개월 단위) 동안 판매된 메뉴의 수량과 매출액을 계산한다.
② 매출액이 많은 메뉴품목에서 낮은 순으로 차례로 메뉴를 정리한다.
③ 각 메뉴의 매출액을 계산한다.
④ 전체 매출액에서 각 메뉴가 차지하는 매출액 비율(%)을 계산한다.
⑤ 구성비 누계를 계산한다.
⑥ 메뉴 순서별 누계치의 75~80% 이상은 A그룹, 85~90%에 해당하는 품목은 B그룹, 나머지 100%까지에 해당되는 메뉴품목은 C부분으로 구분한다.

〈표 2-13〉 ABC 매출액 분석사례

기　간 : (20** 년 5 월 1 일 ~ 20** 년 5월 31일)
점포명 : ***(단위 : 원)

순위	메뉴품목	수량	단가	매출액	구성비(%)	구성비 누계(%)	ABC분석
1	칠리새우	588	9,015	5,301,000	14.9	14.9	A상품
2	씨푸드	429	9,608	4,122,000	11.6	26.5	
3	카르보나라	416	8,200	3,411,000	9.6	36.1	
4	새우크림	339	8,649	2,932,000	8.2	44.4	
5	치킨	334	8,069	2,695,000	7.6	51.9	
6	로마나	277	8,850	2,451,500	6.9	58.8	
7	해물리조토	227	8,000	1,816,000	5.1	63.9	
8	그라탕	239	7,500	1,792,500	5.0	69.0	
9	치킨도리아	219	7,500	1,642,500	4.6	73.6	
10	곤돌리에라	108	10,167	1,098,000	3.1	76.4	

11	왕게살	113	9,441	1,066,800	3.0	79.2	B상품
12	콤비네이션	112	9,424	1,055,500	3.0	81.8	
13	밋소스	131	7,702	1,009,000	2.8	84.8	
14	해물도리아	123	8,000	984,000	2.8	87.7	
15	포모도로	120	7,558	907,000	2.6	90.2	
16	치즈크림	109	7,899	861,000	2.4	93.2	
17	버섯모듬	70	7,864	550,500	1.5	93.7	
18	상하이	64	8,919	570,800	1.6	95.2	
19	봉골레	45	8,400	378,000	1.1	96.8	C상품
20	치즈스틱	56	6,800	380,800	1.1	97.9	
21	아라비아따	34	9,162	311,500	0.9	98.9	
22	김치스파게티	88	1,688	148,500	0.4	99.8	
23	바질리코	7	9,000	63,000	0.2	100.0	
합계		4,248		35,547,900	100.0		

* 75%까지가 A상품, 75~95%까지가 B상품, 95~100%까지가 C상품임
* C상품은 전략적으로 필요한 경우를 제외하고 메뉴에서 삭제하거나 또는 리뉴얼 검토

출처 : 김영갑 외 4인, 2011, 외식 창업론, ㈜교문사.

2. 창업 메뉴 개발

1) 창업 메뉴 개발의 의의

메뉴는 고객이 레스토랑을 선택하는 가장 중요한 요소라 할 수 있다. 따라서 레스토랑의 메뉴개발이란 단순히 해당 상품의 성공뿐만 아니라 레스토랑의 장기적인 생존이나 성장에 필수적인 요소라 하겠다. 창업 메뉴 개발의 방법으로는 기존

의 메뉴에 약간의 변화를 주어 질적으로 향상시키거나 식재료나 그릇, 가니쉬 등을 개선하는 기존 메뉴 개선방법과 새로운 메뉴상품을 개발하는 신메뉴 개발방법의 두 가지로 구분된다.

메뉴 개발은 메뉴 계획, 메뉴 작성이라 부르기도 하는데, 레스토랑에서 판매할 메뉴상품을 미리 결정하는 것으로, 창업 초기에 일회성으로 끝나는 것이 아니라 레스토랑 운영기간 동안 지속적으로 개발되어야 한다.

그 이유는 첫째, 고객의 욕구가 끊임없이 진화되기 때문이다. 둘째, 새로운 식재료 개발과 제조방법에 관한 기술혁신이 계속되기 때문이다. 셋째, 레스토랑이 지속적으로 이익을 확보하기 위해 필요하다. 넷째, 기존의 메뉴만으로는 매출 증대를 꾀하기 어려우므로 신규 고객 창출을 통한 매출 증대를 위해 필요하다. 그러나 메뉴상품을 개발하기 위해서는 다양한 요소를 고려해야 한다. 또한 고정된 인원이 영업을 지속하면서 새로운 메뉴를 지속적으로 개발한다는 것은 쉬운 일이 아니므로, 외부기관이나 전문가에게 의뢰하는 방법도 고려할 수 있다.

2) 창업 메뉴 개발 시 고려사항

메뉴는 고객의 만족을 추구함과 동시에 레스토랑의 이윤창출을 위한 마케팅수단으로 이용되기 때문에 메뉴를 계획하기 전 또는 개발과정에서 고려되어야 하는 변수들이 무수히 많다. 메뉴 개발 시 고려해야 할 사항을 마흐무드(Mahmood)의 모형을 참고하여 고객의 측면과 경영자 측면으로 구분하여 설명하면 다음과 같다.

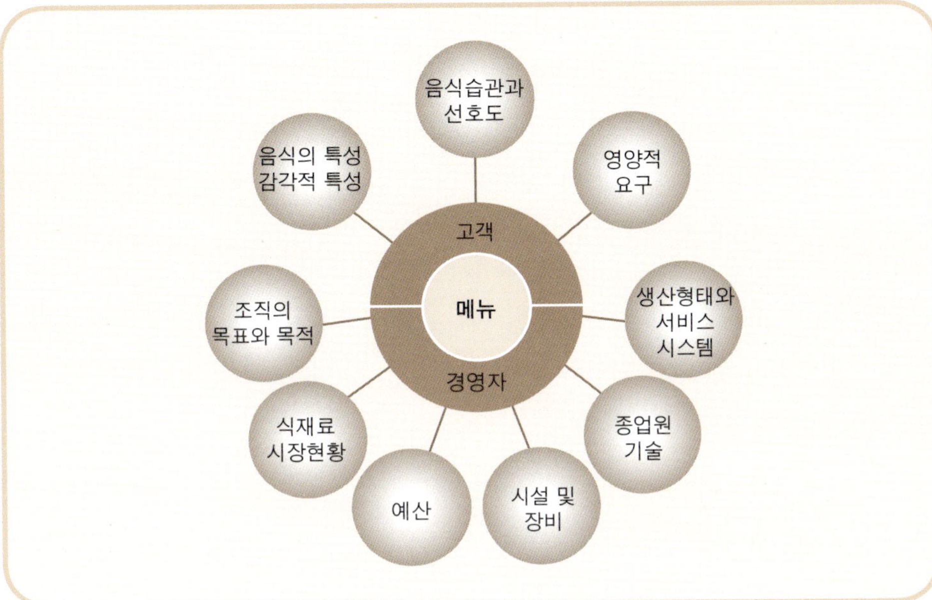

출처 : Mahmood A. Khan(1991), Concepts of Foodservice Operations and Management, VNR, p. 41.

〈그림 2-9〉 마호무드(Mahmood)의 모형 : 메뉴 계획 시 고려되는 요인을 경영자와 고객 측면에서 다룬 모형

가. 고객 측면의 고려사항

① 음식의 특성과 감각적 특성

표적시장(Target Market)의 고객이 어떠한 음식을 즐겨 먹으며 어떤 음식을 먹고 싶어하는지 욕구가 파악되었으면 음식의 본질적인 요인(음식냄새, 온도, 외관, 조리방식, 맛, 색, 질 등)과 비본질적 요인(환경, 광고, 상황적 기대, 시간과 계절의 변화)을 고려한다.

② 음식습관과 선호도

음식습관과 선호도는 자연적 · 사회적 환경에 영향을 받는다. 표적고객을 생리적 · 심리적요인(성별, 나이, 변화조건 등), 개인적 요인(기대수준, 다른 사람의 영향, 개성, 기분, 가족, 교육 등), 사회경제적 요인(경제여건, 식료원가, 안전, 사회

적 지위 등), 문화와 종교적 요인(종교적 금기, 전통, 문화적 영향요인 등) 등을 고려하여 고객을 세분화하고, 자사가 목표로 하는 표적시장(Target Market)의 고객이 어떠한 음식을 즐겨 먹으며 어떤 음식을 먹고 싶어하는지 등의 욕구를 파악한다. 단, 잠재된 고객이 충분한 수익을 창출할 수 있는 정도의 규모인지를 검토한다.

③ 영양적 요구

웰빙 추구와 경제적 소득 증가 등의 요인으로 고객의 소비심리가 가치추구화되어 감에 따라 건강에 대한 관심이 높아지고 있다. 따라서 메뉴개발에 있어서 기능성 식재료나 다이어트식품, 친환경 식재료, 국산 식재료 등의 이용을 고려한다.

나. 경영자 측면의 고려사항

① 조직의 목표와 목적

메뉴상품이 독특하고 맛과 품질이 우수하다 해도 식재료 원가가 높거나 음식을 조리하는 데 많은 시간이 소요되는 경우 원가율이 높아져 수익성이 낮아진다. 따라서 메뉴를 개발할 때에는 식재료 원가가 레스토랑이 목표로 하는 원가율에 적합한지를 고려해서 계획한다.

② 식재료의 시장현황

레스토랑에서 판매하게 될 핵심 메뉴 또는 대표 메뉴를 개발할 때에는 메뉴상품을 조리하기 위해 필요로 하는 식재료의 구입이 가능한지, 원활하게 조달할 수 있는지, 가격은 원가율에 적당한지, 다른 재료로 대체할 수 있는 유연성이 있는지, 보관은 편리하며 저장공간은 충분한지, 기능성은 있는지, 고객이 무난하게 받아들일 수 있는 식재료인지 등의 식재료 경제성을 고려하여 메뉴를 개발하는 것이 좋다.

③ 예산

레스토랑 운영에 있어 목표로 설정한 수익을 창출하기 위해 정해 놓은 원가율을 넘어서지 않는 범위에서 메뉴를 개발해야 한다.

④ 주방 규모 및 설비 고려

메뉴상품을 완성시키기 위해서는 식재료를 이용한 조리과정을 거쳐야 한다. 아무리 좋은 메뉴상품일지라도 주방의 규모와 설비를 고려하지 않으면 메뉴 품질이 저하될 수 있으며, 생산 자체가 어려울 수 있다. 또한 외식업체는 고객이 원하는 음식을 신속하고 경제적이며, 일관적인 품질로 생산할 수 있어야 한다. 따라서 레스토랑이 개발하고자 하는 메뉴상품을 충분히 생산할 수 있는 규모인지, 보유하고 있는 시설과 장비로 생산이 가능한 메뉴상품인지를 검토해야 한다.

⑤ 종업원의 기술

메뉴 아이템의 선정은 레스토랑이 보유한 시설과 장비뿐만 아니라 종업원 기술 수준에 따라 생산여부가 결정된다.

⑥ 생산형태와 서비스 시스템

메뉴상품의 생산과 서비스 동선을 고려해야 하며, 자사의 콘셉트에 맞는 메뉴상품의 서비스방법을 결정해야 한다.

3) 메뉴 개발의 원칙

메뉴 개발은 경영자, 메뉴 전문가, 주방책임자, 서비스 책임자 등이 동시에 만족할 수 있어야 하며, 경쟁업체의 메뉴를 그대로 모방하는 것이 아닌 레스토랑의 콘셉트에 맞는 차별화된 메뉴를 창출하는 것이 원칙으로 세부내용은 다음과 같다.

① 표적고객에 대한 이해가 필요하다.

레스토랑을 이용할 고객을 명확히 하고, 그 고객에 대한 이해가 필요하다. 인구통계적 변수를 토대로 하여 고객의 사회적 · 경제적 · 심리적 요인 등을 파악하여 고객이 어떤 메뉴상품을 원하는지 파악해야 한다.

② 메뉴 개발의 콘셉트를 명확히 한다.

고객의 수요조사를 통해 레스토랑이 추구하는 경영 콘셉트와 일치하는 차별화되고 독특함을 지닌 메뉴를 개발함으로써 고객에게 자신의 레스토랑이 어떤 메뉴상품을 판매하는 곳인지를 정확히 인지시킬 수 있도록 해야 한다.

③ 레스토랑 운영형태를 고려한다.

판매하고자 하는 메뉴상품이 독특하고 차별화된 메뉴라 할지라도 레스토랑이 지닌 설비와 장비로 생산이 어렵거나 전문기술을 요하는 경우 생산이 어려울 수 있다. 뿐만 아니라 레스토랑의 수준과 일치하는 품질의 메뉴상품인지 여부와 수준이 맞다 하여도 원가가 예상 원가를 넘어서면 레스토랑의 운영에 영향을 미칠 수 있으므로 이를 검토해야 한다.

④ 다양성을 갖추어야 한다.

고객의 욕구가 끊임없이 변화함에 따라 메뉴상품의 트렌드도 지속적으로 변화되고 있다. 따라서 메뉴상품을 개발하기 위해서는 핵심 메뉴, 부메뉴, 계절메뉴 등을 구분하여 개발하고, 각각의 메뉴일지라도 다양성을 부여하는 것이 좋다. 맛의 다양화, 모양의 다양화, 서비스의 다양화, 재료의 다양화, 세트상품 등 다양성을 부여함으로써 고객으로 하여금 경쟁업체와의 차별성을 부여할 수 있도록 한다.

⑤ 검증절차가 필요하다.

고객의 욕구를 바탕으로 레스토랑 운영형태와 테마, 메뉴개발 전문가 등의 의견을 토대로 개발된 메뉴 아이템이라 할지라도 실제로 레스토랑을 이용할 표적고객의 검증을 거치지 않으면 실패할 위험성이 높다. 따라서 반드시 전문가 집단, 내부 종업원 집단, 고객 집단 등을 대상으로 메뉴상품에 대한 시식회를 통해 상품성을 검증받는 과정이 필요하다.

쉬어가기

명인만두 '맞춤형 메뉴 구성'

수제만두 전문점 '명인만두'는 탄탄한 브랜드 인지도와 신뢰성을 바탕으로 2006년 대학로에 70여 평 규모의 프리미엄 카페형 매장을 오픈하며 쾌적한 인테리어와 서비스로 고객인식의 전환을 유도했다.

프리미엄 매장은 전반적으로 캐주얼한 레스토랑이라는 느낌을 줄 수 있도록 업그레이드한 것이 특징으로 외형적인 인테리어는 물론, 음식을 담는 그릇과 메뉴 역시 기존의 매장과는 다르다.

프리미엄 매장에서는 불고기군만두, 고추만두 샐러드, 만두파스타 등 만두를 중심으로 한 다양한 프리미엄 메뉴를 선보이고 있다.

명인만두의 이남재 본부장은 "프리미엄 매장의 장점은 기존 브랜드가 가지고 있었던 정체된 이미지를 업그레이드해 줄 뿐만 아니라 외식업의 핵심고객인 20대 여성 등 새로운 고객을 창출할 수 있는 장점이 있다"며 "명인만두처럼 간식과 주식의 개념이 복합된 대중적인 아이템일 경우 프리미엄화했을 때 객단가가 높아져 수익률을 상승시킬 수 있다"고 말했다.

현재 명인만두는 프리미엄매장 외에 오리지널, 미니형, 전골전문점 형태의 4가지 창업방식을 제안하고 있다.

오리지널 매장은 만두를 중심으로 다양한 사이드메뉴를 구성해 고객 선택의 폭을 넓힌 것이 특징이며, 프리미엄 매장은 오리지널과 미니 매장에는 없는 프리미엄 메뉴 구성으로 경쟁력을 높였다. 미니 매장은 적은 인력으로도 빠른 회전이 가능하도록 조리가 빠르고 대기시간이 짧은 메뉴 위주로 특화했다. 마지막 전골전문점은 명인만두의 특허받은 만두 맛의 노하우를 집적한 전문점 형태의 매장이다.

이남재 본부장은 "고객층에 따라 다양한 콘셉트의 창업형태를 제안한다고 해도 결국 고객이 브랜드를 선택하는 가장 큰 이유는 맛이라는 사실에는 변함이 없다"며 "맛의 경쟁력에서 우위에 서기 위해 다양한 신메뉴 개발에 힘쓰고 있다"고 말했다.

–월간식당, 2012. 02. 16, 통권 323호, 글/김성은 기자(fresh017@foodbank.co.kr)

4) 메뉴 개발 절차

메뉴 개발은 경쟁업체의 메뉴상품을 그대로 모방하는 것이 아닌 새로운 메뉴상품을 기획하고 개발하는 것으로 어느 한 사람의 능력으로는 힘든 과정이다. 따라서 경영자, 메뉴 개발 전문가, 주방관리자, 서비스관리자 등 여러 사람의 아이디어와 조언을 통해 개발되어야 훌륭한 메뉴상품을 개발할 수 있으며, 추후 수정하는 시간이나 노력, 소요자금을 줄일 수 있다. 메뉴 개발을 위한 절차는 다음과 같다.

가. 시장 분석과 고객의 니즈 탐색

성공적인 창업 메뉴 개발을 위해서는 고객의 니즈를 효과적으로 조사하여 이를 창업 메뉴 개발에 반영해야 한다. 오늘날의 고객은 자신이 희망하는 메뉴상품의 구매를 원하며, 구매에 자신의 의견을 적극적으로 반영한다. 따라서 레스토랑이 목표로 하는 고객의 수요를 조사 · 분석하여 이를 바탕으로 메뉴를 개발한다.

나. 메뉴상품 개발 기획

시장분석을 통해 조사된 고객의 수요를 바탕으로 메뉴상품에 대한 콘셉트를 구체화하는 과정이다. 목표시장, 고객 요구사항, 필요한 투자 자금 및 설비, 생산 가능 여부, 재무에 미치는 영향 등을 파악하여 메뉴상품을 기획한다.

다. 아이디어 선정 및 신상품 콘셉트 결정

메뉴상품 개발 기획을 통해 개발된 메뉴상품 중 레스토랑에서 판매 가능한 메뉴상품을 결정하고, 전체적인 콘셉트를 결정하는 단계이다. 즉 메뉴상품의 종류와 형태, 가니쉬, 제공량, 포장, 그릇, 생산라인, 최대 생산량 등 제품화에 필요한 전반적인 내용을 이 단계에서 결정하는데, 메뉴상품을 만들어서 테스트하는 과정까지 포함된다. 또한 개발된 메뉴상품은 맛과 품질, 가격, 분량, 형태 등에 대해 종업원과 전문가집단뿐만 아니라 표적고객을 대상으로 시식회를 통해 반응을 조사하여 그 결과를 메뉴 개발에 반영한다.

라. 사업성 분석

이 단계에서는 개발된 메뉴상품이 대량생산을 통한 산업화가 가능한지, 판매에 적합한 메뉴인지, 원가율은 예상이익을 보장할 수 있는지, 수요가 충분할 수 있는지, 생산과 판매에 소요되는 예상인력은 어느 정도이며, 메뉴상품 생산을 위해 전문기술을 지닌 종업원이 필요한지 등의 사업 타당성을 분석하여 투자를 결정한다.

마. 공급자 선정

원활한 식재료 공급은 생산에 중요한 요소가 되며, 원가율에 영향을 미치므로 식재료를 공급할 공급자를 선정하고 계약을 체결한다.

바. 상품화 작업

상품을 대량생산하기 위해서는 먼저 대량생산이 가능하도록 표준레시피가 정해져야 한다. 표준레시피는 메뉴상품 생산에 필요한 식재료와 도구, 장비 등이 모두 포함되므로 이에 따른 시설과 설비가 갖추어졌는지를 확인 및 보완하고, 공급이 가능한 식재료인지 여부도 확인할 수 있다. 또한 메뉴상품의 만드는 방법과 함께 고객에게 서비스하는 방법도 표준레시피에 포함되므로, 생산과 서비스를 위해 어느 정도의 시간과 노력이 요구되는지도 파악할 수 있다.

사. 시장 도입

레스토랑 창업 시 메뉴상품의 주문에서부터, 생산, 제공, 계산에 이르기까지 전반적인 과정을 실전연습을 통해 종업원들이 원활하게 판매할 수 있도록 준비한다. 또한 메뉴판, 홍보판촉물 등을 제작하여 고객에게 홍보함으로써 레스토랑을 성공적으로 창업할 수 있도록 한다.

3. 메뉴상품의 가격결정

메뉴 개발을 통해 선정된 메뉴상품을 판매하기 위해서는 가격을 결정해야 한다. 메뉴상품의 가격은 레스토랑의 지위와 수익에 영향을 미칠 뿐만 아니라 시장의 수요를 결정짓는 중요한 요인이 되므로 메뉴상품의 가격결정은 레스토랑 운영에 있어 중요하다.

1) 메뉴상품 가격결정의 목적

메뉴상품의 가격은 고객의 메뉴상품에 대한 심리적 만족과 경제적 만족을 동시에 안겨줄 수 있어야 하며, 경영자는 레스토랑의 경영목표를 달성할 수 있는 합리적인 가격이어야 한다. 메뉴상품의 가격을 결정하는 방법으로는 메뉴가격을 미리 결정하여 놓고 그에 맞는 메뉴상품을 개발하는 방법과 먼저 메뉴상품을 개발한 다음 그에 맞는 가격을 결정하고 고객을 유치하기 위한 마케팅 전략을 구사하는 방법으로 구분된다. 그러나 어떠한 방법을 이용하든 궁극적인 가격결정의 목적은 고객 점유율을 확보함으로써 업장의 매출목표 달성과 수익성을 확보하여 이익을 극대화함으로써 레스토랑을 효율적으로 운영하기 위함이다.

2) 메뉴상품 가격결정 시 고려해야 할 변수

메뉴상품과 서비스의 가격은 시장의 수요를 결정지을 뿐만 아니라 외식업체의 수익에 직접적인 영향을 미치는 중요한 요인이다. 또한 메뉴상품의 가격은 외식업체의 수준을 결정하고 나아가 시장 점유율에도 영향을 미치므로 메뉴상품의 가격을 결정하기 위해서는 다음과 같은 측면의 변수를 고려해야 한다.

가. 원가관리 측면의 고려사항

메뉴상품의 가격결정 시 원가관리 측면의 고려사항으로는 수요의 가격탄력성, 고객이 인지한 가치, 경쟁 고려, 메뉴상품의 가격과 판매량의 관계, 제 비용, 통일된 가격정책 구사의 어려움, 가격의 장기성 등이 있다.

① **수요의 가격탄력성** : 수요의 가격탄력성은 메뉴상품의 가격에 따라 수요량이 변하는 정도를 나타내는 지표로 고객은 가격에 민감하므로 가격결정 시 수요의 탄력성을 고려해야 한다.

② **고객이 인지한 가치** : 메뉴상품의 가치는 종종 가격에 대한 품질로써 표현되는 것으로 가치의 인식이란 메뉴상품이 고객에게 어떻게 인지되었는가를 의미한다. 예를 들어, 패스트푸드에서 판매하는 메뉴상품의 가격과 패밀리레스토랑에서 판매하는 메뉴상품에 대해 고객이 인지한 가치는 다를 것이다.

③ **경쟁 고려** : 동일한 메뉴상품을 판매하는 경쟁업체 또는 자사의 레스토랑과 비슷한 형태의 업체 가격이 어느 정도인지를 고려해야 한다.

④ **메뉴상품의 가격과 판매량의 관계** : 이익이 낮더라도 많은 수량의 메뉴상품을 판매할 것인지, 아니면 판매량이 적더라도 공헌이익을 높게 하여 메뉴상품의 가격을 높게 할 것인지를 고려해야 한다.

⑤ **관련된 모든 비용의 고려** : 메뉴상품의 원가는 단순히 메뉴상품을 만들기 위해 소요된 식자재 원가뿐만 아니라 인건비를 비롯하여 판매에 필요한 비용 등 제반경비를 고려해야 한다.

⑥ **통일된 가격정책 구사의 어려움** : 메뉴상품의 가격결정 시 모든 상품에 동일한 방법으로 가격을 책정하는 데는 어려움이 따른다. 따라서 수요의 탄력성, 가치지각, 경쟁, 가격과 판매량의 관계 등 여러 요인을 고려하여 가격을 결정한다.

⑦ **가격의 장기성** : 가격은 한 번 책정되면 변경하기 쉽지 않다. 잦은 가격의 변경은 고객으로부터 신뢰를 잃을 수 있기 때문이다. 따라서 가격결정 시 장기적으로 가격을 유지할 것을 고려하여 결정해야 한다.

나. 마케팅 측면의 고려사항

메뉴상품의 가격결정 시 마케팅 측면의 고려사항으로는 정부의 규제와 개입, 고객의 가치, 원가의 구조 등이 있다.

① **정부의 규제와 개입** : 정부는 모든 사업의 영업을 규제하므로 정부의 규제와 개입이 영향을 미친다. 예를 들어, 최저임금제나 서민형 외식 메뉴의 경우 정부가 규제하므로 가격결정에 영향을 미친다.

② **고객의 가치** : 고객이 지각하는 레스토랑에 대한 가치와 메뉴상품에 대해 인지하고 있는 가격은 메뉴상품의 가격결정에 영향을 미친다. 예를 들어, 고객들이 인지하고 있는 자장면 한 그릇의 가격에 비해 월등히 높은 가격을 책정하는 경우 고객들은 쉽게 가격을 받아들이지 않을 것이다. 특히 경쟁업체가 많은 경우는 업체를 선정함에 있어 음식의 맛과 분위기, 서비스, 위치뿐만 아니라 가격까지 비교하게 되므로 경쟁업체의 존재여부는 가격결정에 중요한 영향을 미친다.

③ **원가구조** : 메뉴상품의 가격은 음식의 생산에 소요되는 식재료비와 인건비뿐만 아니라 변동비, 고정비, 경영주나 투자자의 기대 수익까지 고려해야 한다.

다. 원가관리와 시스템관리 측면의 고려사항

가격은 여러 변수들의 영향을 받으므로 메뉴상품의 가격결정은 가장 어려운 과업 중 하나이다. 경영자는 운영하고자 하는 레스토랑의 업종을 결정하고 그 업종과 관련된 경쟁업체들과 고객들이 인지하고 있는 가격을 바탕으로 수익성을 고려하여 가격을 결정해야 한다.

① **경쟁** : 경쟁자의 가격은 가격결정 시 가장 기본적으로 고려되어야 하는 요소로 분위기, 서비스, 위치 등의 요소를 고려하여 결정한다.

② **서비스** : 외식업체의 원가 중 가장 많은 부분을 차지하는 인건비는 메뉴상품의 가격결정에 큰 영향을 미치므로 서비스형태에 따라 가격에 영향을 미친다.

③ **분위기** : 고급스럽고 편안한 분위기를 연출하기 위해서는 그만큼의 비용이 소요되므로 가격결정에 영향을 미친다.

④ **낭비** : 낭비의 경우 소외되기 쉬운 항목으로 예를 들어, 외식업체의 경우 판매량을 정확히 예측하기 힘들므로 재고의 경우 식재료 낭비가 생길 수 있다. 미리 만들어두어야 하는 경우 노동력과 조리시간이 낭비되는 등의 보이지

않는 낭비부분을 고려해야 한다.

⑤ **고객** : 레스토랑이 표적으로 하는 고객층이 수용하거나 만족할 수 있는 가격으로 책정해야 한다.

⑥ **품질** : 메뉴상품의 품질은 가격과 비례한다. 메뉴상품의 품질이 높은 경우 높은 가격을 지불해도 고객은 불만을 느끼지 않을 것이다.

⑦ **맛** : 맛이란 주관적인 성격이 강하지만 고객이 외식업체를 선택하는 가장 큰 요인 중 하나이므로 중요하다. 가격과 상관없이 맛은 중요하나 특히 맛이 좋으면 가격이 아무리 고가이더라도 충분히 지불할 가치를 느낄 것이다.

⑧ **분량** : 분량의 크기는 경영자에 의해 결정되는 것이 대부분이나 고객의 유형과 관계가 있다. 분량의 크기는 메뉴상품의 원가와 관련이 있으므로 고려되어야 한다.

⑨ **위치** : 위치가 반드시 메뉴상품의 가격에 영향을 미치는 것은 아니나 상권이 발달된 곳에 위치한 경우 임대료가 고가이므로 메뉴상품의 원가에 영향을 미치므로 고려해야 한다.

⑩ **임금** : 종업원의 임금은 메뉴상품의 원가에 큰 부분을 차지하므로 중요하다. 특히 고급 레스토랑의 경우 풀서비스를 제공해야 하므로 고용되는 종업원의 수가 많아 더 많은 비용이 지출되므로 가격결정에 영향을 미칠 수밖에 없다.

3) 메뉴가격 결정방법

메뉴상품의 가격은 원가율과 이익에 영향을 미치므로 레스토랑 운영에 중요한 요소이다. 뿐만 아니라 가격은 고객이 레스토랑을 선택하는 요인 중 하나이므로 고객의 증감에 많은 영향을 미친다. 따라서 외식업체는 메뉴를 개발함에 있어 고가로 할 것인지, 저가로 높은 시장 점유율을 선점할 것인지를 염두에 두고 가격을 결정해야 한다.

가격을 결정하는 기준은 크게 원가기준, 수요기준, 경쟁기준, 마케팅 지향기준과 주관적 · 객관적 기준으로 구분할 수 있다.

가. 원가기준 가격결정방법(Cost-Based Pricing, 비용 중심 가격결정방법)

원가기준에 의한 가격결정방법은 제조원가에 일정액의 이윤을 가산하여 제품 가격을 결정하는 방법이다. 주로 제품의 수요가 한정되어 있어 탄력성이 낮거나 경쟁자가 없는 경우에 사용되는 비교적 단순한 가격결정방법으로 원가가산법과 손익분기점법이 있다.

① **원가가산법** : 원가(Cost)+이익(Margin)=가격(Price)

② **손익분기점법** : 이익 '0'의 매출액, 즉 B.E.P(손익분기점)가 결정되는 시점과 목표이익 및 계획 생산량을 고려하여 가격을 결정하는 방법

나. 수요기준 가격결정방법(소비자 중심 가격결정방법)

제품 생산에 소요된 원가를 고려하는 것이 아닌 소비자가 인식하는 제품의 가치에 따라 가격을 책정하는 방법으로 오늘날 가격결정에 있어 가장 중요시되는 방법이다. 단, 수요기준 가격결정방법은 가격이 수요에 미치는 영향을 미리 검토해야 하는데, 가격을 인하하여 수요량이 증가하면 수요의 탄력성이 크고, 가격을 인하해도 수요량에 변화가 없는 경우는 수요의 탄력성이 낮은 것으로 다음과 같은 공식으로 표시된다.

$$\text{수요의 가격탄력성} = \frac{(\text{기존 수요량-새 수요량})/\text{기존 수요량}}{(\text{기존 가격-새 가격})/\text{기존 가격}}$$

다. 경쟁기준 가격결정방법

경쟁사의 가격책정에 맞추어 자사의 메뉴가격을 책정하는 방법으로, 원가나 수요 요인보다는 경쟁업체의 가격 수준을 더 중요한 요인으로 고려하는 가격결정방법이다. 경쟁기준 가격결정방법에는 경쟁대응 가격결정방법과 입찰 가격결정방법이 있다.

① **경쟁대응 가격결정방법** : 경쟁제품의 평균가격과 같게 하여 판매가격을 결정하는 방법이다.

② 입찰 가격결정방법 : 레스토랑이 공개입찰에 응할 경우 수요자의 기대가격과 경쟁업체의 입찰 가격 수준에 따라 가격을 결정하는 방법이다.

라. 마케팅 지향기준 가격결정방법

① 신제품 가격결정방법 : 고가격 전략, 저가격 전략

② 제품라인 가격결정방법 : 특정제품 계열 내 제품들 간에 가격단계를 설정하는 방법

③ 선택제품 가격결정방법 : 주력제품과 함께 판매하는 선택제품에 대한 가격결정방법

④ 제품묶음 가격결정방법 : 몇 개의 제품을 묶어서 인하된 가격으로 판매하는 방법

⑤ 심리적 가격결정방법 : 단수가격결정방법

⑥ 할인가격결정방법과 공제 : 정찰가격에 대해 가격을 할인하거나 공제를 하여 주는 방법(할인가격만큼 수량을 더해주는 방법)

마. 주관적 기준 가격결정방법

① 경험적 가격결정방법 : 경영자나 주방장이 경험적으로 판단하여 적당하다고 제시하는 가격을 판매가격으로 결정하는 방법으로 적정가격법(reasonable price method)이라고도 한다.

② 전략적 가격결정방법 : 원가율이 지나치게 높은 식재료를 사용하는 경우 식재료의 원가율에 따라 가격을 책정하면 고객의 경우 가격에 특히 민감하여 거부감을 갖거나 구매 자체를 포기할 수 있다. 따라서 이러한 경우는 몇몇 메뉴상품의 가격을 전략적으로 낮게 책정하여 고객 유인을 위한 미끼상품으로 활용하는 전략이 필요하다.

③ 선도가격결정방법 : 시장 점유율이 크거나 시장에 영향력 있는 업체가 원가율과 이익률, 인건비, 기타 경비 등과 경영정책을 고려하여 경쟁업체에 선도하여 가격을 결정하는 방법이다.

④ **추종가격결정방법** : 경쟁관계에 있는 선도업체의 가격변화 추이를 추종하여 가격을 결정하는 방법이다.

바. 객관적 기준 가격결정방법

① 팩토(Factor)를 이용한 가격결정방법

팩토를 이용한 가격결정방법은 식재료비와 식재료비율을 기준으로 메뉴상품의 판매가격을 결정하는 방법이다. 이때 메뉴상품의 판매가격을 식재료 원가율의 몇 배로 정할 것인가의 비율을 팩토라 한다. 일정기간 동안 외식업체 전 메뉴의 식재료원가를 합산한 다음 메뉴 수로 나누어 계산된 식재료원가율을 총 매출액으로 나누어 팩토를 구한 다음 차기 메뉴가격을 결정할 때 이 계산된 팩토를 적용하는 방법이다. 예를 들어, A레스토랑의 지난 한 해 동안의 식재료 원가율이 40%였다면 총 매출액을 100%로 하고, 식재료 원가율 40%로 나눈 2.5가 팩토가 된다. 따라서 차기 메뉴의 판매가격은 메뉴별 원가에 팩토를 곱하여 메뉴가격을 추정하는 방법이다.

$$\text{가격 팩토} = \frac{\text{식음료 매출액}}{\text{식재료 원가율}} \rightarrow 2.5 = \frac{100\%}{40\%}$$

*메뉴별 판매가격 = 메뉴별 식재료원가*가격 팩토

② 프라임 코스트(Prime Cost) 팩토를 이용한 가격결정방법

프라임 코스트(Prime Cost)란 인건비(Labor Cost)와 식재료원가(Food Cost)를 합한 비용을 의미한다. 즉 프라임 코스트 팩토는 식재료원가와 메뉴를 생산하는데 소요되는 직접인건비를 합산하여 계산하는 방법이다.

$$\text{프라임 코스트 팩토} = \frac{\text{판매가격}}{\text{프라임 코스트(\%)}} = \frac{\text{판매가격}}{\text{식재료원가율(\%)+직접인건비율(\%)}}$$

*메뉴별 판매가격 = 프라임 코스트 * 프라임 코스트 팩토

4) 가격결정의 절차

가. 수요예측

수요예측은 고객이 의식적 또는 무의식적으로 그 메뉴를 평가하는 기대가격과 수요의 탄력성을 고려하여 얼마만큼의 판매량을 올릴 수 있는가를 추정하는 방법이다.

나. 경쟁반응의 예상

유사업종의 경쟁업체 가격은 가격결정에 큰 영향을 미친다.

다. 목표시장에서의 점유율 선정

현재의 능력과 경쟁업체의 시장 진출 용이성에 영향을 받는다.

라. 표적시장의 가격전략 설정

표적시장에서 시장 점유율을 달성하기 위한 가격을 설정한다. 시장 표적 가격 전략에는 상층흡수 가격전략과 침투 가격선략이 있다.

마. 레스토랑 경영정책 고려

경영자는 레스토랑의 매출목표 달성과 수익성, 객단가의 이익극대화, 고객별 점유율 유지, 주방과 레스토랑 경영의 합리화, 판매촉진방법 등을 고려하여 가격을 결정한다.

바. 최종가격결정

최종가격은 고객과 경영자, 종업원 모두에게 만족을 줄 수 있도록 책정해야 한다.

4. 메뉴 디자인

외식업체에서 판매할 메뉴를 기획하는 것을 메뉴 개발이라 한다면 개발된 메뉴 중 레스토랑에서 판매하기로 결정한 메뉴를 메뉴판으로 만드는 과정을 메뉴 디자인이라 한다.

메뉴판은 레스토랑에서 판매하는 메뉴상품에 대한 종류와 가격, 서비스방법 등을 기록해 놓은 것으로 고객에게 레스토랑의 콘셉트 등을 알려주는 커뮤니케이션 도구가 되며, 마케팅 도구로도 이용된다. 뿐만 아니라 고객에게는 레스토랑의 첫인상을 결정짓는 요소가 되므로 메뉴판을 디자인할 때는 메뉴판의 형태, 메뉴상품의 배열, 메뉴 설명, 문자나 그림, 색상을 이용한 시각적 구성, 재질을 이용한 촉감, 크기, 모양 등 다양한 요소를 고려하여 구성해야 한다. 특히 메뉴판을 구성할 때는 각 점포가 전략적으로 판매하고자 하는 메뉴상품을 고객의 눈에 잘 띄는 곳에 배치해야 한다.

■ **메뉴 디자인의 역할**

① 커뮤니케이션 역할을 한다.
② 광고 및 홍보의 역할을 한다.
③ 마케팅 역할을 한다.
④ 개성과 이미지를 표현한다.
⑤ 고객과 레스토랑을 연결하는 판매촉진의 모체로서 종업원의 역할을 한다.
⑥ 고객에게 어떤 메뉴를 제공하겠다는 계약서 역할을 한다.
⑦ 고객에게 메뉴를 판매함에 있어서 자세한 설명을 제공하는 설명서의 역할을 한다.

1) 메뉴판 형태(Formats)

메뉴판의 형태는 메뉴판의 디자인을 결정짓는 기본 요소로 크기, 모양, 패널(Panel)에 따라 다양하다. 따라서 각 레스토랑의 콘셉트에 맞는 독창적이고 차별적인 형태의 메뉴판을 제작함으로써 레스토랑의 이미지를 고객에게 표현할 수 있도록 한다. 메뉴판 포맷은 크게 싱글 패널(Single-Panel)과 투 패널 폴드(Two-Panel Fold), 트라이 패널 폴드(Tri-Panel Fold), 멀티 패널 폴드(Multi-Panel Fold)로 구분되며 각각의 기능은 다음과 같다.

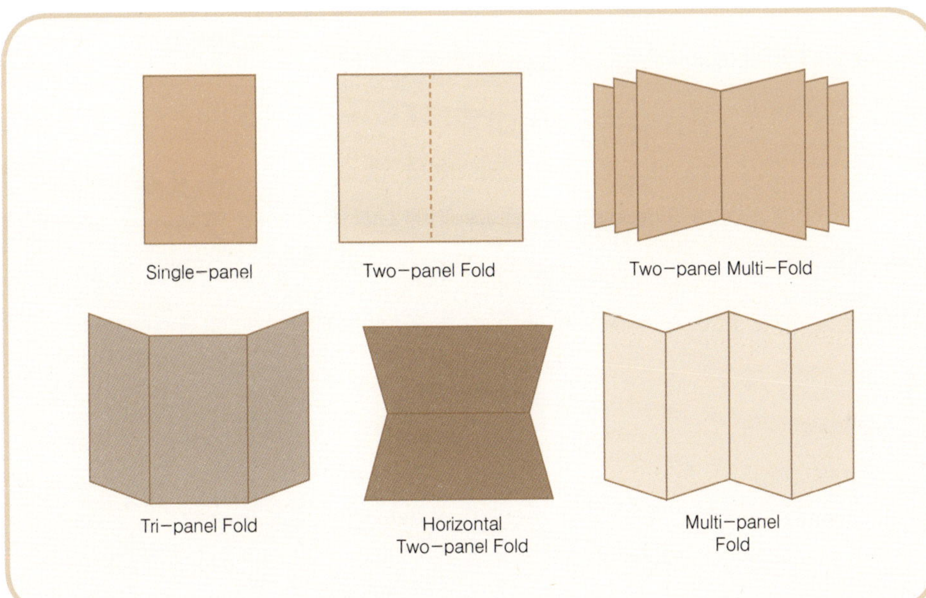

출처 : 원융희 외, 2001, 레스토랑메뉴디자인, 신광출판사, p. 59.

〈그림 2-10〉 메뉴판의 형태

2) 메뉴상품의 기본 배열

메뉴판에 메뉴상품을 배열하는 것은 각 레스토랑마다 조금씩 다르지만 기본적으로 가장 많이 팔리기를 희망하는 또는 공헌이익이 가장 높은 메뉴상품을 고객의 눈에 가장 잘 띄는 영역에 배치함으로써 레스토랑의 경영목표를 달성하고자 하는 활동이다. 또한 조직적이고 효율적인 메뉴상품 배열은 고객의 메뉴선택을 도와 주문시간이 단축될 뿐만 아니라 음식 제공시간의 단축으로 테이블 회전시간을 단축시키는 등의 효과를 얻을 수 있다.

메뉴판을 배열하는 일반적인 방법은 전채, 주요리, 후식, 음료 순으로 메뉴상품의 제공순서에 따라 배열한다. 그러나 일품메뉴(A La Carte Menu)를 판매하는 식당이나 패스트푸드점 등의 경우에는 메뉴상품의 품목 특성에 따라 구분하여 배열하거나 가격의 고저에 따라 구분하여 배열하기도 한다. 또한 판매 증대를 위한 이벤트 메뉴나 어린이 메뉴, 오늘의 특별 메뉴 등 특별한 목적을 가진 메뉴의 경우는 메뉴판 배열에 있어서도 세심한 배려가 필요하다.

메뉴판의 배열방법에는 대칭적인 정방형과 X-Mas트리형, 비대칭형 등이 기본적인 형태로 많이 이용되고 있다. 단, 메뉴상품 중 공헌이익이 높은 고부가가치의 메뉴상품은 메뉴판의 왼쪽보다는 오른쪽에 배치시키며, 아래쪽보다는 중앙 위쪽에 위치시켜야 고객의 시선을 빨리, 많이 받을 수 있다. 따라서 레스토랑에서 전략적으로 판매하고자 하는 메뉴상품의 경우 이곳에 배열하는 것을 고려한다.

■ 메뉴 디자인 시 고려사항

① 식음료 상품의 종류와 구성
② 시설분위기와의 조화성
③ 메뉴판의 재질
④ 활자체 및 크기
⑤ 색채 및 공간

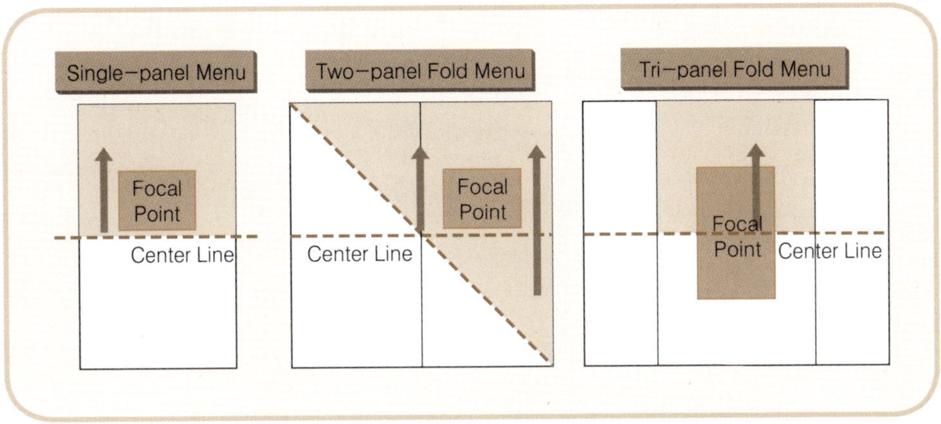

〈그림 2-11〉 메뉴판에 대한 시선집중 위치와 이동순서

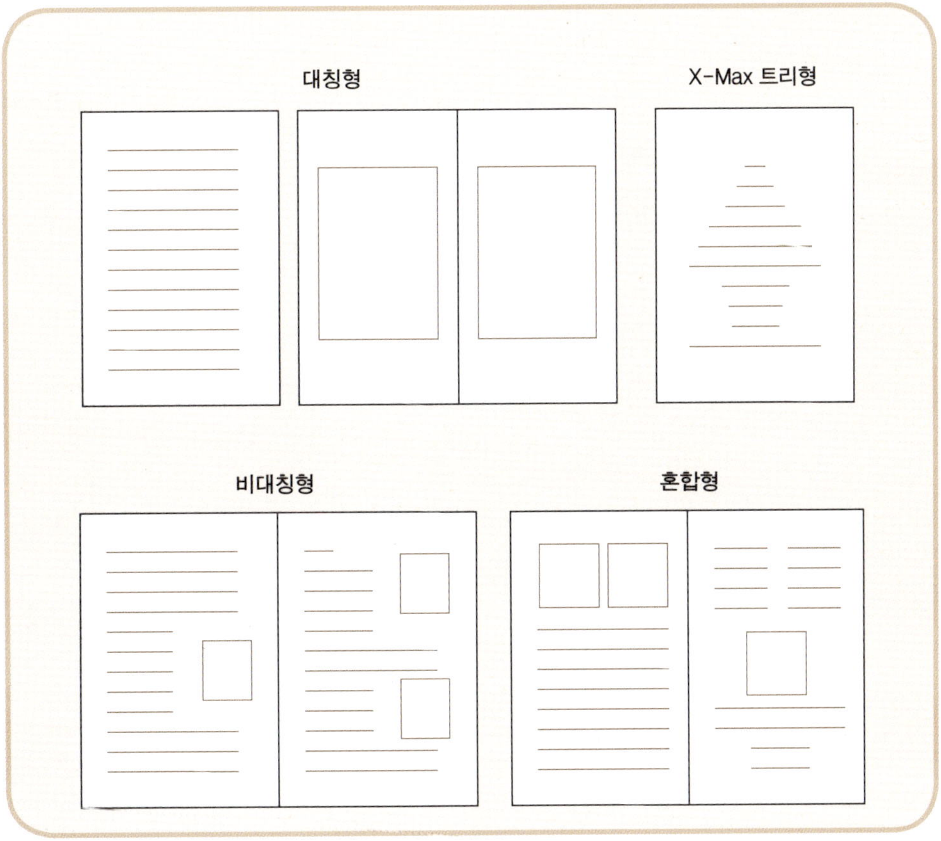

〈그림 2-12〉 메뉴상품의 배열형태

3) 메뉴카피

메뉴카피란 레스토랑의 업태와 업종에 따라 다르지만 일반적으로 레스토랑의 메뉴상품을 고객에게 설명하는 종업원의 역할을 한다. 따라서 메뉴카피는 고객이 이해하기 쉽고 정확하며, 사실적으로 기술해야 한다.

메뉴판의 카피는 크게 주식, 부식, 후식 등을 구분하는 헤딩(Heading)과 메뉴상품을 설명하는 방법인 서술적인 카피(Descriptive Copy), 고객에게 레스토랑 이용에 편리한 정보를 제공하는 서플리멘트리 머천다이징 카피(Supplementary Merchandising Copy)로 구분된다.

■ 메뉴카피의 분류 및 내용

① 헤딩(Heading)

- 주헤드(Major Heads, 코스 분류) : 전채, 주요리, 후식 등
- 서브헤드(Sub Heads, 코스 세분 분류) : 파스타류, 피자류, 음료류, 주류 등
- 메뉴상품명 : 메뉴상품에 관한 카피는 단순히 메뉴의 품목만 나타내는 카피도 있으나(예 : 삼겹살) 고객의 욕구와 흥미를 유발하기 위해 특징을 강조한 문구를 사용하기도 한다(예 : 보성녹차 삼겹살, 와인삼겹살, 대나무통 숙성 삼겹살 등).

② 서술적인 카피(Descriptive Copy) : 메뉴상품명과 가격뿐만 아니라 메뉴의 재료, 상태, 서비스방법, 조리방법, 소스, 먹는 방법, 가격 등 메뉴상품에 대한 기본 기능과 정보를 함께 설명하는 방법이다.

③ 서플리멘트리 머천다이징 카피(Supplementary Merchandising Copy) : 판매계획문이라고도 하며 메뉴판의 여백에 레스토랑의 상호, 로고, 약도, 전화번호, 영업시간, 경영주나 회사의 경영방침 등 고객이 레스토랑 이용에 편리한 정보와 기업이미지 제고를 위한 광고 등을 설명하는 방법이다.

4) 메뉴판의 타이포그래피(Typography)

메뉴판의 메뉴상품을 고객에게 효과적으로 전달하기 위해서는 메뉴 아이템의 배열과 메뉴카피도 중요하지만 이들을 표현하는 타이포그래피가 중요하다. 타이포그래피란 활자 또는 활판에 의한 인쇄술을 의미하나 오늘날에는 주로 활자, 사진, 종이, 색, 여백 등의 요소를 적절하게 안배하는 기교를 의미한다.

타이포그래피는 레스토랑 콘셉트를 고려하여 독특하고 창의적으로 구성하는 것이 좋으나 반드시 고객의 가독성을 고려해야 한다.

가. 타이포그래피 시 고려사항

① 글자크기는 12포인트 이상으로 한다.

② 고객이 읽기 편리하도록 대문자보다는 되도록 소문자 형식을 취한다. 단, Head나 작은 제목은 대문자로 표기한다.

③ 줄과 줄 사이는 3포인트 이상 띄운다.

④ 레스토랑의 콘셉트를 감안하고, 고객이 이해하기 쉽도록 너무 이상하거나 이국적인 표현은 피한다.

⑤ 색상의 조화를 고려하여 식욕을 감퇴시키는 색이나 정반대 색상의 사용에 주의한다.

나. 메뉴판 활자체

메뉴를 고객에게 가장 잘 전달하기 위해서는 메뉴판에 사용하는 활자체의 가독성이 좋아야 한다. 활자체의 모양과 크기는 레스토랑의 주제와 목표로 하는 고객층에 따라 달라진다. 따라서 레스토랑의 전체적인 분위기를 전달할 수 있고 전달하고자 하는 메시지를 고객이 쉽게 이해할 수 있는 활자체와 크기를 이용한다. 특히 메뉴의 경우 대문자와 소문자가 혼용되었을 때 고객이 가장 읽기 쉽게 느끼고, 대문자보다는 소문자가 많을 때 가독성이 높다.

메뉴판 제작 시 활자체의 고려시항은 다음과 같다.

■ 활자체 고려사항

① 외식기업의 종류
② 메뉴상품의 수
③ 메뉴판의 크기
④ 업장의 조명
⑤ 목표 고객
⑥ 아름다움과 가독성

다. 메뉴판의 컬러

레스토랑의 컬러는 전체적인 식당의 이미지와 잘 부합되는 컬러를 사용하여 통일감을 주도록 한다. 단, 레스토랑을 대표하는 이미지 컬러가 있는 경우는 정해진 컬러를 사용한다.

① 바탕 컬러에 따른 가독성 정도

가독성이 아주 높음	가독성이 보통임	가독성이 낮음
연한 크림색 바탕에 검정	밝은 황록색 바탕에 검정	검은 바탕에 흰색
연한 암갈색 바탕에 검정	밝은 청록색 바탕에 검정	노란 바탕에 빨강
아주 밝은 담황색 바탕에 검정	황적색 바탕에 검정	빨강 바탕에 녹색
진한 황색 바탕에 검정	주황색 바탕에 검정	녹색 바탕에 빨강

② 연령별 색채 선호도

연령 구분	선호 컬러
유아	노랑→빨강→파랑 순으로 선호
어린이	빨강→파랑→초록→자주→노랑 순으로 선호
성인	파랑→빨강→초록→보라→주황→노랑 순으로 선호

③ 색채와 음식

구분	내용
식욕을 돋우는 색	빨간색, 주황색, 담황색, 진노란색, 복숭아색, 맑은 초록색, 고동색(곡물을 연상) 등 *빨간색이 가장 식욕을 돋우며, 주황색으로 접근할수록 식욕이 자극된다.
식욕을 감퇴시키는 색	분홍색, 엷은 파란색, 엷은 자주색 등 *단, 파란색은 식욕을 감퇴시키는 색이나 다른 음식을 더 맛있게 보이게 하므로 음식의 배경색으로 사용하면 좋다.

5. 창업 행정 절차

우리나라 「식품위생법」에 의한 분류 중 음식류만을 조리 · 판매하는 휴게음식점과, 음식류와 더불어 부수적으로 음주행위가 허용되는 일반음식점의 경우는 영업신고만으로 영업을 할 수 있다. 그러나 단란주점과 유흥음식점의 경우는 노래를 부르는 행위가 허용되거나 유흥 종업원을 고용하여 춤을 추거나 노래를 부르는 행위가 허용되는 영업으로 관할 시 · 군 · 구청장의 영업허가를 받아야 영업할 수 있다.

이 중 외식업체는 음식류와 함께 주류를 판매하는 일반음식점의 경우가 가장 많으므로 일반음식점의 창업 시 영업개시에 필요한 기본 신고내용과 필요한 서류를 알아보면 다음과 같다.

1) 영업신고 전 준비사항

외식업체(일반음식점)를 창업하여 영업을 개시하고자 할 때는 영업신고를 해야 하는데 그전에 준비 및 확인해야 할 사항이 있다.

첫째, 영업장소가 영업신고제한에 해당(종전 영업장인 경우 폐업, 허가 취소 여부 확인)되는지 여부와 건축물 용도(건축물 관리대장)에 적합한지 여부를 확인해야 한다.

둘째, 식품위생법상 식품접객업의 공통시설기준 및 업종별 시설기준을 갖추어야 한다.

셋째, 영업신고 전에 위생교육을 받아야 한다.

넷째, 오수발생량(정화조 용량) 확인(환경위생과 청소팀), 국토이용관리법 저촉여부 확인(구청 민원실) 등 타법 저촉여부를 확인한다.

■ 식품접객업의 공통시설기준

① 독립된 건물이거나 식품접객업의 영업허가를 받거나 영업신고를 한 업종 외의 용도로 사용되는 시설과 분리, 구획 또는 구분되어야 한다.

② 영업장은 연기, 유해가스 등의 환기가 잘 되도록 하여야 한다.

③ 음향 및 반주시설을 설치하는 영업자는 생활소음 · 진동이 규제기준에 적합한 방음장치 등을 갖추어야 한다.

④ 공연을 하려는 휴게음식점, 일반음식점 및 단란주점의 영업자는 무대시설을 영업장 안에 객석과 구분되게 설치하되, 객실 안에 설치하여서는 아니 된다.

⑤ 동물의 출입, 전시 또는 사육이 수반되는 시설과 직접 접한 영업장의 출입구에는 손을 소독할 수 있는 장치, 용품 등을 갖추어야 한다.

■ 일반음식점의 영업시설기준

① 일반음식점에 객실(투명한 칸막이 또는 투명한 차단벽을 설치하여 내부가 전체적으로 보이는 경우는 제외한다)을 설치하는 경우 객실에는 잠금장치를 설치할 수 없다.

② 영업장으로 사용하는 바닥면적의 합계가 100제곱미터(영업장이 지하층에 설치된 경우에는 그 영업장의 바닥면적 합계가 66제곱미터) 이상인 경우에는 소방시설등 및 영업장 내부 피난통로 그 밖의 안전시설을 갖추어야 한다. 다만, 영업장(내부계단으로 연결된 복층구조의 영업장을 제외한다)이 지상 1층 또는 지상과 직접 접하는 층에 설치되고 그 영업장의 주된 출입구가 건축물

외부의 지면과 직접 연결되는 곳에서 하는 영업을 제외한다.

③ 일반음식점 영업장에는 손님이 이용할 수 있는 자막용 영상장치 또는 자동반주장치를 설치하여서는 아니된다. 다만, 연회석을 보유한 일반음식점에서 회갑연, 칠순연 등 가정의 의례로서 행하는 경우에는 그러하지 아니하다.

④ 일반음식점의 객실 안에는 무대장치, 음향 및 반주시설, 우주볼 등의 특수조명시설을 설치하여서는 아니된다.

■ 조리장의 시설기준

① 조리장은 손님이 그 내부를 볼 수 있는 구조로 되어 있어야 한다. 영 제21조 제8호 바목에 따른 제과점영업소로서 같은 건물 안에 조리장을 설치하는 경우와 「관광진흥법 시행령」 제2조 제2호 가목의 규정에 의한 관광호텔의 조리장의 경우에는 그러하지 아니하다.

② 조리장 바닥에 배수구가 있는 경우에는 덮개를 설치하여야 한다.

③ 조리장 안에는 취급하는 음식을 위생적으로 조리하기 위하여 필요한 조리시설 · 세척시설 · 폐기물용기 및 손 씻는 시설을 각각 설치하여야 하고, 폐기물용기는 오물 · 악취 등이 누출되지 아니하도록 뚜껑이 있고 내수성 재질로 된 것이어야 한다.

④ 1명의 영업자가 하나의 조리장을 둘 이상의 영업에 공동으로 사용할 수 있는 경우는 다음과 같다.

- 같은 건물 내에서 휴게음식점, 제과점, 일반음식점 및 즉석판매제조 · 가공업의 영업 중 둘 이상의 영업을 하려는 경우
- 「관광진흥법 시행령」에 따른 전문휴양업, 종합휴양업 및 유원시설업 시설 안의 같은 장소에서 휴게음식점 · 제과점영업 또는 일반음식점영업 중 둘 이상의 영업을 하려는 경우
- 제과점 영업자가 식품제조 · 가공업 또는 즉석판매제조 · 가공업의 제과 · 제빵류 품목 등을 제조 · 가공하려는 경우
- 제과점영업자가 다음의 구분에 따라 둘 이상의 제과점영업을 하는 경우

⑤ 조리장에는 주방용 식기류를 소독하기 위한 자외선 또는 전기살균 소독기를

설치하거나 열탕세척소독시설(식중독을 일으키는 병원성미생물 등이 살균될 수 있는 시설)을 갖추어야 한다. 다만, 주방용 식기류를 기구등의 살균·소독제로만 소독하는 경우에는 그러하지 아니하다.

⑥ 충분한 환기를 시킬 수 있는 시설을 갖추어야 한다. 다만, 자연적으로 통풍이 가능한 구조의 경우에는 그러하지 아니하다.

⑦ 식품 등의 기준 및 규격 중 식품별 보존 및 보관기준에 적합한 온도가 유지될 수 있는 냉장시설 또는 냉동시설을 갖추어야 한다.

2) 영업신고

영업신고에 필요한 서류를 첨부하고 시·군·구청에서 영업신고서를 작성하여 제출하면 1개월 이내에 시설기준 등 신고된 사항을 확인하고 영업신고증을 교부받을 수 있다. 특히 기존에 영업을 하고 있던 건축물을 인수받는 경우는 영업장의 소재지 변경이나 영업자의 성명, 영업체의 상호변경 등 중요한 사항이 변경된 경우에도 영업신고를 해야 한다. 반면 신규로 사업을 개시하는 경우는 인테리어 업체나 건축업자를 통해 소방검열을 마치고 소화기 설치 수량을 확인하여 정해진 장소에 비치한 후 구비서류를 갖추어 신고하면 된다. 영업신고에 필요한 세부 내용은 다음과 같다.

가. 구비서류

① 식품접객영업신고신청서 1부(식품위생법시행규칙 제27조 별지 제25호 서식, 환경위생과 비치)

② 위생교육필증 1부(음식업중앙회 중앙교육원 및 각 지원에서 경영주는 반드시 위생교육을 미리 이수하여야 한다. 단, 매일 교육이 실시되는 것은 아니므로 미리 확인하고 미리 교육을 받아두어야 한다. 대리교육은 안 되며, 프랜차이즈 가맹점일지라도 점주가 반드시 교육을 받아야 한다. 단, 조리사 및

영양사 자격증 소지자는 교육을 받지 않아도 된다.)

③ 건강진단증(식품 또는 식품첨가물을 채취 · 제조 · 가공 · 조리 · 저장 · 운반 또는 판매하는 일에 직접 종사하는 영업자 및 종업원)

④ 신원증명서(경영자, 법인의 경우는 법원등기부등본)

⑤ 건축물 관리대장(신고지역의 건물용도가 근린생활시설로 건축법 등 관련법령에 위배되거나 저촉되는 사항이 없어야 함. 시 · 군 · 구)

⑥ 도시계획확인원(시 · 읍 · 면 · 구청)

⑦ 신청서양식에 첨부된 영업설비 개요(점포평면도, 자체 작성)

⑧ 액화석유가스사용시설 완성검사필증 1부(액화석유가스 사용업소 중 영업장면적이 100㎡ 이상 또는 지하층 업소인 경우 해당. 한국가스안전공사)

⑨ 유선 또는 도선사업 면허증 또는 신고필증 1부

⑩ 수질검사(시험)성적서 1부(지하수 사용업소에 한함. 문의 : 시청 재난관리과)

⑪ 소방방화시설 완비증명서 1부(지하층에 위치한 업소로 영업장으로 사용하는 바닥면적의 합계가 66㎡ 이상인 경우, 지상의 경우 2층 이상으로 100㎡ 이상에 해당. 관할 소방서 방호과)

* 일반음식점 영업을 신고한 후 영업자의 성명, 영업소의 명칭 등 변경사항이 발생한 경우에는 변경신고를 해야 한다.

나. 민원처리 절차

영업신고신청서 작성(신청인) → 접수(구청) → 서류 검토(신고사항 중 시설조사가 필요한 경우는 신청서 접수 후 15일 이내에 실시) → 결재 → 신고증 교부

다. 담당기관 및 처리기한

① **접수** : 시 · 군 · 구청 시민과

② **담당부서** : 구청 환경위생과 식품위생담당

③ **처리기한** : 즉시 또는 15일 이내(식품위생법시행규칙 제42조 제6항)에 의거하여 확인조사 결과 부적합 사항 발견 시에는 필요한 시정을 명한다.)

④ **수수료** : 수입증지(식품위생법 제73조, 식품위생법시행규칙 제59조), 국민주택채권 매입필증(영업장 면적이 33㎡(10평) 이상에 해당. 주택은행), 시 · 도 지역개발공채 매입필증 및 면허세 등

■ **영업허가의 제한**

① 영업의 허가가 취소된 후 6개월 이내에 같은 영업장소에서 같은 영업을 하고자 할 때(단, 영업시설의 전부를 철거하여 영업의 허가가 취소된 경우에는 그러하지 아니하다.)

② 영업의 허가가 취소된 후 2년 이내에 같은 사람이 같은 영업을 하고자 할 때

라. 면허세 납부

점포면적이 10평 이상일 경우, 지하철 공채 15만 원, 도시가스 · 액화석유가스 사용신고필증 등이 첨부된다. 이러한 제반서류는 미리 준비해 두었다가 개점 10일 전까지는 신청하여 신고증을 발급받아 개점에 지장이 없도록 해야 한다.

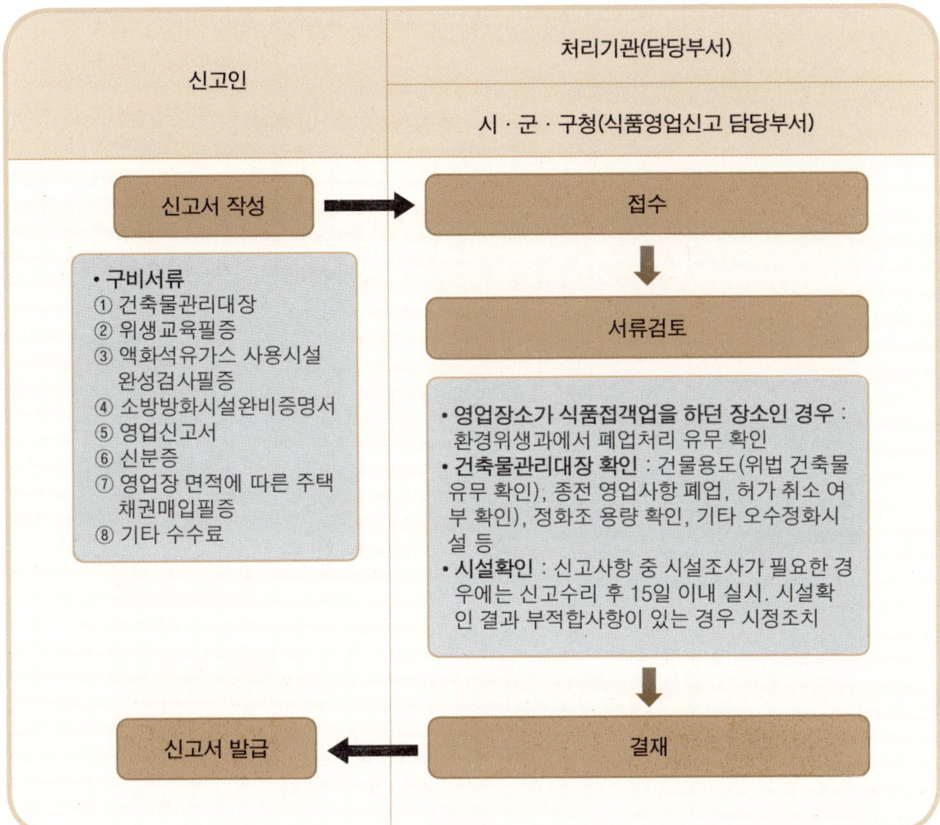

〈그림 2-13〉 일반음식점 영업신고 및 절차

3) 외식업의 사업자 등록

모든 사업자는 사업을 시작할 때 반드시 사업자 등록을 해야 하는데, 세금계산서를 발행하거나 교부받을 수 있는 일반과세자와 세금계산서를 교부받을 수 없는 간이과세자로 구분된다. 또한 일반과세자와 간이과세자 모두 관할 세무서에서 확정일자를 받아두어야 보증금을 법으로 보호받을 수 있다.

가. 사업자 등록

① 사업자 등록은 사업을 시작한 날로부터 20일 이내에 다음의 구비서류를 갖

추어 사업장 소재지 관할 세무서 납세서비스센터에 신청하면 즉시 발급하여 준다.

② 사업자 등록을 하지 않은 경우에는 가산세(간이과세자는 공급가액의 0.5%, 일반과세자는 공급가액의 1%, 법인은 공급가액의 2%)를 내게 되며, 사업자 번호를 부여받지 않아 세금계산서를 교부받을 수 없으므로 영업에 필요한 물품 구입 시 지불한 매입세액을 공제받지 못한다.

③ 사업자 등록 시 업태와 종목을 선택해야 하는데, 업태와 종목에 따라 세금의 기준경비율이 달라 부가가치세 신고와 소득세 신고 때 납부하는 세금에 영향을 미치므로 창업하고자 하는 외식업체의 내용에 따라 사실대로 기재한다.

나. 일반 과세자

① 사업자등록신청서 1부

② 사업허가증 사본 1부(허가를 받아야 하는 사업의 경우)

③ 사업개시 전에 등록하고자 하는 경우에는 사업허가신청서 사본이나 사업계획서(사업을 시작하기 전 설비나 비품을 구입하는 경우 세금계산서를 교부받아야 하는데 사업 개시 전이므로 세금계산서 발급이 어려운 경우가 있다. 이런 경우 예외적으로 사업허가신청서 사본이나 사업계획서 등을 제출하여 사업을 개시할 것이 객관적으로 확인되면 사업자등록증을 발급하여 준다.)

④ 임대차계약서 1부(사업장을 임차한 경우)

⑤ 2인 이상이 공동으로 사업을 하는 경우에는 공동사업 사실을 증명할 수 있는 서류 준비(법인의 경우에는 법인등기부등본, 정관 및 주주명부를 추가로 구비해야 한다.)

다. 간이과세자

연간 매출 예상액이 4,800만 원 미만인 사업자는 간이과세자로 등록할 수 있는데, 간이과세자가 되려면 간이과세적용신고도 함께 해야 한다.

■ 간이과세 배제업종

① 광업, 제조업(과자점, 떡방아간, 도정, 제분업, 양복, 양장, 양화점은 제외)

② 기타 사업장 소재지, 사업의 종류와 규모 등을 감안하여 국세청장이 정한 간이과세 배제기준에 해당되는 사업자 등에 해당되는 업체는 연간 매출액이 4,800만 원 미만이라도 간이과세를 적용받을 수 없다.

4) 확정일자 신청

확정일자는 건물소재지 관할 세무서장이 임대차계약서의 존재 사실을 인정하여 임대차계약서에 기입한 날짜를 말한다. 「상가건물임대차보호법」은 영세임차상인들의 권리를 보호하기 위해 2002년 11월 1일 지정된 법률로 보증금을 우선변제받기 위한 보증제도라고 할 수 있다. 확정일자를 신청하려면 다음과 같은 서류를 구비해야 한다.

가. 기존 사업자의 경우

사업자등록 정정신고서, 사업자등록증 원본, 임대차계약서 원본, 사업장 도면(건물의 일부만 임차한 경우), 본인 신분증(대리인이 신청하는 경우에는 위임장과 대리인의 신분증)

* 사업자등록증에 기재된 사업장 소재지와 임대차계약서상의 내용이 다른 경우에는 법의 보호를 받을 수 없다. 따라서 임대차계약서상의 내용과 사업자등록증의 내용이 다른 경우 반드시 사업자등록정정신고를 해야 한다.

나. 신규사업자의 경우

사업자등록신청서와 임대차계약서 원본, 사업허가증, 등록증, 신고필증, 사업장 도면(건물의 일부만 임차한 경우), 본인 신분증을 지참해야 한다.

5) 위생교육

위생교육이란 식품위생 수준을 향상시키기 위하여 모든 식품 접객 영업자 또는 종업원은 보건복지부 장관이 지정 · 고시한 위생교육 전문기관에서 실시하는 교육을 영업 개시 전 또는 후에 수료하고, 위생교육필증을 받아야 한다(해당지역 한국음식업협회 지부 교육원에 문의).

가. 위생교육 대상 및 교육시간

① 식품 접객영업을 하고자 하는 자(1일 6시간)

② 식품위생법에 의한 명령을 위반하여 행정처분을 받은 영업자(1일 4시간)

③ 전염병, 집단식중독의 발생 및 확산될 우려가 있는 경우 해당 업종의 영업자 및 그 종사자(1일 4시간)

나. 교육기관

구분	교육기관	담당기관
일반음식점	한국음식업중앙회	일반음식점 교육원
휴게음식점	한국휴게실업중앙회	휴게음식점 교육원

다. 교육위임 및 면제, 유예

구분	참고사항
교육 대상자 위임(지정)	• 위생교육을 받아야 하는 자로서 영업에 직접 종사하지 않는 경우 종업원 중 책임자를 지정하여 받게 할 수 있음 • 두 곳 이상의 장소에서 영업하고자 하는 경우, 종업원 중 책임자를 지정하여 교육받게 할 수 있음
교육 면제	• 조리사, 영양사가 식품 접객업을 하고자 하는 때는 신규 위생교육 면제(법 제27조 4항)
사전교육 유예 및 갈음	• 부득이한 사유로 미리 교육을 받을 수 없는 경우 개업 후 3개월 이내에 교육받도록 함 • 신규 위생교육을 받은 자가 교육받은 날로부터 2년 이내에 교육받은 업종과 동일한 업종 또는 유사 업종(일반음식점과 휴게음식점 간, 단란주점과 유흥주점 간)을 영업하고자 하는 경우 교육을 받은 것으로 봄

6) 건강검진

식품접객영업(식품의 조리 · 판매)에 직접 종사하는 자(사업주, 종업원, 파트타임 아르바이트 포함)는 모두 건강진단을 받은 후 영업에 종사해야 한다. 건강진단을 받지 아니한 자를 영업에 종사시킨 경우 사업주에게 과태료가 부가되므로 반드시 사업 개시 전에 보건증을 발급받아 비치하고, 갱신기간을 확인하여 만료일 전에 재검사를 받을 수 있도록 한다.

가. 건강진단 대상자 및 과태료

<table>
<tr><th>대상자</th><th colspan="2">유형</th><th>과태료</th></tr>
<tr><td rowspan="6">사업자(영업자)</td><td colspan="2">건강진단을 받지 아니한 영업자</td><td>20만 원</td></tr>
<tr><td rowspan="4">건강진단을 받지 아니한 자를 영업에 종사시킨 영업자</td><td>종업원 수가 5인 이상인 경우 (대상자 50% 이상 위반 시)</td><td>50만 원</td></tr>
<tr><td>종업원 수가 5인 이상인 경우 (대상자 50% 미만 위반 시)</td><td>30만 원</td></tr>
<tr><td>종업원 수가 5인 미만인 경우 (대상자 50% 이상 위반 시)</td><td>30만 원</td></tr>
<tr><td>종업원 수가 5인 미만인 경우 (대상자 50% 미만 위반 시)</td><td>20만 원</td></tr>
<tr><td colspan="2">진단 결과 타인에게 위해를 끼칠 우려가 있는 질병자를 고용, 영업에 종사시킨 영업자</td><td>30만 원</td></tr>
<tr><td>종업원(시간제 종업원 포함)</td><td colspan="2">건강진단을 받지 아니한 종업원</td><td>10만 원</td></tr>
</table>

나. 건강진단 내용

<table>
<tr><th>진단항목</th><th>대상자</th><th>횟수/기간</th><th>건강진단 실시기관</th><th>비고</th></tr>
<tr><td>장티푸스</td><td rowspan="3">전 식품접객 영업 종사자</td><td rowspan="3">매년 1회</td><td rowspan="3">보건소, 의료법에 의한 의원, 병원</td><td rowspan="3"></td></tr>
<tr><td>결핵</td></tr>
<tr><td>전염성 피부질환</td></tr>
<tr><td rowspan="2">B형간염</td><td>항체양성자</td><td>5년마다 1회</td><td rowspan="2"></td><td rowspan="2"></td></tr>
<tr><td>항체항원 음성자</td><td>매년 1회</td></tr>
<tr><td rowspan="2">성병</td><td>유흥 접객원</td><td>혈청검사 1회/3개월
STD검사 1회/1개월</td><td rowspan="2">보건소 의료법에 의한 의원, 병원</td><td rowspan="2">성병 정기 점검 대상자 미검 시 벌금 200만 원 이하(전염병 예방법 제56조)</td></tr>
<tr><td>다방 여종업원</td><td>혈청검사 1회/6개월
STD검사 1회/6개월</td></tr>
</table>

다. 영업에 종사하지 못하는 질병

① 전염병 예방법 제2조 1항의 규정에 의한 제1종 전염병 중 소화기계 전염병

② 핵(비전염성인 경우 제외) · 피부병, 기타 화농성 질환

③ B형간염(단, 전염 우려가 없는 비활동성 간염은 제외)

④ 후천성면역결핍증(성병에 관한 건강진단을 받아야 하는 영업에 종사하는 자에 한함)

7) 일반음식점 창업 행정 절차

일반음식점 창업 행정 절차에 따른 내용을 정리하면 다음과 같다.

항목	내용	담당자 및 발급기관
시장조사(지역)	•지역상권조사 •중소기업청 소상공인 지원센터(http://www.smba.go.kr)	영업자
영업장소 실태 조사(건물)	•도시계획상 지역확인(도시계획 확인원) •건물 용도 확인(근린생활시설), 위법 건축물 여부(건축물 관리대장) •종전 영업사항 폐업, 허가 취소 여부 확인 •정화조 용량 확인, 지하 20평 이상 유무 확인 •소유자 확인(건물 등기부등본)을 통한 임대차 계약	영업자
영업시설 및 공사	•식품위생법에 의한 시설기준(식품접객업의 시설기준) •소방법에 의한 소방시설기준 •액화석유가스 사용시설기준	영업자
검사필증 신청	•소방시설 완비 증명서(해당 시) •액화석유가스 완성 검사필증(해당 시)	소방서 가스안전공사
위생교육필증 건강진단증	•위생교육(경영주 또는 종업원) •건강검진(식품의 조리, 판매에 직접 종사하는 자)	음식업중앙회 보건서 및 병원
영업신고	•식품접객영업신고 신청서 작성 및 제출 •구비서류 제출 •수수료 납부	시 · 군 · 구청 담당부서

〈그림 2-14〉 일반음식점 창업 행정 절차

6. 종업원 채용과 교육

레스토랑의 인력은 생산수단인 동시에 비용요소로 인력 고용의 정도는 인건비 부담을 가져오고 메뉴상품의 생산원가에 높은 비중을 차지하게 되므로 신중하게 결정해야 한다. 따라서 대부분의 외식업체들이 최소한의 정규직 직원을 채용하고 부족한 노동력은 연장근무, 임시직 고용, 아웃소싱 등의 방법으로 인건비를 절감하고 있다. 그러나 이러한 방법은 당장에는 경영에 이롭게 작용할지 모르나 종업원에게는 고용불안을 야기하여 잦은 이직이 발생하고 나아가 채용과 교육에 많은 시간과 자금이 소요됨으로써 장기적인 측면에서는 손해라 할 수 있다.

원활한 레스토랑 운영을 위해 필요한 인력의 수요를 예측하고 채용하는 것은 레스토랑 창업에 중요한 절차이므로 경영자 자신의 의견으로 결정하는 것은 무리가 있다. 따라서 레스토랑에서 필요로 하는 인력의 수요 예측을 위해 전문가에게 의뢰하거나 사내 인력관리 전문가와 경영관리자를 대상으로 한 면접 및 설문지법과 그들의 의견을 바탕으로 한 분석을 통해 필요한 인재의 수효를 예측하는 것이 필요하다.

1) 인적 자원 계획의 의의와 중요성

인적 자원 계획이란 외식업체가 장래에 필요로 하는 특성이나 기술을 지닌 인력의 수를 예측하고, 적절한 시기에 적정한 인력의 수급을 조정하기 위한 계획활동이다.

따라서 레스토랑 창업을 위한 인적 자원의 채용을 위해서는 먼저 예상 매출액에 따른 부서당 필요 인력의 수와 자격요건에 대한 내용을 충분히 검토해야 한다. 뿐만 아니라 채용하고자 하는 인력에 대한 급여수준과 복리후생 등을 토대로 인적 자원 채용계획을 수립해야 한다. 필요한 인적 자원에 대한 채용계획이 완료되면 채용하고자 하는 인력의 수효 및 유형이 적합한가를 검토하기 위해 조직 내의 모든 직무에 필요한 인력수효와 향후 채용기준 등을 기록한 인적 자원 분석표와 인적 자원의 교육수준, 전문기술, 경력과 희망진로 등의 내용을 기록한 기술분석표 등을 토대로 필요한 인적 자원의 수효와 유형을 검토하는 확인과정이 필요하다.

특히 기존의 사업체를 인수받은 경우 기존 인적 자원의 상황(이직 및 퇴사, 고용승계)을 기준으로 신규 인적 자원의 규모와 유형을 예측해야 하며, 향후 갑작스런 이직과 퇴직에 대비한 인적 자원의 수급도 고려해야 한다.

이와 같은 과정을 거쳐 인적 자원을 계획하는 것은 첫째, 우수한 인력을 확보하여 그들이 보람 있는 직무활동을 펼침으로써 외식업체가 추구하는 경영목표를 달성하기 위함이며, 둘째는 인력과잉 및 부족으로 인한 문제를 예방함으로써 조직의 안정성을 제고시키기 위함이다. 셋째는 종업원의 승진욕구를 고취시키고 경영전략을 효율적으로 수행하기 위함이다.

■ **인력계획 시 고려사항**

① 외식업체의 경영전략에 따라 필요로 하는 구체적 인재상을 정립한다.
② 노동시장의 상황과 법, 제도 등을 고려한다.
③ 총수요인력, 순수요인력, 인건비지불능력, 인력의 질 등을 고려한다.

2) 인적 자원 수요 예측기법

외식업체 창업 시 필요로 하는 인력수요를 예측하는 기법으로는 미래의 특정 시점에 해당업체의 종업원에게 요구되는 직무수행의 자격요건을 파악하는 질적 인력수요 예측기법과 해당 기업에 필요한 인력의 수를 예측하는 양적 인력수요 예측기법이 있다. 질적 인력수요 예측기법에는 자격요건 분석기법과 시나리오

기법이 있으며, 양적 인력수요 예측기법에는 통계적 기법, 노동과학적 기법, 델파이기법, 화폐적 접근법이 있다.

가. 질적 인력수요 예측기법

① **자격요건 분석기법** : 현재의 직무에 대한 직무기술서 및 직무명세서를 기초로 하는 방법으로, 미래의 기업환경과 구조가 안정적일 경우에 사용한다. 비교적 단기적 예측에 적합하다.

② **시나리오 기법** : 전문가 집단의 브레인스토밍 및 예측 프로젝트조직에 의한 수요 예측을 토대로 하는 방법으로, 미래의 기업환경과 구조가 불안정하고 복잡할 경우에 사용한다. 비교적 장기적 예측에 활용된다.

나. 양적 인력수요 예측기법

① **통계적 기법** : 해당업체의 과거 자료를 토대로 분석하는 기법으로, 생산성비율분석, 추세분석, 회귀분석방법이 있다. 통계적 기법의 경우 과거 자료를 근거로 하므로 예측의 정확성에 한계가 있다.

② **노동과학적 기법** : 종업원의 작업시간을 기초로 필요한 인력을 산출하는 기법으로, 이 기법은 주로 생산직종의 인력예측에 활용된다. 노동과학적 기법은 생산단위당 표준 작업시간을 매우 과학적인 방법으로 산출하므로 생산량이 정확히 예측되기만 하면 정확도가 매우 높다. 반면 표준작업시간 산정과정에서 회사 측과 종업원 간에 갈등의 소지가 있을 수 있다.

③ **델파이기법** : 전문가 집단을 대상으로 미래의 인력수요를 예측하게 하는 기법으로, 예측활동에 참여하는 전문가들이 서로 대면접촉하지 않는 것이 특징이다. 델파이기법은 해당 외식업체의 미래 환경이 복잡하고 정형화시키기 어려울 때 사용하면 좋은 기법으로 상대적으로 정확하다는 장점이 있으나, 예측하기까지 많은 시간이 소요되어 결과가 신속하게 요구되는 상황에서는 도입이 어려운 단점이 있다.

④ **화폐적 접근법** : 미래의 어느 시점에서 외식업체가 어느 정도의 종업원을 보유할 수 있는가? 하는 지불능력에 초점을 맞추는 접근법이다. 즉 수요인력

의 확보를 기업의 지불능력과 연결시켜 예측하는 방법으로 타 기법에 비해 현실적이나, 기업의 환경 변화가 빠른 업종에서는 예측의 정확성 확보가 어렵다.

3) 인적 자원의 고용형태

외식업체 인적 자원의 고용형태는 크게 정규직과 비정규직으로 구분되며, 비정규직은 인턴직, 임시직, 파견직, 하도급으로 구분할 수 있다.

가. 정규직

정규직이란 일반근로자라고도 하는데, 계약기간을 정하지 않고 정년 근로가 보장되고, 1주 40시간 또는 44시간 풀타임으로 근무하며, 임금을 주는 사업주와 노동력을 사용하는 사업주가 일치하는 경우 정규직이라 한다. 따라서 정규직의 3가지 범주 중 하나라도 만족하지 못하면 비정규직으로 구분한다.

나. 비정규직

정규직을 제외한 모든 비정규 고용형태의 종업원을 일컬어 비정규직 또는 일용근로자라고 한다. 비정규직의 경우 외식기업 측면에서는 인건비의 절감효과를 기대할 수 있으나 근로자 측면에서는 고용이 불안정하고 임금 수준이 정규직에 비해 낮기 때문에 주인의식이 결여되어 서비스품질 수준과 생산성이 낮을 수 있다. 따라서 단순직무 또는 불규칙한 초과업무로 인한 단기 고용이 아니라면 비정규직의 고용은 재고해야 한다.

① 인턴직

인턴직의 경우 근무시간과 임금을 주는 사업주와 노동력을 사용하는 사업주는 일치하나 계약기간이 정해져 있어 계약기간 종료와 함께 고용도 종료되므로 비정규직 근로자에 속한다. 단, 외식업체가 정규직 채용 시 '최초 채용일로부터 몇 개월간 수습 또는 인턴으로 두는' 경우에는 정규직에 해당한다.

② 임시직

필요한 시간 또는 기간 동안 임시로 고용하는 형태로 인력의 초과수요에 대한 단기적인 대응방법이다. 임시직에는 파트타임, 아르바이트, 시간제 등 다양한 형태가 존재한다.

③ 파견직(아웃소싱)

파견직이란 인력을 리스하는 제도로 전문 인력공급업체를 통해 레스토랑이 필요로 하는 인력을 공급받고, 관리와 교체 등 전반적인 인력관리는 아웃소싱업체(인력공급업체)에서 책임지는 제도이다. 이 방법은 외식업체 측면에서는 인력 수급에 필요한 자금과 노력, 노동문제의 야기, 단체행동, 산업재해 발생(이 경우 용역회사가 산업재해 책임을 가짐), 퇴직금 등에 따른 불안사항이 감소되는 장점이 있다. 그러나 파견직은 노동자들의 인건비 중 일부를 아웃소싱업체(인력공급업체)가 취하게 됨으로써 노동자는 적은 임금으로 종사하게 될 뿐만 아니라 파견된 레스토랑의 경영주가 자신을 고용한 것이 아니므로 책임감이 결여되고 적극적인 자세 등 서비스 정신을 기대하기 어려운 것이 단점이다.

④ 하도급

하도급은 레스토랑이 현재의 인원이나 시설로는 감당하기 어려운 직무의 일부분이나 메뉴상품의 일부분을 외부기업 또는 전문가에게 의뢰하여 인력의 초과수요나 시설증대에 따른 비용을 감소시키는 방안으로 이용되고 있다. 외식기업 하도급의 예로는 식재료의 전처리, 특별디저트 주문(예 : 떡, 전통 음료, 생일케이크, 빵, 특별주문 고객을 위한 상품 등), 돌・회갑 등의 상차림 및 진행, 출장파티 등을 들 수 있다.

그러나 이러한 하도급이 지속적으로 일정 매출액 이상 발생되는 경우 시설의 증감이나 전담직원의 채용 등을 고려해야 한다. 이는 품질저하로 인해 고객의 불만이 야기되어 장기적으로는 고객이 감소할 뿐만 아니라 외식업체의 이미지 제고에 악영향을 초래할 수 있기 때문이다.

4) 인적 자원의 채용

외식업체의 인적 자원 채용활동은 기존의 비어 있는 자리를 채우는 충원과 새로운 업장을 개업하여 모자라는 인원을 선발하여 충원하는 형태로 구분된다. 채용은 모집과 시험, 면접, 선발의 절차로 이루어진다.

가. 채용절차

① **모집** : 내부모집과 외부모집으로 구분되며, 공개여부에 따라 공개채용과 비공개채용으로 구분된다. 또한 근무형태에 따라 정규직과 임시직, 인턴직, 파견제도 등으로 나뉜다.

② **시험** : 서류평가와 필기시험, 실기시험 등으로 나뉜다.

③ **면접** : 경력조사, 신체검사, 인성검사 등이 있다.

④ **선발** : 직접 연락과 문자, 공고 등의 방법이 있다.

나. 모집방법

(1) 내부모집

① **승진** : 내부 승진에 의한 인력수요를 충당하는 방법이다. 이 경우 채용비용과 교육비가 절감될 뿐만 아니라 직무에 바로 투입이 가능하며, 직원의 사기가 진작되어 성과를 기대할 수 있는 방법이다.

② **전직** : 재직 중인 종업원 중 희망 전직자가 있는 경우 우선적으로 선발하며, 없는 경우는 종업원의 적성을 고려하여 배치한다.

③ **재고용** : 퇴직 당시 근무성적이 우수했거나, 결혼 및 육아, 병가 등의 개인 신변상의 이유로 퇴직한 직원 중 재고용을 희망하고 회사에서 필요로 하는 요건을 충족하는 인재를 재고용하는 방법이다. 재고용의 경우 회사에 대한 정보를 미리 알고 있으므로 빠른 적응을 기대할 수 있으나, 공백기간으로 인

해 원활한 업무수행에는 어느 정도 시간이 소요되거나 별도의 교육이 필요할 수 있다.

(2) 외부모집

① **공개채용** : 인터넷, 신문, 잡지, 라디오, TV 등의 매체를 활용하여 공개적으로 채용계획을 알리고, 지원자 중 레스토랑에서 필요로 하는 자격을 갖춘 인재를 채용하는 방법이다.

② **교육기관** : 대학이나 직업교육기관을 통한 채용방법으로 레스토랑에서 필요로 하는 기술이나 전문지식을 갖춘 인재를 채용할 수 있다.

③ **채용알선기관** : 산업인력관리공단이나 각종 관련협회, 인력모집 대행업체 등을 통하여 모집하는 방법이다.

④ **지인의 추천** : 주변 지인의 소개를 통해 채용하는 방법으로 신뢰할 수 있는 인력을 확보할 수 있다.

⑤ **자발적 응모** : 취업희망자가 취업을 희망하는 레스토랑을 직접 방문하거나 우편, 인터넷, 팩스, 전화 등을 통해 응모하는 방법이다.

다. 시험

모집과정을 통해 모집된 인적 자원은 지원서류 검토와 평가를 통해 선정된다. 지원서류 검토는 입사지원서와 자기소개서 등에 기록된 학력, 경력, 보유기술, 취득자격, 면허, 가족상황, 성격 등을 바탕으로 지원자의 객관적인 수준을 평가하는 과정이다. 서류검토를 통해 선정된 인재는 직무를 수행할 수 있는 지식이나 기술을 갖추고 있는지를 평가하는 과정을 거치는데 평가는 이론평가와 실기평가로 구분된다.

라. 면접

시험을 통해 선정된 인재는 면접을 실시하여 최종 선발하게 된다. 면접은 시험과 더불어 가장 널리 사용되는 인재선발 절차로 두 사람 이상이 상호 대면하여 대화 등의 상호작용을 통해 지원자가 채용에 적합한 인재인지 아닌지를 판단하는 방법이다. 면접의 장점으로는 지원서류와 평가를 통해 발견할 수 없었던 지원자의 태도, 용모, 표정, 외모, 언행, 의식 등을 평가할 수 있다.

단, 면접은 사람이 사람을 평가하는 것이므로 중심화, 편향, 현혹, 비교, 거울 이미지 등의 문제점을 고려해야 한다.

■ **면접 시 유의사항**

1. 지원자 측면

① 면접관의 질문에 대비해서 미리 준비한다.

② 면접에 적당한 복장과 태도, 예의 등을 갖춘다.

③ 면접관의 질문에 성의 있고 간결하게 대답한다.

2. 경영자 측면

① 지원자의 이력서를 미리 검토하고 질문사항을 사전에 준비한다.

② 지원자가 편안하게 면접에 임할 수 있도록 편안한 분위기를 조성한다.

③ 채용과 관련된 질문을 하고, 인격 존중을 바탕으로 질문한다.

④ 지원서에 기록된 내용의 사실여부를 면접을 통해 확인한다.

또한 면접과정에서는 선발하고자 하는 인재의 경력조사와 신체검사가 함께 이루어진다.

① **경력조사** : 신원조회라고도 하며, 지원서상에 나타난 경력과 내용이 사실과 일치하는지 여부를 조회하는 절차이다.

② **신체검사** : 육체적, 정신적으로 건강한지 여부와 약물복용 여부, 간염이나 간질 등의 질병여부 등을 검사함으로써 해당 직무를 수행하기에 적합한 신체조건을 갖추고 있는지 여부를 확인하는 과정이다.

마. 선발

모집과 채용, 면접을 통해 선발이 확정된 인재는 채용 결정 여부를 알리고, 신입사원 연수와 교육을 실시하게 되는데, 이 과정을 통해 회사의 경영목표와 방침을 알리고, 각 직무수행에 필요한 기술과 서비스정신을 배양하게 된다. 또한 채용을 못하게 된 인재라 할지라도 추후 갑작스런 인적 자원의 변동으로 인해 채용할 가능성이 있으므로 이때를 대비하여 채용에 불합격되었음을 알리고, 추후 다시 한 번 재도전을 바라는 문자를 남기는 것이 좋다.

5) 종업원 교육훈련 프로그램

가. 교육훈련 프로그램의 필요성

우수한 인재를 채용하는 것만큼 자사에 적합한 인재를 교육 · 훈련시키는 것 또한 중요하다. 시대가 변화함에 따라 고학력자 위주의 채용보다는 특정 기술과 지식을 지닌 인재를 채용하며, 인재를 채용하여 직무에 익숙해지기까지는 일정한 시간과 노력이 소요되므로 최근 인재 육성의 중요성이 대두되고 있다. 특히 외식사업의 경우 전문기술과 서비스정신이 필수적이므로 이를 겸비한 인재의 채용과 개발, 유지는 곧 외식업체의 성장 동력이 될 수 있다. 따라서 외식기업의 경우 대부분 자사에 연수원, 서비스 아카데미 등을 직접 운영하거나 외부 전문기관에 의뢰하여 종업원 교육훈련 프로그램을 진행하고 있다.

나. 교육훈련 프로그램의 종류

외식업체의 교육훈련 프로그램은 어떤 사람을 어떤 방법으로 육성할 것이며, 어떤 능력을 개발할 것인지에 따라 다른데, 크게 집합연수교육(Off JT)과 직장 내 교육(OJT), 자기계발(Self Development), 현장실습(Field Training)으로 구분할 수 있다.

〈표 2-14〉 외식업체 종업원 교육훈련 프로그램의 종류 및 내용

종류	특징
집합연수교육 Off JT (Off the Job Training)	• 교육부서 또는 외부 전문가에 의해 다수의 직원을 대상으로 동일 내용의 지식을 교육하는 방법 • 직무수행에 공통적으로 필요한 지식, 기술, 태도에 대해 직속상사 이외의 사람에 의해 시행되는 교육훈련 • 신입사원 교육, 관리자 · 경영자 교육 등의 계층별 교육, 직무 향상을 위한 직능별 교육 등이 있음 • 직장을 떠나서 실시하는 모든 교육으로 직장 외 교육, 집합교육이라고도 함
직장 내 교육 OJT(On the Job Training)	• 부하직원의 업무수행 능력 육성을 위해 관리자가 후배 또는 부하직원을 대상으로 실시하는 교육활동 • 직무를 직접 수행하면서 직무를 통해 업무능력이나 태도, 문제해결능력을 훈련시키는 교육방법으로 실무 밀착형 교육이라고도 함 • 부하 한 사람 한 사람의 능력수준이나 직무에 맞추어 계획적 · 단계적으로 실시함 • 직장 내 교육이라고도 함
자기 계발 (Self Development)	• 개인이 필요로 하는 지식을 습득하기 위해 행하는 자기 육성법 • 개인의 능력 개발을 위해 필요한 공부를 자신의 돈과 시간을 사용해서 행함
현장실습 (Field Training)	• 학교에서 배운 지식을 바탕으로 해당 직장에서 필요로 하는 실무적 기술능력을 배양하기 위한 사전교육

7. 식품위생관리

1) 식품위생관리의 개념

외식사업은 타 사업과 달리 음식상품을 판매하므로 이로 인해 식중독이 유발되지 않도록 해야 한다. 식중독 유발을 방지하기 위해서는 종사자의 개인위생을 비롯하여 음식물의 위생적인 취급과 관리 전반에 걸쳐 철저하게 관리해야 한다.

특히 외식업소는 다양한 메뉴상품을 생산하므로 여러 가지 식재료가 함께 보관되는 등 교차오염이 발생할 위험이 높다. 따라서 식재료를 다루는 과정에 있어서 취급상의 주의나 관리소홀 등의 요인으로 인해 식중독이 발생하지 않도록 재점검하고, 주의를 기울여야 하는데, 우리나라 「식품위생법」 제2조 11항에 의하면 식품위생이란 식품, 첨가물, 기구 또는 용기 · 포장을 대상으로 하는 음식에 관한 위생이라 정의하였으며, 세계보건기구(WHO)의 정의에 따르면 식품의 생육, 생산 또는 제조에서부터 최종적으로 사람이 섭취할 때까지에 이르는 모든 단계에서 식품의 안전성, 건강성 및 건전성을 확보하기 위한 모든 수단이라 정의하였다.

따라서 식품위생관리란 식품을 이용하여 음식상품이 만들어지는 전 과정에 걸쳐 위생상의 위해를 방지하고, 식품의 질적 향상을 도모하기 위해 조리사와 장비 및 식품 취급상 인체의 위해를 방지할 수 있도록 충분하게 위생적으로 관리하는 것이라 하겠다.

2) 식품위생관리의 범위

우리나라 「식품위생법」 제3조에 의하면 "판매를 목적으로 하는 식품 또는 식품첨가물의 채취, 제조, 가공, 사용, 조리, 저장, 소분, 운반 또는 진열을 할 때에는 깨끗하고 위생적으로 하여야 하며, 사용하는 기구 및 용기 · 포장은 깨끗하고 위생적으로 다루어야 한다"고 규정하고 있다. 즉 식품을 위생적으로 관리하기 위해서는 가장 먼저 사용하는 원료가 위생적으로 안전해야 하며, 식품을 취급하는 사람의 위생관념, 식품을 제조하는 시설 및 기구가 위생적으로 관리되어야 한다.

이를 위해서는 종업원 개인의 위생관리와 주방시설의 위생관리, 기구류의 위생관리, 식품취급 시의 위생관리, 식품보전상의 위생관리를 철저히 해야 한다. 또한 식품의 위생적인 관리를 위해서는 위의 다섯 가지 사항이 우선순위가 없이 똑같이 중요하게 지켜져야 하며, 외식업체 경영주는 다음과 같은 사항을 명확히 교육해야 한다.

가. 종업원의 개인 위생관리

외식업체의 메뉴상품은 식재료의 구입에서부터 조리, 고객에게 완성된 음식을 제공할 때까지 여러 과정을 거치게 된다. 이 과정에서 조리종사자 등 식품을 취급하는 자의 개인위생은 식품의 안전성에 큰 위험을 초래하는 오염원이 될 수 있으므로 중요하다. 따라서 조리장에 들어서는 순간부터 나갈 때까지의 전 과정을 위생원칙에 입각하여 행동하고, 개인위생 수칙을 철저히 지켜 생활화되도록 노력해야 한다.

나. 시설의 위생관리

시설위생의 대상이 되는 식품관계시설은 항상 청결하고 위생적으로 관리하여야 한다. 식품관계시설은 식품생산 및 집산지 시설, 식품처리가공 및 저장시설, 식품의 조리 판매 및 급식시설 등을 들 수 있다. 그러나 이들 시설이 잘 구축되어 있다 할지라도 이를 위생적으로 관리운영하지 않을 경우 식중독을 유발할 수 있으므로 주의해야 한다. 따라서 식품위생법 제36조에 의하면 업종별로 시설기준이 규정되어 있으므로 참고하여 운영해야 한다.

다. 기구류의 위생관리

식품의 제조와 가공에 사용되는 기구류는 사용 전과 후 반드시 세척, 소독, 멸균해야 한다. 살균할 경우는 대부분 끓는 물에 자비소독을 하고, 약액을 사용할 경우에는 농도와 시간을 고려하여 소독해야 한다.

라. 식품취급 시의 위생관리

식품은 취급 전 과정에 걸쳐 병원미생물, 먼지, 유해물질 등에 의하여 오염되지 않도록 해야 한다. 특히 살충제, 살균제, 세제 등의 유독약품류는 보관을 철저히 하고, 식품과 오용되어 사용하지 않도록 분리하여 보관함으로써 식품첨가물로 오용하지 않도록 주의한다. 또한 음식물의 취급 시 파리나 바퀴, 쥐, 먼지 등이 혼입되지 않도록 주의해야 한다.

마. 식품 보전상의 위생관리

메뉴상품의 생산과 제조, 가공 및 조리될 원재료는 항상 위생적으로 저장 · 사용되어야 한다. 원재료는 방서, 방충설비가 잘되고 환기가 잘되는 창고나 보관시설 또는 냉장고나 냉동실에 구분하여 저장함으로써 미생물에 의한 오염을 방지한다.

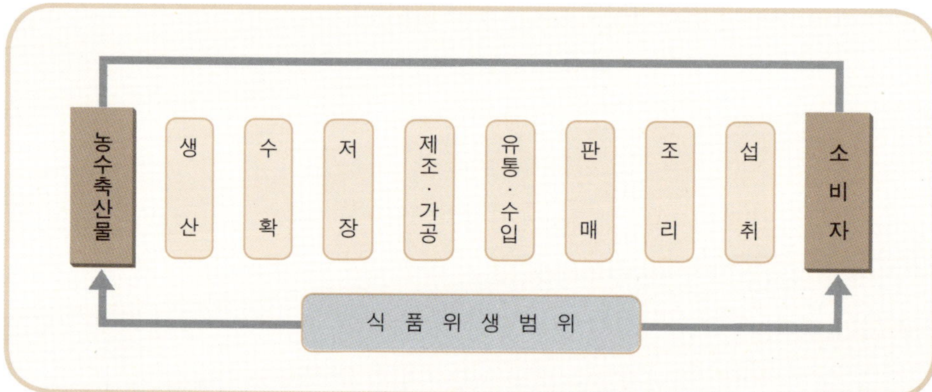

〈그림 2-15〉 식품위생의 범위

3) 식중독의 정의

일반적으로 식중독이란 '식품에 식중독을 일으키는 세균이 부착하여 증식하거나 식품에 독물이 혼입 또는 존재하는 상태의 식품을 사람이 섭취함에 따라 그의 건강에 손해를 입히는 경우'라고 할 수 있다. 또한 행정적으로는 '식품, 첨가물, 기구, 용기, 포장으로 인하여 발생하는 위생상의 위해, 사고'를 식중독으로 정의한다. 따라서 미생물이나 화학물질에 의한 오염, 자연독의 함유 등에 의한 건강장애뿐만 아니라 식품에 관계있는 첨가물, 기구, 용기 포장에 기인하는 모든 것을 포함하여 식중독이라 정의하고 있다.

이 중 식중독의 원인이 되는 미생물을 분류하면 진균류(곰팡이, 효모), 세균류(구균류, 간균류, 나선류), 리케차, 바이러스, 스피로헤타, 원충류 등으로 구분된다. 또한 이질, 장티푸스, 콜레라와 같은 경구전염병이나 기생충으로 인한 질병의 경우 식품의 섭취로 인해 발생하지만 각각 독립된 질병으로 취급하므로 식중독의 범위에서는 제외한다.

〈표 2-15〉 미생물의 분류와 특성

분류	특성
세균 (Bacteria)	• 2분열법으로 증식하는 분열균류 • 상처, 손톱 밑, 입, 코 등에 존재 • 손에 있는 세균은 식품오염의 주원인 • 경구전염병, 감염형 식중독, 독소 생성 • 구균, 간균, 나선균으로 구분
곰팡이 (Molds)	• 진균류의 미생물, 균체 지름 5㎛ • 실처럼 길고 가는 균사의 사상균(Filamentous Fungus) • 포자증식으로 인해 식품을 오염시킴 • 건조식품, 고당 · 고식염 식품에도 증식 가능 • Aspergillus, Penicillium, Fusarium속 등의 일부 곰팡이 유해색소나 곰팡이독을 생성하여 인체에 위해를 가할 수 있음
효모 (Yeast)	• 통성 혐기성 미생물로 식품을 변질시키는 원인이 됨 • 단, 유해한 독을 생성하지 않으므로 위해성이 적음 • 구형(Round), 난형(Oval), 타원형(Ellipsoidal), 원통형(Cylindrical), 레몬형(Lemon Shaped), 3각형(Triangular) 등 • 균체는 양조, 알코올제조, 제빵 등에 활용 • 곰팡이보다 세포크기가 작고 대사활성이 높으며 성장속도가 빠름 • 통성 혐기성균으로 혐기적인 조건에도 잘 성장함(염장 · 당장 식품의 숙성과 부패의 원인이 됨)
원생동물 (Protozoa)	• 엽록소가 없으며 운동성이 좋음 • 5~10㎛ 크기의 단일세포로 구성. 건조에 대한 저항성이 낮음
바이러스 (Virus)	• 여과성 병원체, DNA · RNA 중 한쪽 핵산만 가짐 • 핵산과 단백질로 구성 • 0.02~0.3㎛ 초여과성 미생물 • 숙주세포가 필요한 절대 기생성 세포 내 생물 • 식물바이러스, 동물바이러스, 미생물바이러스로 분류 • 식품, 식기, 조리기구, 물, 손을 통해 전달되거나 오염된 식품섭취로 인해 간염, 전염성 설사 등 질병 유발

■ 식중독 발생요인

첫째, 온도조절에 실패한 경우

냉장하지 않았거나 부적절한 온도에 저장한 경우, 부적절한 해동방법을 사용한 경우, 충분히 재가열하지 않은 경우가 해당된다.

둘째, 교차오염이 발생한 경우

이미 조리된 식품이 식중독균에 오염되어 있는 조리되지 않은 식품이나 식품취급자의 손, 조리기구 등과 접촉하였을 경우에 발생한다.

셋째, 비열처리 식품을 섭취한 경우

생우유(원유), 날생선 및 고기를 가열처리 없이 섭취하여 식중독이 발생하는 경우가 해당된다.

4) 식중독의 분류

식중독은 세균성 식중독과 자연독 식중독, 화학성 식중독으로 구분되며, 세균성 식중독은 크게 감염형과 독소형으로 분류된다.

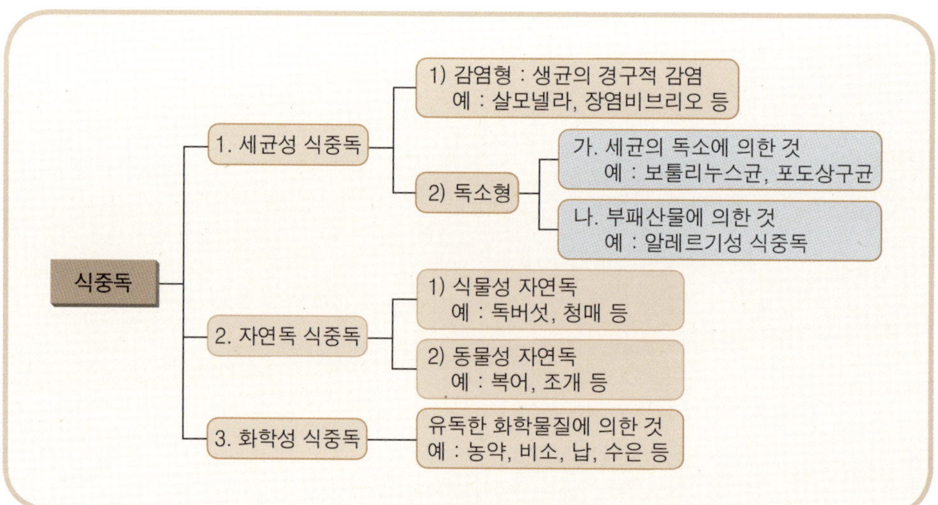

〈그림 2-16〉 식중독의 분류

〈표 2-16〉 식중독의 분류와 특성

분류	식중독	특성
세균성 식중독	감염형	• 생균의 경구적 감염에 의한 식중독 • 원인균 : 살모넬라균, 비브리오균, 병원성 대장균, 웰치균 등 • 원인식 : 어패류, 육류, 채소 샐러드, 우유 및 유제품, 조류의 고기 및 알
	독소형	가. 세균의 독소에 의한 것 • 식품 중 세균이 증식할 때 발생되는 독소에 의해 발생하는 식중독 • 원인균 : 보툴리누스균, 포도상구균 • 원인식 : 어육 및 수육가공품(통조림), 우유 및 유제품
		나. 부패산물에 의한 것 • 세균에 의하여 단백질분해 산물인 히스타민(Histamine)이 형성되어 식품 내에 축적되는 경우 이러한 상태의 식품을 섭취함으로써 알레르기 증상을 나타내는 특수한 급성중독 증상 • 예를 들어 감염형 식중독의 원인세균인 웰치균이나 병원성대장균의 일부 등은 장관 내에서 독소(Enterotoxin)를 생성하여 그 독소가 식중독의 원인이 된다. • 원인균 : 생체내 독소(Enterotoxin)
자연독 식중독		• 자연계에 있는 동식물 중 식품 자체가 유독한 물질을 함유하고 있어, 그 식품을 섭취하여 발생되는 식중독 가. 식물성 자연독 : 독버섯, 감자의 녹색부분, 청매 등의 섭취로 인한 식중독 • 원인균 : Muscarine, Solanine, Amygdalin 나. 동물성 자연독 : 복어, 조개류 등의 어패류에 함유되어 있는 독소에 의한 식중독 • 원인균 : Tetrodotoxin, Venerupin, Saxitoxin
화학성 식중독		• 유해화학물질의 섭취에 의해 발생하는 식중독 가. 식품첨가물 및 용기 또는 포장 등에 유해성분이 기준치 이상으로 함유되어 있어 발생되는 식중독 나. 채소나 과일류에 묻어 있는 살충농약, 각종 공해에 의해 오염된 식재료 사용 등의 경우에 발생되는 식중독 • 원인독 : 납, 수은, 카드뮴 중독, 기타 PCB, 메탄올 등

5) 식품위생관리의 영향 요소

식품 및 음식에 의한 식중독을 예방하기 위해서는 위의 식중독균과 같은 미생물로부터 식품을 안전하게 관리해야 한다. 미생물의 생장과 발육에 영향을 미치는 요인에는 수분과 영양소, 온도, 산소, pH 등이 있으며 이를 조절하여 식중독을 예방할 수 있다.

가. 수분활성도(Aw : Water Activity) 관리

수분활성도란 미생물이 성장하는 데 사용될 수 있는 물의 양, 즉 자유수의 함량을 나타내는 척도이다. 식품미생물에 대한 수분활성도의 영향은 미생물의 특성에 따라 달라지는데, 일반적으로 발육이 가능한 최저 수분활성도의 한계는 세균 0.9, 효모 0.85, 곰팡이 0.80이다. 따라서 수분활성도가 낮아져 0.61 이하가 되면 미생물의 성장속도가 느려지면서 부패 또는 위해미생물의 성장이 억제되고, 최소 수분활성도 이하에서는 서서히 사멸하게 된다. 식품의 수분활성도를 낮추는 저장방법으로는 식염의 첨가, 당이나 당알코올의 첨가, 단순건조, 동결건조, 동결 등이 있다.

나. 영양소 관리

모든 미생물이 생장하고 번식하기 위해서는 영양원을 필요로 한다. 특히 육류와 어패류, 알류 등의 단백질과 수분이 풍부한 식품의 경우 미생물의 생육에 필요한 C, H, O, N, S 등을 다량으로 함유하고 있어 미생물이 번식하기 좋다. 따라서 이러한 식품을 이용하여 만든 음식물의 경우 완성 후 즉시 사용하는 것이 원칙이며, 불가피한 경우 냉장, 냉동 등 적절한 조치를 즉시 취하는 등 관리를 철저히 해야 한다.

다. 온도 관리

온도는 미생물의 생육에 중요한 환경적인 요소로 미생물의 종류에 따라 차이는 있으나 일반적으로 0℃ 이하와 80℃ 이상에서는 생장·발육하지 못한다. 미생물은 생육하는 온도의 범위에 따라 저온균, 중온균, 고온균으로 분류되는데 대부분의 병원성 세균과 부패성 세균은 중온균이다. 따라서 미생물의 생육을 억제 또는 사멸하기 위해 온도를 조절하는 물리적인 방법을 사용하는데, 미생물이 생장하기 좋은 최적온도를 피해서 보관하는 것이 좋다.

〈표 2-17〉은 미생물의 발육온도를 최저온도, 최적온도, 최고온도로 나누어 분류한 것이다. 일반적으로 음식을 조리하여 보관할 경우에는 4℃ 이하로 냉각시켜 보관하거나 60℃ 이상으로 가열하여 온도를 유지하며 보관하는 것이 비교적 세균의 증식을 억제할 수 있는 방법이라 하겠다. 단, 이 경우 세균이 완전 사멸되는 것이 아니라 억제되는 것이므로 단기적인 보관방법으로 사용할 수 있으며, 장기적으로 보관할 경우는 급속 냉동하여 -18℃ 이하로 보관하는 것이 좋다.

〈표 2-17〉 미생물의 발육온도

분류	발육온도(℃)			미생물
	최저	최적	최고	
저온균(호냉균)	0~5	10~20	25~30	수중세균
중온균	10~15	25~40	40~50	사상균, 효모, 곰팡이, 대부분의 병원균
고온균(호열균)	25~45	50~60	70~90	온천균, 퇴비균 등

라. pH 관리

미생물들은 일정 범위의 pH에서만 성장할 수 있거나 최적의 성장을 보인다. 따라서 식품의 pH는 미생물의 성장에 영향을 미치는 중요한 인자이다. pH는 용액에 존재하는 수소이온농도를 측정하여 산성인지, 알칼리성인지, 또는 중성인지를 측정하는 수단으로, 일반적인 미생물의 경우 pH 6.6~7.5의 범위에서는 증식이 왕성하지만 pH 4.6 이하에서는 증식이 억제된다. 따라서 pH를 조절하여 미생물의 생육을 억제할 수 있다. 그러나 식품에 존재하는 미생물들이 성장할 수 있는 최소 pH는 식품의 온도와 이용 가능한 영양소의 양, 수분활성도, 그리고 성장에 영향을 미치는 성장저해제의 존재 유무에 따라 다르므로 주의한다.

마. 산소 관리

식품에 존재하는 미생물들은 성장이나 활동을 위해 산소를 필요로 하는 호기성이 있는 반면, 산소가 없는 상태를 요구하는 혐기성 미생물들도 있다. 또한 산소의 유무에 관계없이 성장할 수 있는 미생물들도 있는데 이들을 통성혐기성 미생물이라 한다. 따라서 호기성 미생물의 경우는 식품이 놓여 있는 환경의 산소농도를 조절함으로써 미생물의 성장을 억제할 수 있다.

〈표 2-18〉 미국 Fight Bac 프로그램의 네 가지 식품안전원칙

1. 청결(Clean)	손을 항상 깨끗이 씻고, 청결한 식기나 도구를 사용할 것
2. 분리(Separate)	교차오염을 막기 위해 항상 조리된 것과 조리되지 않았거나 생것을 분리하여 취급/보관할 것
3. 가열(Cook)	식품의 내부까지 잘 익도록 가열 조리할 것
4. 냉장(Chill)	남은 음식은 항상 냉장/냉동하며 특히 더운 날은 한 시간 내에 냉장고에 넣을 것. 냉장고와 냉동고의 온도가 각각 4℃ 또는 -18℃ 이하인지 확인할 것

8. 종업원의 개인 위생관리

1) 종업원 개인 위생관리의 목적

식중독을 예방하고 식품을 위생적으로 관리하기 위해서는 식품을 취급하고 설비나 기구를 관리하는 종사자의 마음가짐이 무엇보다 중요하다. 개인 위생관리의 목적은 조리종사자들이 작업 중 발생할 수 있는 위생상의 위해요소를 미연에 방지하여 효율적으로 주방 운영이 이루어지도록 하기 위함이다. 따라서 외식산업 종업원들이 정신적으로나 육체적으로 건강할 수 있도록 개인 위생관리를 철저히 해야 하며, 위생수칙을 생활화해야 한다. 특히 종업원들이 안전하고 위생적으로 직무에 임할 수 있도록 철저하고 조직적인 방법으로 종업원들을 고용하고

훈련시킴으로써 업체를 위생적으로 관리할 수 있도록 최선을 다해야 한다.

2) 종업원 개인위생 점검사항

종업원의 개인 위생관리가 철저히 지켜지지 않는 경우 음식을 통해 고객에게 감염될 수 있을 뿐만 아니라 벌금을 내는 등의 불이익을 당할 수 있으므로 주의해야 한다. 또한 외식업체 종업원들의 인상은 고객들에게 업체에 대한 좋고 나쁨을 평가하는 기준이 되기도 한다. 외식업체 종업원 중 조리사가 점검해야 할 개인위생 및 개인복장 점검사항 내용은 다음과 같다.

가. 개인위생 점검사항

① 감기, 인후염, 피부병 및 전염성 질환의 감염 시는 업무에 임하지 않는다.

② 손에 상처가 있을 경우 즉시 치료하고 직접적인 조리업무에는 임하지 않는다.

③ 손은 항상 청결을 유지한다.

④ 손톱은 짧게 깎고 반지는 끼지 않는다.

⑤ 신체를 청결히 유지하고 위생복은 항상 깨끗한 것을 입는다.

⑥ 조리사는 위생복을 착용한 상태에서 의자 외에 바닥에 앉지 않는다.

⑦ 음식물 앞에서는 기침이나 재채기를 하지 않는다.

⑧ 음식물은 작은 공기에 덜어서 맛을 보며 국자나 기타 조리용기 사용은 금한다.

⑨ 위생복을 착용한 상태로는 화장실 출입을 금해야 한다(최소한 앞치마, 모자는 벗어놓고 작업화는 갈아 신어야 한다).

⑩ 칼자루는 항상 깨끗이 씻어야 하며 칼을 잡고 일하던 손은 깨끗이 씻은 후 음식물을 만진다.

⑪ 소독된 일회용 손수건을 청결히 휴대해야 하며, 개인용 손수건 사용은 금한다.

⑫ 조리사는 항상 건강을 제일로 생각하고 자신의 건강에 관심을 가지며 과로, 수면부족 등을 피한다.

⑬ 조리사는 정기적인 건강진단 및 예방접종을 받는다.

⑭ 항상 손을 씻는 습관을 기른다. 용변 후, 식전이나 식후 외출에서 돌아왔을

때, 돈이나 전화기를 만지거나 문을 열고 닫은 후 기회가 있을 때마다 손을 씻는다.

나. 개인복장 점검사항

① 조리모 : 한쪽으로 기울어지거나 머리카락이 귀 윗부분을 덮지 않도록 한다. 특히 모자가 구겨지거나 지저분하지 않도록 자주 교체하며, 뒷부분의 겹치는 부분을 핀으로 고정하여 작업 중 모자가 흘러내리거나 벗겨지지 않도록 한다.

② 상의 : 조리복은 조리 시 발생할 수 있는 위험으로부터 자신의 몸을 지켜주는 역할을 하므로 중요할 뿐만 아니라 최근에는 오픈주방이 많아 고객에게 가장 많이 보여지므로 청결한 것으로 자주 갈아입는다. 조리복의 단추는 완전히 잠그고 소매는 조리 시 음식에 묻거나 걸리지 않도록 1~2번 정도 접어 손목이 보이도록 한다.

■ **흰색 조리복을 착용하는 이유**

① 조리사인지 아닌지를 구별하기 위해서

② 열을 반사하여 몸을 보호하기 위해서

③ 항상 깨끗한 위생상태를 확인하기 위해서

③ 하의 : 조리복의 하의는 주로 검은색이나 어두운 계열을 많이 이용하는데 작업에 방해가 되지 않도록 신축성과 내구성이 좋으면서, 여름에는 통풍이 잘되고 겨울에는 방한이 잘되는 소재로 한다. 특히 바지의 경우 길이가 너무 길면 주변 기물에 걸려 넘어질 수 있으므로 주의한다.

④ 앞치마 : 조리복의 끈은 둥근 모양으로 단단히 말아서 앞쪽으로 돌려 마주보는 곳에서 왼쪽에 오게 매듭을 짓는다.

⑤ 머플러 : 작업 시 흐르는 땀을 닦거나 흐르는 땀을 흡수하는 역할을 하며, 직

무 중 불의의 사고로 인하여 상처가 생겼을 경우 지혈대 등 응급처치를 위해 필요하다. 업체에 따라 색을 달리하여 직급을 나타내기도 한다.

⑥ **조리화** : 바닥이 깊게 파여 미끄러지지 않도록 해야 한다.

9. 위해요소 중점관리기준(HACCP)

1) HACCP의 개요

HACCP이란 '위해요소 중점관리 기준(HACCP : Hazard Analysis Critical Control Point)'의 머리글자로서, 일명 '해썹'이라 한다. HACCP은 1962년 미국의 필스버리(Pilsbury)사가 우주식 공급을 시작할 때 NASA가 요구했던 '무결점 프로그램'의 기준에 맞추기 위해 미생물제어용으로 처음 사용되었으며, 오늘날에는 유독물질과 이물질제어를 위해서도 사용되고 있다.

HACCP은 위해분석(Hazard Analysis)과 중점관리기준(CCP)으로 구성되는데, HA란 인체의 건강을 해칠 우려가 있는 생물학적 · 화학적 · 물리학적 인자를 의미하며, CCP는 해당 위해요소를 방지 · 제거하고 안전성을 확보하기 위해 중점적으로 다루어야 할 관리점을 말한다.

■ **위해인자**

① 생물학적 위해인자 : 식중독균, 바이러스, 기생충 등

② 화학적 위해인자 : 중금속, 잔류농약, 분해산물 등

③ 물리적 위해인자 : 인체(입, 혀, 목구멍 등)를 손상시킬 우려가 있는 이물 등

2) 식품위생법의 HACCP

우리나라에서 HACCP은 1996년 12월 5일 보건복지부 「식품위생법」의 제32조2의 제1항에 의해 고시하였으며, 최근 식품관련 회사에서도 활발히 HACCP을 도입하고 있는 추세이다.

우리나라 「식품위생법」의 HACCP 정의에 따르면 식품의 원료관리 및 제조·가공·조리·소분·유통의 모든 과정에서 위해한 물질이 식품에 섞이거나 식품이 오염되는 것을 방지하기 위하여 각 과정의 위해요소를 확인·평가하여 중점적으로 관리하는 기준이라 하였다. 즉 HACCP은 식품안전을 위해 원료에서 가공, 소비자까지 포괄적으로 적용되는 관리도구로 문제발생 시 책임소재를 확실히 할 수 있으며, 자율적으로 발생 가능한 위해요소를 예측, 관리할 수 있을 뿐만 아니라 재료의 변질에 따른 손실도 방지할 수 있으므로 식중독 예방을 위한 가장 효과적인 방법이라 하겠다.

가. HACCP에 관한 7원칙

HACCP은 다음과 같이 7단계에 걸쳐 이루어진다.

① 성장발육, 수확, 신선한 원재료 및 각종 재료는 물론 제조·가공·수송·배송·판매 및 최종제품의 소비에 이르기까지의 각 단계에서 발생할 우려가 있는 위해 및 위험도를 평가할 것. 그리고 각 단계에서의 위험도를 허용 수준까지 저하시키기 위한 방지대책을 강구할 것

② 확인된 위해의 방제에 필요한 중요관리점(CCP)을 결정할 것

③ 결정된 CCP에 대하여 각각의 적합한 관리기준(위험도한계)을 설정할 것

④ 각 CCP의 감시(관리)방법을 정할 것

⑤ 하나의 CCP를 감시할 때, 기준에서 벗어난 것(일탈)이 확인된 경우 취해야 할 수정조치를 미리 정해둘 것

⑥ HACCP 계획의 문서에는 효과적인 기록 보존방법을 정하여 기재하여 둘 것

⑦ HACCP 방법이 정확히 실시되고 있는지의 여부에 대한 검증방법을 정해둘

것. 검증방법에는 생물학적 · 물리적 · 화학적 및 관능적 방법이 포함됨. 그리고 필요에 따라 각각의 항목에 대한 기준을 설정할 것

〈표 2-19〉 HACCP 7단계에 따른 계획과 실천내용

단계		실천내용
1	위해분석 및 위험평가 (HA : Hazard Analysis)	생산품목의 제조공정도를 작성해서 품목별 원재료, 장치, 기계, 제조공정 등에 대한 위해분석을 실시한 후 적용가능한 조치를 고려한다(배제가 불가능할 시 허용한도 등도 고려한다).
2	중요 관리점의 결정	HACCP을 적용하여 식품의 위해를 제거, 방지할 수 있거나 안전성을 확보할 수 있는 단계 혹은 공정을 결정해야 한다.
3	각 CCP에 대한 관리기준 설정	위해요소의 관리가 한계치 설정대로 충분히 이뤄지는지 판단하기 위한 기준을 설정하는 것으로 관리기준(Specifications)과 한계기준(Critical Limits)으로 나뉜다.
4	CCP에 대한 모니터링	모니터링(Monitoring)이란 위해요소의 관리여부를 점검하기 위해 실시하는 관찰 측정수단이다.
5	CCP 기준을 벗어날 경우의 개선조치	위해가 일어나기 전 공정을 바꾸고 관리가 유지되도록 조치를 취해야 하며, 책임은 개선조치를 한 개인에게 있다.
6	기록 유지방법 설정	효과적 리콜제의 실시를 위해 필요하다.
7	확인(Verification)	제조업자나 관리감독기관의 검증이 필요하다. 서류상 기록의 재검토와 미생물 · 물리 · 화학적 검사 등이 포함된다.

나. HACCP의 적용범위

① 식품의 위해요소

클래스	위해특성	식품 예
A	무살균제품으로 위해감수성이 높은 사람(예 : 유아, 고령자, 허약자, 면역기능 저하자)을 위하여 만든 제품으로, 그 취지가 표시되어 있는 것(특별 클래스임)	
B	미생물의 증식을 용이하게 하는 상하기 쉬운 성분을 함유한 것	신선 어패류, 신선 육류 및 가금류
C	제조공정에서 유해한 미생물을 살균시킬 수 있도록 관리된 살균공정이 없는 것	김초밥류, 빵 및 생과자류, 생식용 어패류

D	제품의 가공 후 포장까지의 단계에서 재오염을 받을 우려가 있는 것	도시락, 계란말이, 어육 연제품(무포장)
E	운반 또는 소비자의 취급 중 잘못 취급될 우려가 크며, 이것을 먹을 경우 건강피해를 받을 우려가 있는 것	양생과자, 반가공 조리식품, 즉석빵
F	포장 이후 가정에서 조리할 때 최종적으로 가열공정이 없는 것	김초밥류, 즉석빵

② 미생물 위해요소에 따른 가공식품의 위험도 분류

카테고리	식품의 성상 및 위해 특성	식품 예
Ⅵ	A(+) 특별 카테고리 특별한 자(미생물에 민감한 자)를 대상으로 한 식품	유아식, 노인식, 특정의 환자식
Ⅴ	5개의+(B~F까지) (생식용 무가열제품)	생선회, 초밥, 양과자, 한과자, 도시락, 채소 샐러드
Ⅳ	4개의+(B~F까지)	김밥, 슈크림, 달걀말이, 샐러드류(마카로니, 감자), 도시락
Ⅲ	3개의+(B~F까지)	무포장 어묵류, 햄 · 소시지류, 햄버거, 즉석빵
Ⅱ	2개의+(B~F까지)	슬라이스햄, 소시지
Ⅰ	1개의+(B~F까지)	포장 어묵류, 건면류, 식빵
0	위해 발생의 우려가 없는 제품	건과류, 인스턴트커피, 가공김, 알사탕류

3) HACCP 도입의 필요성

외식업체의 측면	고객의 측면
• 자율적인 위생관리체계 구축 • 안전성이 확보된 메뉴상품 생산 • 위해요소를 사전에 관리하여 생산효율성 극대화 • 장기적으로 업체의 경제적 이익 향상 • 회사 이미지 제고와 신뢰성 향상	• 메뉴상품의 선택기준 변경 • 신뢰도 및 재구매 의도 향상 • 브랜드 충성도 향상

10. 주방의 안전관리

1) 안전관리의 개념

외식업체의 업종이 다양화되고 규모도 대형화됨에 따라 각종 설비와 기자재가 도입되었다. 특히 조리업무의 단순화 · 표준화를 위한 자동화기기의 사용률이 높아짐에 따라 이로 인한 안전사고도 급증하게 되었다. 특히 주방은 화기와 물 사용이 많을 뿐만 아니라 칼과 같이 위험한 도구가 많아 자칫 실수하면 큰 사고를 당할 수 있다. 따라서 항상 신체상 · 재산상 피해가 발생하지 않도록 사전 예방에 각별한 주의를 기울여야 한다.

2) 개인 및 일반 안전수칙

각종 위험으로부터 사고를 예방하기 위해서는 종사자 각자가 개인 및 일반 안전수칙을 숙지하고 준수하는 것이 우선되어야 한다.

가. 개인 안전수칙

① 칼을 사용하는 작업 시에는 정신을 집중하고 안정된 자세로 임한다.

② 작업 중 부득이하게 자리를 이동하거나 상대방과 대화를 하는 경우 되도록 칼 등의 도구를 들고 움직이지 않도록 한다. 단, 부득이하게 칼이나 도구를 들고 움직여야 하는 경우 상대방이나 자신이 다치지 않도록 주의한다. 예를 들어, 칼의 경우 칼끝을 내리고 칼날이 뒤로 가게 하여 잡고 이동한다.

③ 주방에서는 뛰거나 장난치지 않으며, 바닥은 항상 청결하게 유지한다.

④ 주방의 기기는 본래의 목적 이외에는 사용하지 않도록 한다. 또한 사용한 칼이나 도구 등은 반드시 정해진 장소에 보관한다. 특히 싱크대에 담가두어 손을 다치지 않도록 한다.

⑤ 뜨거운 용기나 음식을 옮기는 경우 주위사람들에게 미리 충분히 환기시켜

충돌 등의 위험을 방지한다.

⑥ 조리를 위해 끓는 물이나 기름에 재료를 투입하는 경우 용기 표면에서 미끄러지듯이 넣어 끓는 물이나 기름이 튀기지 않도록 한다.

⑦ 충분한 휴식과 수면을 취하여 작업 시 피로로 인한 사고가 발생되지 않도록 한다.

⑧ 위생복은 청결을 유지하고, 자신의 몸에 맞는 조리복을 착용한다. 또한 규격화된 안전화를 착용하여 미끄러짐 등의 사고를 방지한다.

나. 일반 안전수칙

① 손에 물이 묻어 있는 상태로 전기장비를 만지지 않는다.

② 전기장비는 반드시 스위치나 전원코드를 뽑고 만지며, 전원코드를 뽑을 때는 전선을 잡아당기지 않고 코드를 잡고 뽑도록 한다.

③ 모든 주방기기는 작동방법과 안전수칙을 완전히 숙지한 후 사용한다.

④ 주방기기를 세척할 때는 반드시 전원스위치와 전원코드가 뽑혀 있는지를 확인하고 손분리형 기기인 경우 분리하여 세척한 후 건조시켜 재조립한다. 예를 들어, 슬라이서나 분쇄기의 경우 칼날을 분리시켜 세척해야 손을 다치지 않으며, 이물질이 완전히 제거되어 교차오염을 방지할 수 있다.

⑤ 주방기기의 고장이 없는지를 주기적으로 정확하고 철저하게 확인하여 작업에 차질이 없도록 한다.

⑥ 작업실 청소 시 물이 기계 등에 튀어 녹이 슬지 않도록 주의하며, 물기가 묻은 경우 마른 수건으로 닦고 충분히 말린 다음 사용한다.

⑦ 출퇴근 시 가스밸브의 잠금상태와 전기용품의 상태 등을 반드시 확인하여 화기 및 가스사고를 예방한다.

⑧ 작업장에 사고로 인한 응급처치용 구급약을 비치하고, 종사자 전원이 위치를 알 수 있도록 공고한다.

⑨ 위험물 및 유해물은 식품과 별도로 안전한 곳에 보관하며, 담당자를 두어 관리한다.

⑩ 작업 시 근무지를 무단이탈하거나 자주 비우지 않도록 하며, 교대 시 인수인계를 확실히 하도록 한다. 특히 상호 간 연락처 등을 반드시 주고받아 업무에 차질이 없도록 한다.

⑪ 작업장은 항상 청결을 유지할 수 있도록 자주 청소하고, 작업자 각자가 자기 주변을 깨끗이 관리할 수 있도록 한다.

11. 외식기업의 회계관리

1) 외식기업의 회계 종류와 개념

회계는 기본적으로 관리회계, 재무회계, 회계감사, 세무회계 등 4개 영역으로 구분되며 각각의 내용은 다음과 같다.

가. 관리회계(Management Accounting)

기업의 내부정보 이용자인 경영자가 경영계획 및 통제업무를 수행하는 데 필요한 회계정보를 제공하는 분야이다. 관리목적에 따라 이루어지는 일반회계는 물론, 각 사업부들의 성과를 효과적으로 평가하기 위한 업적평가 활동, 세금을 절약하기 위한 활동, 예산 편성 및 통제활동, 원가를 측정하고 전달하는 활동, CVP 분석(Cost Volume Profit Analysis) 등이 관리회계의 중요한 내용을 이룬다.

관리회계의 대부분은 원가수치를 통해 이루어지므로 원가회계와 관리회계는 불가분의 관계를 갖는다. 특히, 기업의 글로벌경쟁, 기업구조조정, 원가절감 등의 상황에서 관리회계는 중요한 분야이다.

나. 재무회계(Financial Accounting)

재무회계는 기업 외부에 있는 의사결정자의 의사결정을 위하여 회계정보 산출의 정보를 제공하는 분야를 말한다.

기업과 이해관계를 갖는 투자자와 채권자, 정부기관, 고객은 기업의 수익성과 채무상환능력 등 각자의 입장에서 기업의 재무정보를 필요로 한다. 따라서 기업은 이들 불특정 다수의 이해관계 집단의 의사결정 목적에 유익한 정보를 측정하여 전달할 필요가 있다. 이때 회계정보의 전달수단으로 활용되는 것이 재무제표(Financial Statements)이다.

다. 회계감사(Auditing)

회계감사는 기업의 영업활동을 검토하고, 회계기록과 재무제표가 회계원칙이나 회사정책에 따라 작성되었는가를 평가하는 작업을 말한다. 회계감사는 기업내부의 감사담당자 또는 기업외부의 독립된 감사인에 의하여 수행되는데, 일정한 조건에 해당되는 기업은 재무제표를 공시할 때 반드시 공인회계사의 감사의견이 포함된 감사보고서를 첨부해야 한다.

라. 세무회계(Tax Accounting)

국가 또는 지방공공단체는 도로, 교육, 치안 등의 서비스를 제공하는 대가로 국민으로부터 세금을 징수한다. 세무회계는 세법에 따라 징수 또는 납부해야 할 법인세, 소득세, 부가가치세, 특별소비세, 관세, 지방세 등의 세액을 계산하는 문제와 관련된 모든 과정을 다룬다.

2) 외식 재무제표

기업이 일정기간 동안의 경영성적이나 재정상태를 정리하는 일련의 작업을 결산이라 하는데, 기업은 해마다 반드시 한번은 결산을 해야 하며, 이 결산기에 작성하는 것이 재무제표이다. 즉 재무제표(Financial Statement)란 기업의 활동을 측정 · 기록하여 작성되는 회계 보고서로서 이른바 기업의 성적표라 할 수 있다. 따라서 경영자가 자사의 경영상태를 진단하기 위해 수치로 나타난 재무적 자료를 이용하게 되는데, 이때 재무제표가 이용된다.

우리나라 기업회계기준에서 정하는 재무제표의 범위는 '대차대조표(Balance Sheet)', '손익계산서(Profit and Loss Statement)', '이익잉여금처분계산서' 또는 '결손금처리계산서'와 '현금흐름표' 등 4가지이다.

3) 재무제표 작성 원칙

우리나라 기업회계기준에서는 재무제표 작성 시 준수해야 할 일반원칙에 대하여 다음과 같이 규정하고 있다.

① **신뢰성의 원칙** : 회계처리 및 보고는 신뢰할 수 있도록 객관적인 자료와 증거에 의하여 공정하게 처리한다.

② **명료성의 원칙** : 재무제표의 양식 및 과목과 회계용어는 이해하기 쉽도록 간단 · 명료하게 표시한다.

③ **충분성의 원칙** : 중요한 회계방침과 회계처리기준, 과목 및 금액에 관하여는 그 내용을 재무제표상에 충분히 표시한다.

④ **계속성의 원칙** : 회계처리에 관한 기준 및 추정은 기간별 비교가 가능하도록 매기 계속하여 적용하고, 정당한 사유 없이 이를 변경할 수 없다.

⑤ **중요성의 원칙** : 회계처리와 재무제표 작성에 있어서 과목과 금액은 그 중요성에 따라 실용적인 방법에 의하여 결정한다.

⑥ **안전성의 원칙** : 회계처리과정에서 2가지 이상의 선택가능한 방법이 있는 경우에는 재무적 기초를 견고히 하는 관점에 따라 회계처리한다.

가. 대차대조표(Balance Sheet ; B/S)

대차대조표는 일정시점의 외식업체의 자산과 부채, 자본의 정보를 나타내는 표이다. 대차대조표의 왼쪽 면을 차변이라 하여 자산에 대한 내용으로 구성되고, 오른쪽 면은 대변이라 하여 부채(타인자본)와 자본(자기자본)에 대한 내용으로 구성된다. 즉 외식업체가 영업을 하기 위해 돈을 어떻게 조달했는지가 대변에 표시되며, 조달된 돈을 어떤 용도로 얼마나 사용했는지는 차변에 표시된다.

차변	대변
자산 : 부채+자본 운용	부채 : 타인자본
	자본 : 자기자본

① **자산** : 기업이 경영활동의 목적을 위하여 소유하고 있는 경제적 자원으로 현금 또는 현금으로 환산할 수 있는 일체의 동산과 부동산, 권리 등을 말한다. 자산은 현금화에 걸리는 시간을 기준으로 1년 이내에 현금화가 가능한 자산을 유동자산이라 하고, 현금화되기까지 1년 이상이 걸리는 부동산, 기계 설비 등의 자산은 고정자산이라 한다.

② **부채** : 부채는 회사가 영업을 위해 타인에게 빌린 자본으로 외상매입대금이나 은행 등에서 단기간 차입한 자금의 경우 1년 이내에 갚아야 하므로 유동부채라 한다. 반면 1년 이후에 상환해도 되는 타인자본의 경우는 고정부채라 하는데, 부채보다는 자산이 많은 것이 좋다.

③ **자본** : 자본이란 자산총액에서 부채총액을 뺀 금액으로 자기자본이라고도 한다. 즉 자본은 경영주의 자금을 표시하는 것으로 자본금과 잉여금으로 구성된다. 외식업체 창업 시 처음 투자한 자기자본과 투자자를 통한 자본이 증가한 것을 자본금이라 하고, 영업을 통해 생긴 순이익을 잉여금이라 한다.

자산 = 부채(타인자본) + 자본(자기자본)
자본(순자산) = 자산 - 부채

〈표 2-20〉 대차대조표

<table>
<tr><th colspan="3">과목</th><th>금액</th></tr>
<tr><td rowspan="16">자산</td><td rowspan="5">유동자산</td><td>현금·예금</td><td></td></tr>
<tr><td>외상매출금·받을어음</td><td></td></tr>
<tr><td>재고자산</td><td></td></tr>
<tr><td>기타 유동자산</td><td></td></tr>
<tr><td>유동자산 합계</td><td></td></tr>
<tr><td rowspan="3">투자와 기타 자산</td><td>장기성 예금</td><td></td></tr>
<tr><td>기타 투자 및 기타 자산</td><td></td></tr>
<tr><td>투자와 기타 자산 합계</td><td></td></tr>
<tr><td rowspan="4">고정자산</td><td>토지·건물</td><td></td></tr>
<tr><td>설비자산</td><td></td></tr>
<tr><td>기타 고정자산</td><td></td></tr>
<tr><td>고정자산 합계</td><td></td></tr>
<tr><td rowspan="3">이연자산</td><td>창업비</td><td></td></tr>
<tr><td>기타 이연자산</td><td></td></tr>
<tr><td>이연자산 합계</td><td></td></tr>
<tr><td colspan="2">자산총계</td><td></td></tr>
<tr><td rowspan="7">부채자본</td><td colspan="2">유동부채</td><td></td></tr>
<tr><td colspan="2">고정부채</td><td></td></tr>
<tr><td colspan="2">부채합계</td><td></td></tr>
<tr><td colspan="2">자본금 및 잉여금</td><td></td></tr>
<tr><td colspan="2">당기순이익</td><td></td></tr>
<tr><td colspan="2">자본합계</td><td></td></tr>
<tr><td colspan="2">부채와 자본총계</td><td></td></tr>
</table>

나. 손익계산서(Profit and Loss Statement)

손익계산서란 일정 영업기간 동안 기업의 경영성과를 한눈에 파악하기 위해 총비용과 총수익을 대응 표시하여 당기순손익을 나타낸 보고서이다. 즉 기업이 어떤 활동을 통하여 수익을 얻게 되었는지, 어떠한 비용이 발생하였는지를 파악하는 동시에 일정기간 동안의 순이익 또는 순손실을 파악할 수 있다.

손익계산서의 구성은 차변에 비용과 순이익을 나타내고, 대변에는 수익을 나타낸다. 손익계산서 양식에는 계정식과 보고식이 있는데, 기업회계기준에서는 보고식만 인정하고 있다.

차변	대변
비용	수익
순이익	

① 비용 : 외식업소의 목표는 이익 획득으로 이를 위해 식음료와 함께 서비스를 제공하고 그에 대한 대가로 재화를 획득하는 등의 영업활동을 한다. 이러한 영업활동을 위해 소비되는 지출금액을 비용이라 하는데, 현금 등 자산의 지출뿐만 아니라 미지급금과 같이 당장은 현금을 지불하지 않더라도 부채를 증가시키는 항목들도 비용으로 포함한다. 비용항목에는 영업비용(매출원가, 판매비와 일반관리비), 영업 외 비용(매출할인, 지급할인료), 특별손실(재해손실, 고정자산처분손실), 법인세 등이 있다.

② 수익 : 수익은 증자 등의 자본 거래 이외의 방법으로 자본을 증가시킨 원인을 말한다. 외식업소가 식자재 등의 원료를 매입하여 조리 · 가공하여 판매하는 것을 매출이라 하는데 이 매출액이 수익이다.

③ 순손익 : 일정기간의 총수익에서 총비용을 차감했을 때 이익이 나타나면 이를 순이익이라 하여 손익계산서상의 대변에 '당기순이익'으로 표기하고, 총수익보다 총비용이 크면 이를 순손실이라 하여 손익계산서상의 차변에 '당기순손실'로 표기한다.

■ 손익계산의 구분

① 제1구분 : 매출총이익(손실) = 매출액 - 매출원가

② 제2구분 : 영업이익(손실) = 매출총이익(손실) - 판매비와 관리비

③ 제3구분 : 법인세차감전순이익(손실) = 영업이익(손실) - 영업외수익 - 영업외 비용

④ 제4구분 : 당기순이익(손실) = 법인세차감전순이익(손실) - 법인세 비용

■ 손익분기점

손익분기점이란 손실과 이익이 분기되는 시점이다. 즉 어느 정도 판매하면 이익이 발생할 것인가를 구분하는 시점으로, 매출액이 손익분기점을 초과하면 이익이 발생하고 밑돌면 손실이 발생한다.

손익분기점=1-(매출액/변동비)/고정비

- 고정비=건물과 기계의 감가상각비+임차료+지대+집세+생산직 고정급여 등
- 변동비=생산직 변동급여+원재료비+전력비 등

〈표 2-21〉 손익계산서

과목		금액
매출액		
매출원가		
매출총이익		
판매비와 일반관리비	직원급여	
	복리후생비	
	통신비	
	수도광열비	
	감가상각비	
	수선비	
	광고선전비	
	포장비	
	운반비	
	기타 판매관리비	

영업이익	
영업외수익	
영업외비용	
경상이익	
특별이익	
특별손실	
법인세차감전순이익	
법인세 및 사업소득세	
당기순이익	

다. 이익잉여금처분계산서(Surplus Appropriation Statement, 결손금처리계산서)

이익잉여금이란 손익거래에 의하여 발생하는 잉여금 가운데 가장 일반적인 형태로 이익금의 보류액으로 생기는 잉여금 또는 이익을 원천으로 하여 생기는 잉여금 등을 말한다. 이익잉여금처분계산서는 이월이익잉여금의 수정사항과 당기이익잉여금의 처분사항을 명확하게 보고하기 위해 작성하는 재무제표로, 전년도의 이월이익잉여금이 당 회계연도에 어떻게 변화하였는지를 분석할 수 있다.

이익잉여금처분계산서의 주요항목으로는 당기말 미처분이익잉여금, 임의적립금이입액, 이익잉여금처분액, 차기이월이익잉여금 등이 있다.

라. 현금흐름표(재무상태변동표, Cash Flow Statement)

현금흐름표는 재무상태변동표라고도 하는데 기업이 현금을 어떻게 창출하고, 어디에 사용하였는지에 관한 정보를 제공하기 위해 작성되는 보고서이다. 즉 현금흐름표는 일정기간 동안 외식업소의 영업활동, 투자활동, 재무활동과 결과로부터 발생한 현금유입과 유출에 관한 정보를 알 수 있는 것이다.

4) 재무제표 분석

외식업체의 재무제표는 재무적 시각과 경영적 시각에서 경영상황을 확인할 수 있다.

첫째, 재무적 시각에서는 대차대조표를 통해 유동자산, 고정자산, 유동부채, 고정부채, 자본의 항목을 통해 업소가 주력하는 항목이 무엇이고 역량이 부족한 항목은 무엇인지, 어떤 항목이 강세를 보이고 어떤 항목이 약한지를 파악할 수 있다.

둘째, 경영적 시각으로는 손익계산서를 통해 매출액과 매입액, 매출총손익을 파악하고 수익 대비 비용은 어느 정도인지 등 업소의 영업력을 파악할 수 있다.

또한 재무제표를 통해 외식기업의 수익성, 성장성, 안정성, 활동성, 생산성을 분석할 수 있다.

가. 수익성

일정기간 동안의 경영활동의 성과를 종합적으로 측정하여 이익상황을 판단하는 수익성 분석이 이루어져야 한다. 순이익이 많을수록 내부적인 힘이 강해지고, 적극적인 경영 전략을 펼쳐 나갈 수 있으므로 수익성 평가는 업소의 강인성을 평가하는 척도가 된다고 하겠다. 수익성 분석은 크게 매출액 영업이익률과 매출액 순이익률, 총자본 경상이익률, 자기자본 순이익률로 구분된다.

① **매출액 영업이익률** : 영업이익을 매출액으로 나눈 비율로, 고유한 영업활동의 수익 및 영업활동 능력을 측정할 수 있다.

$$\text{매출액 영업이익률} = \frac{\text{영업이익}}{\text{매출액}} \times 100$$

② **매출액 순이익률** : 당기순이익을 매출액으로 나눈 비율로, 기업의 전체적인 능률과 수익성을 판단할 수 있다.

$$\text{매출액 순이익률} = \frac{\text{당기순이익}}{\text{매출액}} \times 100$$

③ **총자본 경상이익률** : 대차대조표상의 총자본에 대하여 어느 정도의 경상이익이 발생하였는가를 평가하기 위해 경상이익을 총자본으로 나눈 비율로, 수익력의 강세를 볼 수 있는 가장 중요한 지표이다.

$$총자본\ 경상이익률 = \frac{경상이익}{총자본} \times 100$$

④ **자기자본 순이익률** : 당기순이익을 자기자본으로 나눈 비율로, 투자된 자기자본의 효율적인 이용도를 측정할 수 있다.

$$자기자본\ 순이익률 = \frac{당기순이익}{자기자본} \times 100$$

나. 성장성

과거의 재무제표와 현재의 재무제표를 비교하여 업소의 당해연도 경영규모 및 기업활동의 성과가 전년도에 비해 얼마나 증가하였는지를 분석할 수 있다. 성장성 분석은 총자산 증가율, 자기자본 증가율, 매출액 증가율을 바탕으로 분석한다.

① **총자산 증가율** : 업소 운영에 이용된 총자산이 얼마나 증가하였는가를 나타내는 비율로, 기업의 전체적인 성장 규모를 측정할 수 있다.

$$총자산\ 증가율 = \frac{당기\ 말\ 총자산 - 전기\ 말\ 총자산}{전기\ 말\ 총자산} \times 100$$

② **자기자본 증가율** : 과거의 자기자본에 비해 당해연도에는 자기자본이 얼마나 증가하였는가를 나타내는 비율로, 자기자본 증가율이 0보다 작은 경우는 이익이 축적되지 않았다는 것으로 곧, 업소가 성장하지 않았음을 측정할 수 있다.

$$자기자본\ 증가율 = \frac{당기\ 말\ 자기자본 - 전기\ 말\ 자기자본}{전기\ 말\ 자기자본} \times 100$$

③ **매출액 증가율** : 매출액의 증가율은 업소의 성장률을 측정할 수 있는 대표적인 비율로, 수치가 높을수록 성장하고 있음을 알 수 있다.

$$\text{매출액 증가율} = \frac{\text{당기 매출액} - \text{전기 매출액}}{\text{전기 매출액}} \times 100$$

다. 안정성

대차대조표를 통해 업소의 재정상태, 지불능력의 정도 등 기업의 재무구조를 분석할 수 있다. 안정성 분석은 유동비율과 당좌비율, 자기자본비율, 고정장기 적합률 등을 통해 분석한다.

① **유동비율과 당좌비율** : 유동비율과 당좌비율은 업소의 지불능력과 차입금 상환능력을 판단할 수 있는 비율로 이를 통해 업소의 안정성 여부를 판단할 수 있다. 유동비율이란 유동자산의 합계를 유동 부채의 합계로 나눈 비율로 기업의 지급능력을 나타낸다. 당좌비율은 유사시 처분할 수 있는 부분이 있는지를 파악하는 비율로 기업의 즉각적인 지급능력을 알 수 있다.

$$\text{유동비율} = \frac{\text{유동자산}}{\text{유동부채}} \times 100$$

$$\text{당좌비율} = \frac{\text{유동자산} - \text{재고자산}}{\text{유동부채}} \times 100$$

② **자기자본 비율** : 부채와 자기자본의 균형상태를 나타내는 비율로 기업의 자본 구성상태를 분석할 수 있다.

$$\text{자기자본 비율} = \frac{\text{자기자본}}{\text{총자본}} \times 100$$

③ **고정장기 적합률** : 자기자본과 고정부채를 고정자산에 얼마나 안정적으로 배분하고 있는가를 나타내는 비율로 비율이 낮을수록 안전하다.

$$\text{고정장기 적합률} = \frac{\text{고정자산}}{\text{자기자본} + \text{고정부채}} \times 100$$

라. 활동성

업소의 경영을 위해 투입된 자금이 낭비 없이 회수, 운용되고 있는지를 분석할 수 있다. 활동성 분석은 총자본 회전율, 고정자산 회전율, 재고자산 회전율, 매출채권 회전율 등을 통해 분석한다.

① **총자본 회전율** : 매출액을 총자본으로 나누어 자본의 효율적 이용도 또는 기업의 종합적 활동능력을 알 수 있다. 이 회전율은 총자본이 1년 동안 몇 회 반복해서 운용되었는지를 분석할 수 있다.

$$\text{총자본 회전율} = \frac{\text{매출액}}{\text{총자본}} \times 100$$

② **고정자산 회전율** : 매출액을 고정자산으로 나눈 비율로 고정자산의 효율적인 이용 정도를 나타낸다. 일반적으로 비율이 높을수록 고정자산이 능률적으로 이용되고 있는 것이다.

$$\text{고정자산 회전율} = \frac{\text{매출액}}{\text{고정자산}} \times 100$$

③ **재고자산 회전율** : 업소의 연간 매출액을 재고자산으로 나눈 비율로, 재고자산이 1년 기간 중의 매출액으로 몇 번이나 전환되었는지를 분석할 수 있으며, 회전율이 높을수록 좋다.

$$\text{재고자산 회전율} = \frac{\text{매출액}}{\text{재고자산}} \times 100$$

④ **매출채권 회전율** : 매출액을 외상매출금과 받을 어음 등의 매출채권으로 나눈 비율로, 1년간의 영업활동을 통해 매출채권이 현금화되는 속도를 측정할 수 있다. 매출채권의 회전율은 높을수록 순조롭게 회수되고 있으며, 양호한 상태라고 분석할 수 있다.

$$\text{매출채권 회전율} = \frac{\text{매출액}}{\text{매출채권 잔액}} \times 100$$

마. 생산성

생산성이란 경영자원이라 불리는 인력, 자원, 자금, 정보를 투입하여 상품을 만들고 그것을 얼마만큼 효율적으로 판매했는지를 분석하는 것으로, 경영합리화의 척도라 할 수 있다.

생산성 분석은 노동생산성과 자본생산성 분석을 통해 알 수 있다.

① **노동생산성** : 노동력 단위당 성과를 나타내는 지표로 보통 종업원 1인당 부가가치 생산액을 의미한다.

$$\text{노동생산성} = \frac{\text{부가가치}}{\text{종업원 수}} \times 100$$

② **자본생산성** : 업소에 투입된 총자본이 1년 동안에 얼마만큼 부가가치액을 창출하였는가를 나타내는 비율로, 총자본 투자효율이라고도 한다. 이 비율이 높다는 것은 총자본이 효율적으로 운영되었음을 의미하는데 이 비율이 높게 유지되면 노동생산성 역시 높아지게 된다.

$$\text{자본생산성} = \frac{\text{부가가치}}{\text{총자본}} \times 100$$

5) 외식기업의 경영상태 분석

외식기업의 현재 영업활동을 분석하기 위해서는 경영상태 분석이 함께 이루어져야 한다. 외식기업의 경영상태 분석은 좌석회전율과 평균객단가, 식재료 원가율, 인건비율, FL Cost, 노동생산성, 자본생산성, 종업원 1인당 매출액 등을 통해 평가할 수 있다.

〈표 2-22〉 외식기업 경영상태의 분석 및 평가방법

① 좌석회전율 = $\frac{\text{고객 수}}{\text{좌석 수}} \times 100(\%)$

② 평균객단가 = $\frac{\text{식음료 매출액}}{\text{고객 수}}$

③ 식재료 원가율 = $\frac{\text{식음료 매출원가}}{\text{식음료 매출액}} \times 100(\%)$

④ 인건비율 = $\frac{\text{인건비}}{\text{매출액}} \times 100(\%)$

⑤ FL Cost = $\frac{\text{식재료비+인건비}}{\text{식음료 매출액}} \times 100(\%)$

⑥ 노동생산성(labour productivity)은 종업원 1인당 부가가치 생산액으로 나타내며, 노동의 효율성을 측정하는 지표로 측정된다.

$$\text{노동생산성} = \frac{\text{총부가가치}}{\text{종업원 수}}$$

⑦ 자본생산성은 자본의 투자효율을 나타내며, 투자자본의 단위당 부가가치를 측정하는 지표이다.

$$\text{자본생산성} = \frac{\text{부가가치}}{\text{총자본}}$$

⑧ 종업원 1인당 매출액은 노동생산성과 함께 기업의 능률을 측정하는 지표이다.

$$\text{종업원 1인당 매출액} = \frac{\text{매출액}}{\text{종업원 수}}$$

출처 : 나영선, 2006, 외식사업 창업과 경영, 백산출판사, p. 269.

12. 외식 마케팅

1) 외식 마케팅의 개념

1900년대 이전에는 수요가 공급을 초과하던 시대로 판매자가 중심이 되어 기업이 의도하는 제품을 대량생산하여 판매함으로써 이윤을 추구하였다. 그러나 오늘날에는 공급이 수요를 초과할 뿐만 아니라 소비자가 세분화되어 다품종 소량생산화될 뿐만 아니라 트렌드의 변화가 빨라 기업들은 소비자가 추구하는 것이 무엇인지에 초점을 맞추고 있다. 따라서 기존의 생산자 중심의 판매방식에서 소비자 중심의 판매방식으로 변화하고 있으며 이로 인해 마케팅 개념이 등장하였다.

마케팅이란 다양한 학자들에 의해 정의되었으나 일반적인 정의로는 '개인이나 조직이 그들의 목적을 달성시키는 교환을 실현하기 위하여 아이디어와 재화 및 서비스의 개념, 가격설정, 촉진 및 유통을 통하여 믹스를 계획하고 시장세분화, 포지셔닝, 소비자 행동의 이해를 통한 마케팅 전략을 실천하는 과정'이라고 하였다.

기업활동의 80% 이상은 마케팅이 좌우한다. 특히 외식 마케팅은 외식의 현상을 통하여 고객의 필요와 욕구를 충족시키는 대가로 이윤창출의 목적을 달성하려는 일련의 마케팅활동이다. 외식상품은 그 특성상 음식이라는 제품과 서비스가 혼재되어 있어 이 두 가지 특성을 동시에 만족시킬 수 있어야 한다. 따라서 외식기업은 경쟁사보다 우수하고 고객을 만족시킬 수 있는 마케팅 믹스를 개발하고 마케팅 전략을 수립해야 한다.

2) 외식 마케팅(S.T.P) 전략

외식기업은 자사가 판매하는 메뉴상품으로 시장의 모든 고객을 만족시킬 수 없다. 고객은 각각의 개성과 처한 상황이 다를 뿐만 아니라 환경에 따라 필요와 욕구가 다양하고 변화하므로 한 가지 전략이나 마케팅 종류로 시장을 공략하는 것은 한계가 있을 뿐만 아니라 성공할 확률이 낮다. 따라서 전체 고객시장 중에서도 자사의 메뉴상품을 필요로 하고 또 자사의 레스토랑이 주력으로 하는 메뉴상품이 어떤 고객층을 충족시킬 수 있는지를 파악하여야 한다.

그러기 위해서는 먼저 경쟁업체에 비해 자사가 갖는 강점과 단점은 무엇인지를 파악한 후 시장의 고객집단을 기준에 따라 세분화(Segmentation)하고, 그 중 자사가 충족시킬 수 있는 고객집단을 분석을 통해 선택하여 표적시장으로 선정(Targeting)한다. 마지막으로 선정된 고객집단을 대상으로 외식업체가 추구하는 이미지로 인식될 수 있을 뿐만 아니라 재구매를 유도할 수 있도록 각인시키는 포지셔닝(Positioning)전략이 실행되어야 한다. 이러한 외식업체의 시장세분화(Segmentation)전략, 표적시장선정(Targeting)전략, 포지셔닝(Positioning)전략을 외식 마케팅을 위한 STP전략이라 한다.

가. 시장세분화(Segmentation) 전략

과거에는 생산보다 수요가 많아 제품을 생산하면 고객들이 구입하는 대량마케팅(Mass Marketing)시대로 외식업체가 굳이 마케팅 전략을 구사할 필요성을 느끼지 못하였다. 그러나 오늘날에는 마케팅환경이 변화하여 고객들이 개성을 추구할 뿐만 아니라 욕구도 다양해져 기존의 생산자 중심의 마케팅 전략으로는 고객을 만족시킬 수 없게 되었다. 따라서 마케팅 전략의 효율성을 높이고 고객 만족을 통한 재구매율을 높이기 위해 마케팅 전략을 구사함에 있어서도 다수의 고객을 연령, 직업, 소득, 성별 등의 특정 기준으로 세분화하였는데 이를 시장세분화 전략이라 한다.

나. 표적시장선정(Targeting) 전략

표적시장선정 전략이란 시장세분화(Market Segmentation)를 통해 파악된 각 세분시장에서 주고객으로 삼을 시장을 확인하고 선정하는 과정이다. 이때 선정된 시장을 '목표시장 또는 표적시장(Target Market)'이라 하는데, 표적시장을 선정할 때에는 표적시장의 규모와 시장의 성장성, 수익 창출성, 현재의 경쟁상황과 잠재 경쟁자의 진출 가능성, 그리고 표적시장에서 자신들이 경쟁자보다 확실한 우위를 차지할 만한 인적 · 물적 자원과 기술을 갖고 있는지를 고려해야 한다.

다. 포지셔닝(Positioning) 전략

포지셔닝 전략은 고객의 지각에 자사를 어떻게 인식시킬 것인지를 결정하는 과정으로, 포지셔닝을 위해서는 다음과 같은 세 가지 분석이 필요하다.

첫째, 시장 분석을 통해서 수요의 전체 수준과 추세, 수요의 지역적 위치 등과 같은 요인을 결정한다.

둘째, 세분시장의 규모와 잠재력을 평가한다.

셋째, 자사의 자원보유 정도와 한계, 경영자의 가치와 목표 등을 분석한 후 표적시장에 기존 상품과 신상품 중 어느 상품으로 출시하여 시장을 공략할 것인지 등을 결정한다.

성공적인 포지셔닝을 위해서는 〈그림 2-17〉과 같이 고객의 지각도상에 자사의 위치를 가상적으로 그려보는 것이 중요하다.

■ 외식시장 Positioning Style 사례

① Low Price & Convenient
- 저가와 편리성을 추구하는 형태
- 특별한 서비스나 분위기를 원하지 않음

② Specialty & Upscale
- 남들과 다른 특별함을 원함
- 소비 수준이 일정 수준 이상임

③ Gourmet & Fashionable
- Fun, 음식과 분위기를 즐김
- 식문화를 선도함

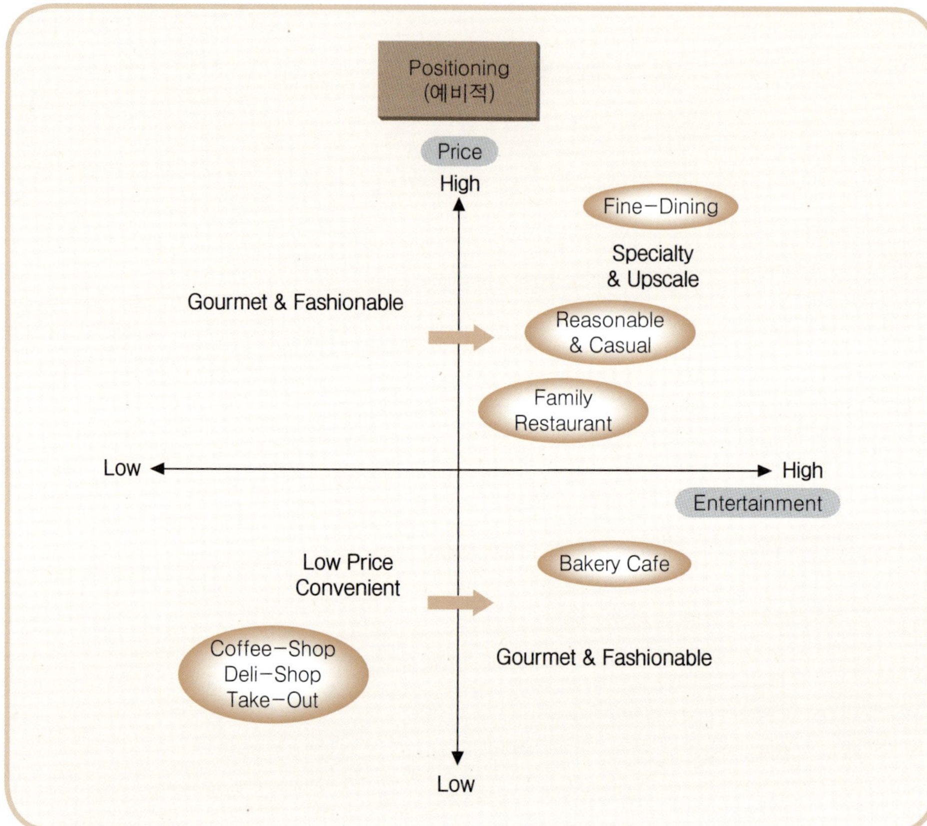

출처 : 장상태 · 함동철, 2010, 외식산업의 이론과 실제, 에이드북, p. 168.

〈그림 2-17〉 레스토랑의 예비적 포지셔닝 맵

출처 : Kotler, Bowen, Makens, 1996, Marketing for Hospitality & Tourism, Prentice-Hall, p. 244.
박기용, 2004, 21세기 외식산업경영학, 대왕사, p. 263 자료 재인용.

〈그림 2-18〉 시장세분화, 표적시장, 포지셔닝 전략 단계

3) 외식 마케팅 믹스

외식업체는 목표로 하는 시장에 대한 포지셔닝과 마케팅 목표를 설정하고 나면 마케팅 믹스를 설계해야 한다. 마케팅 믹스(Marketing Mix)란 표적시장(Target Market)을 만족시키기 위하여 기업이 통제 가능한 모든 요소를 결합하는 것이다. 즉 외식업체의 마케팅 목표를 달성하기 위해 결합하는 마케팅 수단의 집합을 마케팅 믹스라 한다.

마케팅 믹스는 유형상품과 서비스상품으로 구분되는데, 유형상품의 경우 제품(Product), 가격(Price), 유통(Place), 촉진(Promotion)의 4P's 변수가 결합된 것이며, 서비스상품의 마케팅 믹스는 유형상품의 4P's에 물리적 증거(Physical Evidence), 참가자(People), 과정(Process)의 3P's 변수를 더하여 7P's로 결합된다.

〈표 2-23〉 외식 마케팅 믹스

<table>
<tr><th>믹스</th><th colspan="2">구분</th></tr>
<tr><td>상품(Product) : 화폐와 교환하는 가치로 외식업체에서 판매하는 메뉴상품, 서비스, 아이디어, 분위기 등</td><td rowspan="4">유형상품
4P's</td><td rowspan="7">서비스상품
7P's</td></tr>
<tr><td>가격(Price) : 상품의 가격</td></tr>
<tr><td>입지(Place) : 외식업체의 장소</td></tr>
<tr><td>촉진(Promotion) : 매출을 증대시키기 위한 활동으로 광고, 인적 판매 등</td></tr>
<tr><td colspan="2">물리적 증거(Physical Evidence) : 서비스가 제공되고 서비스업체와 고객이 상호작용을 벌이는 환경</td></tr>
<tr><td colspan="2">사람(People) : 서비스 제공 및 구매자의 서비스에 대한 인식에 영향을 주는 모든 사람</td></tr>
<tr><td colspan="2">과정(Process) : 서비스를 제공하는 데 필요한 절차 또는 활동의 흐름</td></tr>
</table>

4) 외식 마케팅의 종류

가. 복고 마케팅

복고 마케팅은 옛것에 대한 향수를 자극하는 마케팅 전략으로 서민형 외식업소가 인기를 얻게 된 핵심 마케팅 전략이었다. 자연스럽고 아늑하며 때로는 만만할 정도로 편안한 분위기를 연출함으로써 고객들이 부담 없이 매장에 들어설 수 있도록 유도한 것이다. 대표적인 업체로 새마을식당은 인테리어와 메뉴뿐만 아니라 Bgm(Back Ground Music)까지 실제 새마을운동을 연상케 하는 음악을 틀어줌으로써 복고 콘셉트를 명확히 했다.

나. PPL 마케팅

PPL 마케팅은 드라마나 영화 등의 매체를 통한 협찬을 통해 브랜드를 노출함으로써 브랜드 인지도를 높이기 위한 마케팅 전략이다. PPL 마케팅은 협찬하는 프로가 대박 나는 경우 전국적인 인지도를 형성할 수 있으나 반대인 경우는 피해를 볼 수 있다.

본죽의 경우 KBS 드라마 '꽃보다 남자'를 통해 PPL 효과를 톡톡히 봤으며, 던킨도넛의 경우 '더킹 투하츠'를 통해 특정 메뉴가 불티나게 팔리는 등 브랜드 인지도가 향상되는 효과를 보았다.

다. 스타 마케팅

과거의 스타 마케팅이 '스타의 입김을 빌려 소비자가 상품에 신뢰를 갖게 하는 것'에 초점이 맞춰져 있었다면 현재의 스타 마케팅은 '스타가 갖고 있는 이미지를 통해 브랜드의 호감도를 높이는 것'에 비중을 두고 있다. 스타 마케팅의 경우 피자업체, 치킨업체 등이 적극적으로 활용하는 마케팅 전략으로 피자헛은 이승기, 굽네치킨은 여성걸그룹 '소녀시대'를 모델로 해 인지도를 높였다.

라. 인터넷 마케팅

다음, 네이버 등의 검색엔진과 블로그, SNS의 유행 등으로 많은 사람들이 컴퓨터를 활용한 인터넷을 많이 이용한다는 점에 착안한 마케팅 전략이다. 특히 최근에는 레스토랑이나 음식 정보 등을 사전에 온라인으로 검색해 보는 소비자들이 점점 많아지는 추세로 자사 홈페이지를 강화하거나 e-mail을 활용하는 등 다양한 수단의 마케팅 전략을 추구하고 있다. 특히 파워 블로거로 일컬어지는 인기 블로거들의 사이트는 하루에 수천, 수만 명의 사람들이 방문해 정보를 얻어가고 있다. 이들 인기 블로거를 통한 입소문 효과의 위력이 강해짐에 따라 외식업소들은 블로거를 초정해 메뉴 시식회를 마련하기도 하고, 직접 블로그를 만들어 온라인 홍보를 적극적으로 실시하고 있다.

마. 웰빙 마케팅

최근의 화두가 되고 있는 강력한 트렌드 '웰빙'은 외식업체도 예외가 아니다. 따라서 많은 외식업체들이 현대인들의 건강에 대한 관심을 반영한 메뉴 마케팅 전략으로 매출을 올리고 있다. 유기농 식재료 사용, 샐리드 바 확대, 다이어트 식단 등이 그 예라 하겠다.

바. 마일리지 마케팅

단골고객의 확보와 고객 유인을 통한 매출 증대를 위해 시행하는 마일리지 시스템으로 이용 횟수만큼 스탬프를 찍거나 이용 금액당 포인트 점수를 적립시켜 사은품을 증정하거나 현금과 같이 사용할 수 있도록 하는 마케팅 전략이다.

사. 타임 마케팅

피크타임의 고객을 분산시키고, 한가한 시간대에 매출을 증대시키기 위한 마케팅 전략이다. 타임 마케팅으로는 특정시간에 이용하는 고객에게 메뉴상품 가격을 할인하는 방법과 세트메뉴 정액제, 하나를 구입하면 두 개를 제공하는 투포원 등이 있다.

아. 쿠폰 마케팅

신상품이나 생일 등을 맞아 가격할인 쿠폰, 무료제공 쿠폰 등의 할인쿠폰을 제공하여 고객을 유인 및 구매를 촉진하는 마케팅 전략이다.

5) 외식업 마케팅의 중요성

가. SNS 마케팅의 중요성

소비자들이 맛집을 찾을 때 페이스북, 인스타그램, 블로그 추천이나 검색을 통해 맛집의 위치와 영업시간, 메뉴, 가격 등 상세내용을 파악하고 네이버나 구글 지도앱을 이용해 찾아간다. 이처럼 외식업에서 SNS는 중요한 마케팅 도구로 점포의 매출을 증가시키는 핵심이 되었다.

출처 : 소비라이프뉴스(http://www.sobilife.com)

인스타그램 마케팅의 중요성

마케팅 전문가들은 유튜브가 소비자들에게 많이 노출되기 때문에 외식기업들의 유튜브 마케팅은 선택이 아닌 필수라고 말한다.

모든 것이 오프라인에서 온라인으로 옮겨가고 있는 시대, 마케팅도 예외는 아니다. 특히 외식업종의 경우 코로나 19로 언택트 소비가 일반화하면서 오프라인 마케팅만으로는 살아남기 어려워졌으며, 구전마케팅의 의미도 사라져가고 있다. 소비자들은 이제 친구나 지인의 추천보다는 일면식 없는 인플루언서의 추천을 신뢰하고, SNS에서 회자되는 상품과 서비스를 구매한다. 그리고 그것을 자신만의 온라인 공간인 인스타그램에 올려 '자랑'한다. 이것이 외식업소에서 SNS 마케팅을 배워야 하는 이유라고 마케팅 전문가들은 말한다.

유튜브 마케팅 성공사례

• 불닭볶음면

삼양식품의 '불닭볶음면'은 유튜브 덕분에 대박이 난 사례다. 삼양식품이 별다른 마케팅을 하지 않았지만 유튜버들의 먹방을 통해 해외 소비자들 사이에서 입소문이 나 지난 2017년 해외 매출(1750억 원)이 국내(750억 원)의 두 배가 넘었고, 인도네시아에서는 할랄 인증까지 받았다.

마케팅 채널로서 유튜브의 장점은 크게 네 가지다.

첫째, 유튜브 사용자 층에는 젊은 차세대 소비자가 많다.

둘째, 과금 방식이 합리적이다(영상 길이가 30초 미만일 때는 영상을 다 봐야 과금된다)

셋째, 유튜브에서는 TV와 달리 다양한 성격의 영상들이 소비된다.

넷째, 유튜브에서 제공되는 다양한 지표와 보다 정교한 측정 방식을 통해 마케팅 활동에 필요한 통찰력을 얻는 데 도움이 된다.

13. 외식공간의 설계

오늘날의 식당은 배고픔의 욕구를 해결하는 공간으로서의 이미지를 넘어 새로운 것을 보고, 듣고, 느끼며, 즐기는 공간으로 인식되고 있다. 특히 경제발달로 인한 생활수준의 향상과 주 5일 근무제, 독신자 증가 등의 사회변화로 음식의 맛이 외식업체 선택기준이 되었던 과거와 달리 최근에는 편안한 분위기와 독특한 디자인, 오락성 등의 차별화된 요인을 추구하는 경향으로 변화하고 있다. 이와 같은 제반 사회환경들의 변화에 외식업체 또한 빠르게 대응하기 위해서는 외식공간도 새롭고 감각적이며 효율적으로 설계되어야 한다. 매출증대에 직접적인 기여를 하지 못하는 공간설계는 의미가 없기 때문이다.

레스토랑의 공간설계는 시작이자 마지막이라 할 수 있다. 따라서 대부분의 창업자들이 외식공간의 설계를 어렵게 여겨 전문가에게 맡겨 의지하는 경우가 많다. 그런 경우 창업자가 의도한 방향과 다르게 진행될 수 있으며, 레스토랑의 목적이 명확하게 표현되지 않는 등의 단점이 발생할 수 있다. 따라서 창업자가 확고한 방침을 가지고 제반 조건이나 업장의 유형 등을 분석하여 전문가와 함께 설계에 참여할 뿐만 아니라 공사의 진행을 감독하고, 지시사항이 제대로 진행되고 있는지를 반드시 확인해야 한다.

1) 외식공간 분석

우리가 옷을 맞추기 위해서는 신체의 치수를 정확히 측정하는 것이 우선인 것처럼 레스토랑의 공간설계를 위해서도 가장 먼저 공사의 대상이 되는 레스토랑의 공간을 분석해야 한다. 대개 레스토랑의 구조나 평수에 따라 인테리어 공사비나 디자인, 설계가 달라질 수 있기 때문이다. 따라서 레스토랑 공간분석을 위해 현장조사를 실시하는데, 이때 창업자와 건축 및 설계업자를 비롯하여 주방 담당자와 홀 책임자가 정해진 경우 함께하는 것이 좋다.

현장조사를 통해 레스토랑 공간을 분석한 후 예비도면을 작성하게 되는데, 이때 각 부문 담당자의 의견이 바탕이 되어야 한다. 이렇게 작성된 예비도면을 통해 창업자는 레스토랑 공간설계에 소요되는 비용을 어느 정도 예측하게 되므로 중요하다.

레스토랑 공간은 고객이 머무는 공간인 접객서비스 공간과 주방설비 공간, 관리 공간의 3부분으로 구분할 수 있다. 이렇게 세 구역으로 구분하여 설계하면 필요한 장비나 집기의 위치를 쉽게 결정할 수 있다. 구분된 세 구역의 공간 중 가장 먼저 주방설계를 시작하고, 주방설계가 완료되면 객석설계 순으로 설계한다.

공간 분석을 마치고 레스토랑설계에 앞서 창업자는 레스토랑 개점일정계획서를 작성하는 것이 필요하다. 개점일정계획서에는 설계 및 공사일정, 주방기기 및 설비 등의 입고일자, 직원선발, 인테리어 · 내부 공사 등의 일정, 메뉴개발 일정, 사무용품 · 유니폼 · 식자재 입고, 시식테스트, 개점행사, 간판설치, POS시스템 등 개점 시 갖추어야 할 요소들을 일자별로 정리하여 기록한 서류이다. 개점일정계획서는 창업자가 정해진 기간 내에 필요한 요소들을 제대로 갖추고 있는지를 확인함으로써 성공적으로 개점할 수 있도록 한다.

가. 접객서비스 공간

접객서비스 공간은 고객이 식사를 하는 동안 머무르는 곳으로 매출과 관련이 높은 공간이다. 접객서비스 공간은 크게 도입 부분과 객석 부분, 서비스 부분으로 구분할 수 있다.

① **도입 부분** : 외부에서 객석으로 진입하는 부분으로서 공적 공간으로 개방해 놓는다. 방풍실, 리셉션, 대기실 등이 이 부분에 속한다.

② **객석 부분** : 바 카운터와 테이블로 이루어진 부분으로, 고객의 식사공간과 종업원의 접객서비스 공간이 이에 속한다.

③ **서비스 부분** : 식사대금 계산을 위한 카운터와 화장실, 동선 등이 이에 속한다. 이외에 상품진열대, 놀이방 등의 공간이 추가될 수 있다.

나. 주방공간

주방은 주로 창고공간(냉장, 냉동, 드라이 창고)과 식자재를 준비하는 공간, 조리공간, 후처리를 위한 공간, 음료와 컵 등의 준비공간 등으로 구성되어 있다. 또 직원을 위한 로커(locker)와 샤워시설, 직원식당 등의 공간도 주방에 두는 경우가 많다. 직원들이 편해야 좋은 서비스가 나올 수 있으며, 잦은 이직은 서비스 품질에 영향을 미치므로 되도록 직원을 배려한 공간을 고려하는 것이 필요하다.

다. 관리공간

관리공간은 매장관리를 위한 사무실 공간으로 여유가 있다면 홀과 주방, 사무실을 별도로 운영하는 방법도 있다. 사무실 공간은 중요한 공간을 구성한 후에 자투리 공간을 이용하는 것이 좋다. 갈수록 임대료가 상승하고 있기 때문에 주방이나 관리공간은 남아 있는 1인치를 찾아 효율성을 높이는 것이 중요하다.

2) 외식공간의 설계 시 고려사항

외식공간의 설계는 단순히 외적으로 아름답고 독특하며 차별화된 공간으로 보이도록 설계하는 것이 전부가 아니라 식사를 하는 것을 주목적으로 하는 공간이므로 고객이 편안하고 안락하게 식사할 수 있도록 고려되어야 한다. 따라서 레스토랑이 추구하는 경영 목표와 이념, 서비스유형, 목표고객의 특성, 마케팅 전략 등을 충분히 이해하고 검토하여 기능적일 뿐만 아니라 미적 요소와 독창적인 요소까지 고려한 새로운 공간으로 창조해야 한다. 외식공간 설계 시 고려사항을 정리하면 다음과 같다.

■ 외식공간설계 시 고려사항

① 유연성과 모듈(장비 및 설비의 구조)
② 단순함(디자인, 구조, 설비 등의 단순함)
③ 작업흐름(식자재 입고부터 조리, 서비스, 세척, 정리의 동선 고려)
④ 위생 및 안전의 용이함(위생적인 환경조성, 안전한 작업장 등)
⑤ 감독의 용이함(감독자가 작업장을 주시할 수 있도록 함)
⑥ 공간의 효율성(작은 공간을 효율적으로 활용하도록 기구 등을 배치)
⑦ 인체공학(적절한 온도와 습도, 충분한 작업공간, 소음, 조명, 작업대 높이 등)
⑧ 업종과 업태(메뉴상품의 종류와 개발 예정 메뉴상품)
⑨ 창고 공간(3일 정도의 매출 물량을 확보할 수 있는 넓이)
⑩ 실측에 의한 설계
⑪ 종업원 휴식공간
⑫ 점포 외부 형태

3) 레스토랑 외부공간의 설계

레스토랑 공간설계는 외부와 내부로 구분하는데, 레스토랑의 외부는 고객들에게 가장 먼저 보여지는 공간이다. 따라서 레스토랑 이미지에 많은 영향을 미치므로 레스토랑의 특성과 주변환경과의 조화를 고려하여 설계해야 한다. 특히 레스토랑이 목표로 하는 고객과 지나가는 고객들의 눈에 쉽게 보일 수 있도록 가시성이 좋게 설계할 뿐만 아니라 시선을 끌 수 있도록 각 레스토랑만의 차별화된 이미지를 전달하도록 계획한다.

레스토랑 외부공간의 구성요소로는 크게 간판, 외관, 입구, 주차장 등으로 구분할 수 있다.

가. 간판

간판이란 레스토랑의 이름과 업종, 판매하는 품목 등을 써서 사람들의 눈에 잘 띄도록 매달거나 붙이는 장치이다. 간판은 잠재고객들이 레스토랑과 접촉하게 되는 출발점으로 고객들은 간판을 통해 레스토랑을 발견할 뿐만 아니라 그 매장의 성격을 판단하게 하고, 이미지를 심어준다. 따라서 주변에 많은 경쟁업체가 존재하는 경우 간판들 사이에서 자사의 간판이 가장 돋보일 수 있도록 디자인해야 하며, 위치도 중요하다. 간판을 디자인하고 실제 제작할 경우는 건물주와의 협의를 거쳐야 하거나 지역에 따라 법적인 규제가 있을 수 있으며, 디자인 등의 전문적인 지식이 요구되므로 전문가와 상의하는 것이 좋다.

나. 외관

레스토랑의 입구와 전체적인 외관은 사람의 경우 얼굴과 외모에 해당한다고 할 수 있다. 따라서 많은 사람들 사이에서 눈에 띄고 주목받기 위해 외모를 치장하는 것처럼 레스토랑의 입구와 외관도 고객의 시선을 끌어당길 수 있어야 한다. 최근 들어 매우 화려하고 독특한 예술적인 디자인의 레스토랑들이 많이 생겨나고 있을 뿐만 아니라 반대로 웰빙의 유행으로 친환경요소를 강조한 디자인의 레스토랑이 생겨나는 등 각각의 특징을 강조한 레스토랑 디자인이 주목받고 있다.

레스토랑의 외관은 가장 먼저 눈에 띄는 요소가 되므로 고객에게 레스토랑의 성격을 알리고 또 선택하게 하는 요인이 될 수 있다. 따라서 자사가 경쟁업체와 차별화될 수 있는 요소가 무엇인지를 파악하여 소비자들을 유인할 수 있도록 디자인하는 것이 중요하다. 예들 들어, 외관의 한쪽 외벽을 투명소재로 하여 안과 밖이 모두 들여다보이도록 개방적으로 디자인하거나, 유난히 밝은 조명을 사용하여 사람들의 시선을 끌기도 한다. 또한 입구에 독특한 조형물을 전시하여 고객의 이해를 돕도록 설계하기도 하며, 테라스공간을 활용하여 기다리며 차를 마시거나 식후 디저트를 즐기는 공간으로 활용하는 등 고객의 시선을 유도할 뿐만 아니라 편의성을 제공하는 등 예술적 요소와 함께 기능적 요소까지 갖춘 외부공간으로 설계하고 있다.

다. 입구

입구는 레스토랑의 외부와 내부를 연결하는 공간으로 고객들이 외부에서 레스토랑 내부로 들어서는 접점이라 하겠다. 따라서 레스토랑에 들어서는 순간 환영받는다는 느낌이 들 수 있도록 입구의 문을 최대한 넓고 쉽게 여닫을 수 있도록 해야 한다. 예를 들어, 입구를 자동문으로 하거나 회전문으로 하는 경우가 여기에 해당하는데, 관리적인 측면에서 냉 · 난방의 효율성을 고려하여 이중문 또는 에어커튼 등을 설치하기도 한다. 입구설계 시 고려되어야 할 부분으로는 출입구의 수, 위치와 방향, 출입구의 크기, 출입문의 방식 등이다.

라. 주차장

외식업체에서 주차장은 필수적으로 갖추어야 할 요소는 아니지만 없어서는 안 되는 요소이기도 하다. 특히 지난 10년간 중 · 대형차 비중이 40%에서 82%로 증가함에 따라 기존보다 더 넓은 주차장이 필요하게 되었다. 그 결과 2012년 7월부터 시행되는 주차장법 개정안에 의해 주차대수 50대 이상의 신설되는 부설주차장과 노외주차장의 경우 주차너비의 최소기준을 2.3m에서 2.5m로 넓히도록 의무화되었다. 또한 이륜자동차의 경우도 기존에는 전용 주차공간을 따로 설치하지 않아도 되었으나 개정된 주차장법에는 이륜자동차도 전용 주차공간을 설치하는 것이 의무화되었다. 따라서 점포 앞에 주차장을 확보하기 어려운 경우에는 인근의 주차장을 제공하고 주차장에서 레스토랑 입구까지 적절한 유도 사인을 배치하여 고객편의를 도모해야 한다. 특히 최근에는 발레파킹(ballet parking)서비스, 안내요원 배치 등 적극적인 고객서비스를 제공하는 레스토랑이 증가하고 있다.

4) 레스토랑 내부공간의 설계

레스토랑의 내부는 고객의 구매욕구를 높일 수 있도록 설계되어야 한다. 내부공간은 고객이 식사를 시작해서 마치는 동안 머무는 공간으로 매력적으로 보이도록 각종 집기를 배열할 뿐만 아니라 편안하고 즐겁게 식사를 즐길 수 있도록 하는 것이 중요하다. 특히 식사를 하는 테이블과 화장실, 계산대 등의 동선을 최적화하여 고객이 이동하기 편리하게 하며, 종업원의 경우 고객서비스가 원활하도록 해야 한다. 특히 주방과 객석, 화장실의 위치가 중요한데 주방에서 조리할 때의 소음이나 식사가 끝난 후 기물들을 정리할 때 발생되는 소음으로 인해 고객들이 식사 시 방해를 받을 수 있으며, 화장실의 소음이나 냄새로 인해 불쾌감을 줄 수 있기 때문이다.

내부공간은 크게 고객의 식사공간인 객석과 주방, 동선, 화장실, 부대시설로 구분할 수 있다.

가. 객석

객석은 고객이 식사를 즐기는 공간으로 매출과 연결되는 중요한 곳이다. 따라서 가장 넓은 면적을 할애하며, 설계나 디자인에 있어서도 가장 중점적으로 고려하는 부분이다. 예를 들어, 레스토랑의 성격에 따라 패스트푸드를 취급하는 경우 개방적인 공간으로 구성하는 것이 좋으나 패밀리레스토랑이나 고급 레스토랑의 경우 아늑한 공간이나 타인과 구분된 조용한 공간에서 식사하는 것을 선호하므로 파티션이나 화분 등으로 구분하여 옆자리의 대화나 소음으로부터 방해받지 않도록 고려해야 한다.

특히 오피스가에 위치한 경우 단체고객을 수용할 수 있도록 유연성을 고려해야 하며, 가능하면 일반고객들과 분리시키는 것이 필요하다. 또한 독립된 바나 라운지가 있는 경우 식사공간과 차별화된 공간으로 설계하며, 와인 전시대 등을 고객의 시선을 끄는 장식적인 요소로 활용하는 것도 좋은 방법이다.

그 밖에 편안하고 즐거운 분위기 조성을 위해 벽지나 가구 등의 디자인과 색상, 조명의 밝기, 실내온도, 배경음악 등 여러 가지 요소를 고려해야 한다. 레스토랑의 객석은 단순히 '어떻게 꾸밀까'를 고민하는 것이 아니라 '어떻게 팔까'를 고려하여 설계해야 하므로, 레스토랑이 목표로 하는 고객층과 객단가에 맞는 점포를 디자인해야 한다.

쉬어가기

① **의자와 테이블** : 의자와 테이블은 고객이 음식을 먹고 마시는 행위의 편안함 정도를 결정짓게 한다. 레스토랑 성격에 따라 의자와 테이블의 크기, 높이, 형태, 배열, 재질 등이 달라질 뿐만 아니라 레스토랑이 목표로 하는 고객층이 젊은 층인지 직장인인지, 여성고객, 가족 등 계층에 따라 테이블과 의자의 디자인과 색상, 공간 안에서의 위치도 달라진다.

② **의자와 테이블 크기** : 테이블과 의자로 구성된 객석 한 세트의 치수는 점포의 크기나 형태, 업종, 고객층, 입지 등에 따라 차이가 있지만 음료 중심의 경우는 최소한의 치수로, 식사 중심의 가게는 비교적 넉넉하게 하는 것이 일반적이다. 마주보고 앉는 사각 테이블의 경우 한 사람당 필요 간격을 450~600mm로 산정하면 필요 객석에 대한 테이블의 치수가 결정된다. 단, 보통 큰 테이블은 직각으로 인접한 양 사이드에도 객석을 설치하므로 코너부분에 한 사람당 필요한 테이블 공간의 오버랩이 생기므로 이런 상태의 코너에는 250~300mm 정도의 여유를 두어야 한다. 원형 테이블의 경우 한 사람의 필요 간격은 지름 400mm를 기본 치수로 하여 1인이 추가될 때마다 각기 지름 150mm를 더하면 필요한 테이블 치수를 계산할 수 있다. 테이블의 지름에 원주율 3.14를 곱해서 원주를 산출하고, 의자 폭으로 나누어 계산하면 설치 가능한 의자 좌석 수를 계산할 수 있다.

③ **의자와 테이블 배치형태** : 의자와 테이블의 배치형태는 레스토랑의 성격이나 특성에 따라 세로형, 가로형, 변형 부스형, 점재형으로 구분된다.

- 세로형 : 직사각형의 점포에서 긴 벽에 따라 배열하거나 파티션이나 스크린과 병행해서 놓이는 형태이다. 객석의 구성이 단순하므로 가벼운 음식업태에 적합하며 종업원도 서비스를 하기 쉬운 형태로 서비스 효율도 크다. 단, 구성이 단순해서 마치 지하철의 의자와 같이 거북하고 딱딱한 이미지를 주기 쉽다.
- 가로형 : 네모진 점포에 주로 어울리며 벽 또는 주요 통로에 직각으로 배치되는 형태로 벽측의 의자를 벤치시트로 한 경우가 많다. 다른 형과 복합하여 사용하는 경우가 일반적으로 배치 효율을 높일 수 있으며, 빈 공간을 없앨 수 있는 장점이 있으나, 객석통로가 복잡해지고 서비스 동선이 생각보다 길어져 손님 응대 시 불쾌감을 줄 수 있다.
- 변형부스형 : 곡선형, 원형, 예각, 둔각의 코너형 등 자유로운 객석구성을 할 수 있다. 디스플레이나 파티션 등을 이용하여 복합적이고 개성적인 공간연출이 가능하나 취급방식에 따라

번거로운 객석이 되거나 고객 수에 맞지 않는 불편이 야기될 수 있다.

- 점재형 : 식사 중심의 점포나 매점 등의 점포에 많이 사용되는 형태로 비교적 넓은 업장을 확보한 레스토랑에서 볼 수 있는 형태이다. 한 공간에 자유로이 배치하는 방법과 일정한 간격으로 배열하는 경우가 있다. 독립된 형식으로 여유 있고 차분한 객석구성이 되는 반면, 다른 배치와 비교해서 면적마다의 객석 수는 줄어드는 특성이 있다. 소형점포의 경우 좁은 공간에서 배치의 한계성이 있으므로 고객의 입장에서 가능하면 편리하게 이용할 수 있도록 배려하고, 고객내점 비율을 계산하여 2인용, 4인용 탁자를 고루 사용하여 유효가동률을 최대한 높이는 것이 필요하다.

–연합창업지원센터 자료 인용(http://changup.mk.co.kr)

나. 주방

주방은 레스토랑의 상품인 음식을 만들어 제공하는 곳으로 위생, 안전, 효율성을 고려해야 한다. 또한 주문받은 음식을 가능한 한 빨리 조리하여 서비스해야 하므로 식사공간과의 연결이 효율적으로 이루어져야 한다. 특히 물과 화기를 많이 이용하는 곳으로 급 · 배수라인과 환기시설을 고려해야 한다. 식당의 종류에 따라 차이는 있지만 일반적으로 주방은 전체 공간의 25~35% 정도의 면적을 차지하도록 설계한다.

주방을 설계할 때는 먼저 주방 위치를 개략적으로 선정한 후 건물 전체의 구조를 고려하여 배치한다. 특히 식사공간과 주방이 바로 붙어 있는 경우는 주방의 소음이나 음식냄새가 고객에게 여과 없이 전달되어 오히려 불쾌감을 유발할 수 있으므로 시각적이나 물리적으로 어느 정도 차단해 주어야 한다.

최근에는 주방을 오픈형으로 설계하여 인테리어의 한 요소로 활용할 뿐만 아니라 고객의 구매욕구를 자극하는 요소로 이용하고 있다. 또한 고객들의 인식도 바뀌어 바로 앞에서 조리의 전 과정을 지켜보는 것을 즐겨할 뿐만 아니라 만족도도 높은 편이다. 따라서 주방을 설계할 경우 주방을 공개할 것인지를 고려해야 한다.

〈표 2-24〉 레스토랑 형태에 따른 객실과 주방의 규모

레스토랑 형태	Meals Per Day	객실 크기		주방 규모	
		평방미터	평수	평방미터	평수
레스토랑 좌석 수 (100석 규모)	1,000	130.20	39.4	120.90	36.6
컨트리클럽 (200석 규모)	600	316.20	95.6	119.78	36.2
대학 카페테리아 또는 케이터링	4,000	523.13	158.2	235.29	71.2

출처 : 이대홍 · 이희열 · 김두라 공저, 2009, 외식 창업, 백산출판사, p. 150.

다. 동선

레스토랑 내부의 효율적인 동선계획은 종업원에게는 빠르고 효율적인 서비스를 수행하게 하며, 고객은 방해받지 않고 식사를 즐길 수 있게 한다. 따라서 중요한 서비스 동선은 겹치지 않도록 하며, 동선을 단순화하는 것이 중요하다. 점포의 규모에 따라 조금씩 다르지만 일반적으로 주요 통로는 폭이 900~1,200mm, 주요 통로에서 갈라진 부통로의 경우는 600~900mm, 부통로에서 좌석에 이르는 최종 통로는 400~600mm로 단계적으로 계획한다.

라. 화장실

화장실의 크기나 위치는 레스토랑 규모에 따라 달라지는데, 매장이 큰 경우 내부에 위치하지만 피치 못한 경우 외부에 위치하도록 설계하기도 한다. 화장실의 편리성과 분위기, 청결성은 식사 경험과 함께 고객들에게 깊은 인상을 남길 수 있다. 특히 여자들의 경우 화장실에서 얼굴이나 옷매무새를 고치기도 하는 등 머무는 시간이 길기 때문에 화장실에 대한 관심도가 높다. 따라서 식사공간의 실내디자인과 연관되는 분위기로 특별한 느낌을 줄 수 있도록 디자인한다.

또한 내부공간에 여유가 있는 경우 여성 고객을 위한 화장 공간이나 유아를 위

한 수유실, 어린이 전용 양변기, 장애인 화장실 등을 갖추는 것도 필요하다. 또한 고객 화장실과 종업원용 화장실은 반드시 분리해서 설치하는 것이 좋으나 피치 못할 경우는 공동으로 사용하도록 한다.

마. 부대시설

식당의 부대시설은 고객을 위한 부대시설과 직원을 위한 부대시설, 운영을 위한 부대시설로 구분할 수 있다. 고객을 위한 부대시설로는 기다리는 고객을 위한 대기실, 아이를 동반한 고객을 위한 놀이방과 수유실 등을 들 수 있다. 직원을 위한 부대시설로는 탈의실, 휴게공간, 체력증진실 등의 복지시설 등을 들 수 있으며, 운영을 위한 부대시설로는 각종 업무를 보기 위한 사무실이나 창고와 같은 저장공간을 들 수 있다. 특히 고객들이 기다리는 공간은 편안함을 줄 수 있도록 설계되어야 하며, 아이들을 위한 놀이방은 안전하게 설계할 뿐만 아니라 직원들이 관리하기 쉬운 곳에 위치하도록 해야 한다.

이와 같이 레스토랑의 부대시설은 각각의 레스토랑 성격에 따라 차이가 있으므로 효율적인 공간설계를 위해 꼭 필요한 공간과 특성을 신중하게 고려해야 한다.

〈표 2-25〉 직원 수에 따른 로커룸의 규모

직원의 수	필요한 공간	
	평방미터	평수
5명 이하	5.58	1.7
5~10	9.3	2.8
10~20	13.95	4.2
20~40	20.93	6.3
40~75	23.25	7.0
75~100	32.55	9.8

5) 레스토랑의 인테리어 요소

처음 방문한 레스토랑의 경우 점포 내부에 첫발을 내디딘 순간의 분위기가 레스토랑 이미지에 많은 영향을 미치게 된다. 레스토랑의 외부공간에서 받은 기대치가 내부공간에 들어서는 순간 미치지 못한다면 고객은 발길을 돌릴 수 있기 때문이다. 따라서 고객이 점포 안에 들어섰을 때 구매욕구가 발생될 수 있도록 레스토랑 내부는 설계되어야 한다. 고객의 구매욕구를 자극하는 레스토랑 내부의 인테리어요소로는 조명, 색깔, 벽, 바닥, 천장, 집기와 장비의 내부 진열상태, 냉·난방설비, 급배수설비, 환기, 안전설비 등을 들 수 있다.

가. 조명

레스토랑에서 조명은 점포의 생명력과 같은 존재라 할 수 있다. 조명기구와 불빛의 정도에 따라 매장의 인상과 분위기가 크게 달라지기 때문이다. 따라서 자사만의 독특한 분위기 연출을 위해서는 단순히 예쁜 조명기구를 선택하는 것이 아니라 철저한 기획과 계획하에 선택되어야 한다. 레스토랑의 조명은 내부조명과 외부조명으로 구분할 수 있다.

외부조명의 경우 고객을 유인하는 요소가 되므로 야간 혹은 일찍 어두워지는 겨울철에는 레스토랑 외관을 비춰주는 조명에 관심을 기울여야 한다. 특히 크리스마스 등 특별한 날에는 네온 벨트나 장식 조명 등의 독특한 분위기 연출로 고객의 시선을 끌 수 있어야 한다. 반대로 내부조명은 상품을 돋보이게 하고 안락한 분위기를 연출하며 고객의 시선을 사로잡는 역할을 한다.

따라서 레스토랑 외부는 고객의 눈에 잘 띄도록 비교적 밝고 화려하게 하여 고객을 유인하는 반면 레스토랑 내부는 밝게 하는 것보다는 조금 어두운 조명이 고급스러운 분위기를 연출할 수 있다. 레스토랑 내부 조명을 너무 밝게 한 경우 주의가 산만해져 구매의욕이 상실될 수 있기 때문이다. 따라서 내부 조명의 경우 고객이 메뉴상품을 주문하고 서비스를 제공받기 편안한 정도의 밝기로 하는 것이 좋다.

단, 쇼윈도나 카운터, 상품진열대, 화장실, 비상구 등 고객의 눈에 띄어야 하는 곳은 스포트라이트 등을 적절히 사용하여 강조할 수 있다.

〈표 2-26〉 공간별 알맞은 조명의 양

공간		Lux
주방		323~430
캐셔(cashier)		430~538
창고		107~161
레스토랑 입구		107~215
화장실		107~323
레스토랑 다이닝룸	패스트푸드	430~538
	일반식당	107~215
	고급식당	53~161

출처 : 이대홍 · 이희열 · 김두라 공저, 2009, 외식 창업, 백산출판사, p. 125.

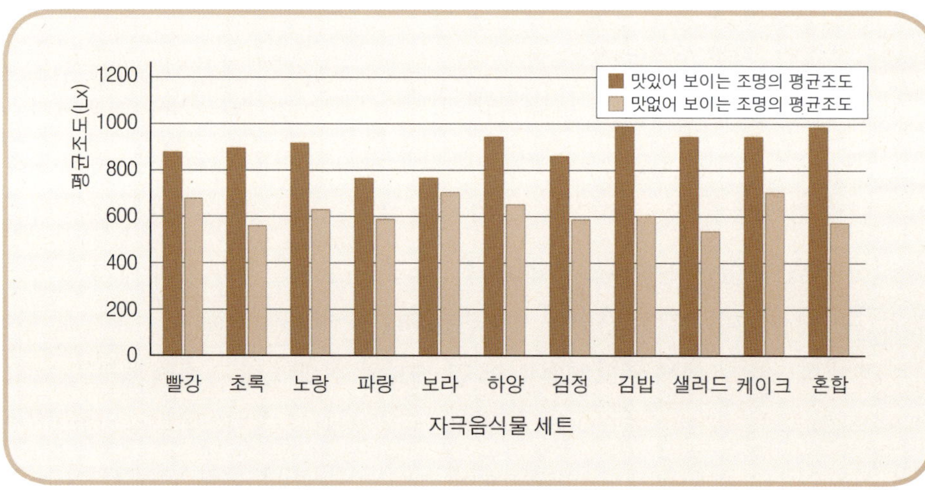

출처 : 박산하 · 이은솔 · 석현정, 2011, LED 조명 색 변화에 따른 식품색채에 대한 식욕 증감효과 연구, Led World, 1월호, pp. 68–70.

〈그림 2-19〉 LED 조명색 변화에 따른 식품색채에 대한 식욕 증감효과

쉬어가기

조명 방식과 기구의 종류
–우리 매장과 궁합이 맞는 조명은?

조명의 직접, 간접 형태를 선택했다면 이제 구체적인 조명기구를 선택해야 한다. 조명의 계획은 결코 단순하지 않다. 내 점포의 고객층, 업종, 입지, 연령대, 서비스방식, 인테리어, 주력상품의 특성과 종류 분석을 선행해야 한다.

1. 직부등 · 천장등(Ceiling Light) : 가장 일반적으로 사용하는 조명방식이다. 천장 속에 매입하지 않고 바탕면에 그대로 부착시키는 노출 조명기구이다. 천장에 바로 달기 때문에 천장등이라고도 한다. 조명방식은 전반 확산조명에 해당한다. 가정집이나 식당의 창고, 외부 발코니 등으로 주로 사용한다.

2. 스포트라이트(Spot Light) : 점포의 특정 부분만을 특별히 밝게 비추는 조명방식이다. 천장이나 벽, 바닥에 설치하거나 트랙에 부착해 빛의 방향과 각도를 조절할 수 있다. 필요한 곳을 밝히며, 강조효과를 낸다. 중요한 소품이나 그림 등을 집중적으로 비추기도 하고 특별한 재질감의 벽체에 월워싱의 기법으로 빛을 뿌려주기도 한다. 조명방식은 직접조명이지만 사용방법은 간접조명과 같이 사용하게 된다.

3. 펜던트(Pendent) : 천장이나 보 등에 줄을 이용해 매다는 조명기구로 높이 조절이 가능하다. 대개 테이블 위에 많이 사용되며 등에 따라 전반 확산, 반직접, 직접 조명 등의 효과를 다양하게 낼 수 있다. 높이 오픈된 천장의 경우에는 반투명 밑판이 깔린 경우 전체 조명용으로 사용하게 되며 테이블 펜던트는 자리에 앉았을 때 광원이 눈에 직접 보이지 않게 줄 길이를 조절해서 설치하는 것이 좋다. 펜던트를 설치할 때 가장 중요한 것은 높이다. 일반적으로 펜던트는 천장 높이를 225cm로 봤을 때 테이블상판 바닥면에서 70~90cm 높이 또는 마룻바닥에서 펜던트 바닥면까지 180cm쯤에 설치하는 것이 가장 무난하다. 또한 음식점 테이블 위 펜던트의 일차적인 목적은 음식을 맛깔스럽게 비추는 것이므로 형광등보다는 백열전구나 할로겐램프를 사용하는 것이 효과적이다.

4. 벽부착등(Bracket) : 브래킷으로 불리기도 하며 벽이나 기둥에 노출시켜 부착한 조명기구다. 주로 천장과 벽에 간접 반사되므로 다른 조명에 비해 은은하고 부드럽다. 특히 브래킷은 디자인이 중요하다. 디자인 형태에 따라 빛의 실루엣이 많이 달라지므로 기구의 디자인뿐만 아니라 빛의 퍼짐도 디자인하고 선택해야 할 것이다. 다소 큰 식당의 경우 로고가 박힌 디자인으로 주문제작하는 것도 고려할 만하다. 브래킷은 바닥에서 조명기구의 중심이 180cm 정도 되는 눈높이 수준으로 설

치하는 것이 가장 효과적이다.

5. 매입등(Down Light) : 천장이나 벽에 등을 매입시키는 방법이다. 인테리어 디자인에서 가장 선호되는 조명기구이다. 기구 자체는 노출되지 않으면서 의도한 조명을 연출할 수 있어서 장식이나 군더더기를 싫어하는 모던한 디자인성향의 디자이너들이 선호하는 방식이다.

6. 스탠드형 조명(Stand Light) : 음식점에서는 주로 플로어 스탠드를 많이 사용한다. 어색한 코너공간이나 대기실 등에 설치하면 의외의 효과를 기대할 수 있다. 스탠드형 조명은 고정형이 아니라서 위치 이동이 용이하고 그 자체가 훌륭한 인테리어 소품이므로 유용한 조명기구다. 하지만 사람의 눈과 가장 가까이하는 조명이므로 태양광에 근접한 백열전구를 사용하는 것이 효과적이다.

–월간식당, 2012. 02. 16, foodbank@foodbank.co.kr

■ 조명방식

① 직접조명 : 90~100%의 전구빛을 직접 한 방향으로 비추는 조명방법이다. 높은 조도를 얻을 수 있지만 눈부심이 일어나기 쉽고 강한 그림자가 생기며, 빛을 받는 부분과 빛을 받지 않는 부분과의 조도차이가 크다.

② 반직접조명 : 60% 이상의 빛이 모아져 대상물을 비추며, 나머지 10~40%의 빛은 천장이나 윗벽 부분으로 반사된다. 테이블 위에 주로 설치하는 펜던트 조명기구들은 반직접조명을 사용하는 것이 효과적이다.

③ 전반확산조명 : 전구의 빛을 실내 전체에 확산되도록 하는 조명방법으로 눈부심이 거의 없고 그림자도 매우 약하다. 실내 전체를 전반적으로 밝게 하기 위해 천장 실링 등은 전반확산조명방식으로 한다.

④ 반간접조명 : 10~40% 이하의 빛이 모여 대상물에 직접 비추며, 나머지는 대부분 반사되는 방식이다. 조도가 일정하고 그늘이 부드러우며 눈부심도 적은 편이다. 부드러운 분위기를 연출할 수 있어 대화나 음악 감상을 요하는 카페나 주점 등에 많이 사용한다.

⑤ 간접조명 : 90~100%의 빛이 필요한 부분의 반대방향에 있는 벽이나 천장을 비추어 공간 전체가 거의 반사된 반사광을 이용하는 조명방식이다. 직접 노출되는 광원이 없어 조도 분포가 균등하며 그림자나 눈부심도 거의 없어 여성적이고 화사한 분위기를 연출할 수 있다. 단, 시설비와 전기소모량이 많은 것이 단점이다.

나. 색깔

레스토랑 내부공간의 컬러는 분위기를 좌우할 뿐만 아니라 식욕과 직결되므로 실내장식과 어울리고 메뉴상품을 돋보이게 할 뿐만 아니라 주력으로 판매하는 메뉴상품과 어울리는 컬러를 사용하는 것이 중요하다. 따라서 레스토랑 내부의 색깔은 레스토랑의 성격과 고객의 입장을 고려하여 선택해야 한다.

예를 들어, 여성고객을 주 타깃으로 하는 경우 흰색과 파스텔 계통의 밝고 호화로운 컬러를 사용하는 것이 좋고, 젊은 층을 상대로 하는 레스토랑의 경우 강렬하고 파격적인 컬러를 사용하는 것도 좋은 방법이다. 특히 소형점포의 경우 어둡고 탁한 계열의 색은 피하는 것이 좋은데 답답하고 좁은 느낌을 줄 뿐만 아니라 분위기를 가라앉히기 때문이다.

또한 판매하는 메뉴상품에 따라서도 레스토랑 내부의 컬러는 영향을 받는다. 일반적으로 따뜻한 색 계통인 빨강과 주황의 중간 채도색이 무난하며, 음식물이 따뜻한 색 계통일 경우는 차가운 색 계통의 색을 조금 낮은 채도로 약하게 사용하면 음식을 돋보이게 하고 식욕을 돋울 수 있다. 아이스크림이나 시원한 음료 등 주로 여름철에 많이 판매되는 상품의 경우 계절성을 고려해야 한다.

다. 벽

벽은 사람의 손길이 많이 닿는 곳이므로 손때가 덜 타고 내구성이 강한 재료를 선택해야 한다. 벽 마감재의 악센트 컬러나 무늬, 재질은 공간 전체의 이미지에 큰 영향을 준다. 따라서 소규모 점포일수록 시선을 열어줘야 하므로, 악센트 컬러는 자제하고 재질은 거칠지 않은 단순한 것으로 하는 게 좋다. 벽면의 경우 자주 바꿀 수 없는 관계로 신중하게 결정해야 하는데, 계절이나 유행에 맞추어 벽면에 사진, 미술품, 액세서리 등의 소품들로 점포 분위기를 바꿔줄 수 있다. 또한 밋밋한 벽면에 그래픽스티커를 붙이거나 작은 선반을 붙여 포인트를 주는 등 다양한 콘셉트의 벽으로 연출할 수 있으며, 매장이 좁은 경우 거울을 이용하여 점포 공간이 커 보이는 효과를 누릴 수 있다.

라. 천장

천장은 고객과 직접 접촉이 없고 눈에 잘 띄는 곳이 아니므로 소홀히 다루어지기 쉬우나 레스토랑에서 차지하는 면적이 가장 넓을 뿐만 아니라 그 형태나 색상, 밝기 등으로 실내 분위기를 크게 좌우하므로 중요하게 고려되어야 한다. 벽과 천장의 마감재를 통일할 경우 공간이 넓어 보이는 효과가 있으므로 재질이 매끄러우면서 밝은 계통의 마감재가 단순하면서 시선에 방해를 주지 않아 많이 이용된다. 천장 마감재가 너무 강하면 상품에서 시선이 비껴 갈 염려가 있기 때문이다.

천장은 냉·난방설비뿐만 아니라 조명을 위한 전기설비공사가 함께 이루어지므로 미적인 요소와 함께 기능적인 요소를 고려해야 한다. 특히 천장을 편평하게 할 것인지, 볼륨을 줄 것인지도 고려해야 하며, 소음 방지를 위해 흡음성이 있는 재료를 사용해야 한다. 일반적으로 천장이 낮은 경우 아늑한 분위기를 줄 수 있으나 매장이 좁은 경우는 답답함을 느끼게 하므로 볼륨을 주어 천장을 높이는 것이 필요하다. 반면 넓은 매장의 경우 높은 천장으로 할 경우 탁 트인 시원함을 줄 수 있으나 소리가 울릴 수 있으므로 주의해야 한다. 또한 편편한 형태의 천장인 경우 단조로움을 벗어나기 위해 다양한 형태의 조형물을 설치하여 인테리어 효과를 낼 수 있으며, 천장에 볼륨을 준 경우는 조명 정도를 조절하여 원하는 분위기를 연출할 수 있다. 특히 주방의 경우 불과 물을 많이 사용하므로 방화성과 방수성이 있는 자재를 사용한다.

마. 바닥

바닥재는 한 번 시공하면 교체하기 어려울 뿐만 아니라 비용이 많이 드는 부분이므로 신중하게 선택해야 한다. 레스토랑 바닥재의 경우 청결성과 내수성, 내마모성을 고려해야 한다. 특히 주방의 경우 물을 많이 사용하고 객실의 경우 여성고객의 대부분이 하이힐을 신으므로 재질이 미끄럽지 않도록 하고 소음이 많이 발생하지 않으며, 부식되지 않는 재질을 선택한다.

바. 냉 · 난방설비

온도와 습도는 고객의 불쾌지수와 관계가 있으며, 종업원들의 경우 작업 효율성에 영향을 미치는 중요한 요소 중 하나이다. 특히 주방의 경우 높은 온도와 습도에서 지속적으로 업무를 지속할 경우 불쾌감을 넘어 메뉴상품의 품질에 영향을 미치게 되어 결국에는 고객 불만으로 연결될 수 있다. 일반적으로 사람들이 편안함을 느끼는 온도범위(Comfort Zone)는 겨울에는 18.3~21.1℃이며, 여름에는 20.6~22.8℃이며, 습도는 40~60%로 계절과 날씨에 따라 적절하게 조절하는 것이 필요하다.

따라서 온도와 습도를 조절하기 위해 대부분의 외식업체는 냉 · 난방설비를 갖추는데, 대형건물에는 라디에이터, 냉 · 온풍기, 덕트시스템 등이 있고 소규모 점포의 경우는 냉 · 온풍기, 난로 등을 사용할 수 있다. 복사열을 이용한 전기온돌 패널의 경우 소규모업체에서 주로 이용하는데 시공이 간편하며 비용이 저렴하다. 단, 냉 · 온풍기를 설치할 경우 고객이 머무는 객석으로 직접 바람이 향하거나 소음으로 불쾌감을 느끼지 않도록 공간설계 시 위치를 미리 고려해야 한다.

사. 급배수설비

외식업체에서 급배수설비는 중요하다. 급수시설을 설치할 위치와 배수관의 위치, 형태 등을 결정해야 하는데, 급수의 경우 물탱크 용량이 작거나 수압이 약한 경우 조리 및 식기세척 등이 원활하지 못하므로 펌프를 설치하는 등의 별도의 설비를 갖추어야 한다. 또한 배수관의 경우 오수가 고이게 되면 가스와 악취가 발생하여 배수구를 타고 위로 올라오게 되므로 청소가 용이하도록 설치한다.

소규모 점포의 경우 급탕(온수)설비는 사용량에 따라 여러 종류가 있으나 최소의 공간에 설치할 수 있으며 안전성과 경제성, 내구성을 갖춘 전기 순간온수기와 가스 순간온수기가 가장 많이 이용된다. 다만 전기온수기의 경우 전기용량이 3kW 이상 들어와 있어야 하므로 이를 확인하는 것이 필요하며, LPG가스를 사용하는 경우 가스통을 안전한 곳에 설치함으로써 사고를 미연에 방지한다.

아. 환기설비

환기란 실내·외의 공기를 기계적인 장치를 이용해 인위적으로 바꾸는 것이다. 환기의 목적은 실내의 열, 습기, 유해물질, 냄새 등을 제거하는 것으로 천장 속의 열 제거, 바닥 밑의 제습, 곰팡이 방지, 결로 방지 등에 효과가 있으며 실내 공기의 순환을 도와 쾌적한 실내환경을 조성한다. 소규모 점포에서는 주로 후드나 환풍기를 이용하여 환기시키며, 고기구이집과 같이 연기가 많이 발생되는 업체의 경우 테이블에 덕트 등을 설치하는 것이 좋다.

자. 안전설비

외식업체는 위험한 장비가 많을 뿐만 아니라 고가의 설비가 많다. 또한 불을 사용하므로 늘 화재의 위험성을 안고 있다. 외식업체의 안전설비에는 소방설비와 보안설비를 들 수 있는데, 소방설비는 화재경보기, 소화전, 스프링클러, 소화기, 비상구 등이 있다. 따라서 화재예방을 위해 내장공사 시 불연재, 준불연재, 난연재 등을 사용하도록 소방법으로 규제하고 있다. 보안설비의 경우 자체적으로 CCTV설비를 갖추거나 사설 보안업체를 통한 관리 등을 들 수 있다.

6) 공간설계 전 확인사항

레스토랑 공간설계는 여러 가지 법적 규제와 많은 전문적 지식이 요구되므로 창업자 본인이 혼자서 하는 것은 현실적으로 무리가 따른다. 따라서 전문가의 도움을 받는 것이 필요하다. 공간설계를 위해 인테리어 업체를 선정할 때는 먼저 최대한 여러 업체에 대한 자료를 수집하여 자사가 추구하는 레스토랑과 비슷한 레스토랑을 설계한 경험이 있는 업체를 몇 곳 선정하고, 그 업체가 시공한 매장과 인테리어 회사를 직접 방문하는 것이 좋다. 특히 인테리어의 경우 창조적인 성격이 강하여 업체마다 가격이 천차만별이므로 여러 곳의 견적을 받아 꼼꼼하게 비교하는 것이 필요하다. 단, 터무니없이 저렴한 가격을 제시한 업체의 경우 자재를 속이거나 부실공사를 할 수 있으므로 주의하는 것이 좋다. 레스토랑의 경우 업종이나 규모에 따라 다르지만 일반적으로 중소 규모 레스토랑의 경우 20~40일 정도가 소요되며, 대형 레스토랑의 경우 2달에서 3달 정도가 소요된다.

따라서 인테리어 업체를 잘못 선정하거나 설계가 잘못되어 다시 하는 경우 시간적으로나 비용적인 측면에서 손해가 발생하므로 꼼꼼하게 업체를 선정하고, 창업자가 인테리어 업체와 많은 회의를 통해 자신이 추구하는 레스토랑을 알려줌으로써 정해진 공사기간 내에 성공적으로 창업할 수 있도록 관심을 기울여야 한다.

레스토랑 인테리어 설계 전에 확인해야 할 사항은 다음과 같다.

① 건물주와 설계자와의 관계 확인 및 건물 등기 확인
② 점포실측을 시행해서 현장상태를 재확인하여 현재의 상태에 의한 평면도면 작성
③ 건물의 구조나 규모 조사
④ 전용면적의 엄밀한 실측
⑤ 지하의 유무 확인
⑥ 방화지역의 확인
⑦ 용도지정 지역의 표시 확인
⑧ 기존시설 철거 여부 확인
⑨ 가스, 수도, 전기, 전화, 정화조의 설비 및 용량 체크
⑩ 급배수, 환기 시설 체크
⑪ 주방 위치의 개략적인 선정
⑫ 냉 · 난방 방식 확인(중앙방식, 개별방식)

쉬어가기

"매장의 컬러를 결정할 수 있는 조명"

컬러로 자신의 의도를 표현하고 그 의도를 하나의 마케팅으로 승화시킬 수 있는 것이 바로 컬러 마케팅의 목적이다. 컬러 마케팅이란 색상을 중심으로 형성된 이미지로 상품을 포지셔닝하고 그로 인해 상품을 차별화하는 것이다. 이를 통해 상품에 대한 소비자의 선호도를 높이고 광고 선전 효과를 높일 수 있다.

한 연구결과에 따르면, 소비자의 오감(五感) 중에서 시각의 영역이 마케팅 효과에 미치는 영향이 87%에 달한다고 한다. 특히 컬러 마케팅의 위력은 오늘날 더욱 강력해지고 있다. 세계의 유명 브랜드들이 컬러를 마케팅의 가장 중요한 요소 중 하나로 활발하게 사용하고 있는 이유다.

브랜드 혹은 매장에 컬러를 도입하는 경우는 매우 다양하지만, 조명으로도 다양한 컬러 마케팅을 진행할 수 있다. 특히 매장의 전체적인 톤이나 컬러는 조명에서 가장 큰 효과를 낼 수 있다.

점점 더 글로벌화되어 가고 풍요로워지는 현대사회에서 신소비계층의 감각과 요구는 갈수록 다양해지고 있다. 이 같은 높은 감성과 뛰어난 컬러감각을 지닌 신소비자 계층을 공략하여 새로운 마케팅 전략을 세우기 위해서는 컬러 마케팅이 중요한 마케팅 도구 역할을 한다.

–월간식당, 2012. 04. 26, 제325호, foodbank@foodbank.co.kr

14. 주방의 설계

1) 주방의 개념 및 정의

주방이란 조리상품을 만들기 위한 각종 조리기구와 식재료의 저장시설을 갖추어 놓고 조리사의 기능적 및 위생적인 작업 수행으로 고객에게 판매할 음식을 생산하는 공간을 말한다.

조리사전(The Cooks Dictionary)에 기록된 주방의 의미는 "음식을 만들 수 있도록 시설을 차려 놓은 일정한 장소 또는 음식을 만들기에 편리하도록 시설을 갖추어 놓은 방"이라 하였으며, 주방설계자인 리차드 플람버트(Richard Flambert)는 "주방은 매일매일 식재료를 구매하고, 인수하여 저장과 가공의 과정을 통해 고객에게 서비스하는 유일한 장소"라고 정의하였다. 따라서 외식업체의 주방은 고객에게 식용 가능한 식재료를 이용하여 물리적 또는 화학적인 방법을 가해 메뉴상품을 제조함과 동시에 판매하는 장소를 일컫는 것이라 할 수 있다.

2) 주방설계와 관리

주방은 외식업체의 주상품인 음식물을 생산하는 작업이 이루어지는 공간으로 조리와 판매, 서비스가 동시에 복합적으로 이루어지는 공간으로 이들 작업이 원활하게 이루어질 수 있도록 설계되어야 한다. 주방의 시설과 장비는 한 번 설계하여 배치하면 시설 자체가 상품성을 내포하고 있을 뿐만 아니라 고가이므로 대부분 장기간 사용하는 것을 원칙으로 한다. 또한 시설과 장비가 클수록 넓은 주방공간이 요구되어 자본 비용(Capital Costs)에 영향을 미치게 된다. 따라서 주방공간을 설계할 때는 메뉴상품의 생산에 필요한 장비나 시설, 인력 구성, 서비스 방법 등을 고려해야 한다. 또한 메뉴의 변경(Menu Change)을 고려하여 유연성(Menu Flexibility)을 지니도록 주방시설시스템을 설계한다.

주방에는 메뉴상품의 생산에서부터 고객에게 제공되기까지 필요한 시설과 장비, 식자재 등이 많은 공간을 차지하게 되며, 조리장을 비롯한 일정 자격을 갖춘 조리사가 메뉴상품을 생산하고 판매를 위한 서비스 활동을 하게 된다. 따라서 주방의 관리자는 고객에게 제공될 메뉴상품을 가장 경제적으로 생산하여 최대의 이윤을 창출할 수 있도록 제한된 인적 자원과 물적 자원, 시설 자원을 과학적 · 합리적으로 운영할 수 있는 방안을 모색해야 한다.

3) 주방관리 요소

가. 바닥

외식업체 주방의 바닥은 식자재의 이동이 잦으므로 청소가 용이해야 하며, 잦은 물 사용으로 배수가 잘 되어야 하고 내구성이 좋아야 한다. 대체로 바닥의 배수구는 1/100의 경사로 시공해야 물의 고임 없이 자연스럽게 빠져나갈 수 있으며 배수구의 폭은 20cm 정도가 바람직하다. 특히 기름기나 수분이 바닥에 흡수되어 미끄러지지 않도록 미끄럼 방지가 되어야 하며, 작업 시 종업원들이 걸려 넘어지지 않도록 바닥에 불규칙한 면이 없도록 한다.

나. 벽

주방에서 이루어지는 작업의 대부분이 화기를 이용하므로 내벽은 내열성과 내수성이 있는 자재를 사용해야 한다. 또한 청소가 용이해야 하며, 소음을 최대로 흡수할 수 있는 재질이 좋으며, 조명이 밝게 보이도록 밝은 색상으로 하는 것이 좋다. 따라서 주방 내벽은 바닥에서 1.3m까지 내수성이 있는 자재를 사용하도록 되어 있으며, 적합한 벽재로는 녹이 슬지 않는 스테인리스 스틸이나 방수효과가 좋은 세라믹 타일을 사용하는 것이 좋다.

다. 천장

주방의 천장은 전기기구, 조명기구 등의 배선과 기구 등이 부착되어 있어서 화재의 위험성이 높으므로 천장의 시설은 내습성과 내열성이 강한 소재를 사용해야 한다. 또한 주방시설과 장비를 배치할 때 천장 높이 제한으로 인한 어려움을 최소화하기 위해 천장은 바닥면으로부터 최소 2.5m 정도 높이가 적당하다. 또한 이중천장구조로 하여 평평하고 청소가 용이하며 색채가 밝은 것이 좋다.

라. 환기시설

환기시설이란 주방 내부에서 조리과정 중 발생하는 증기, 가스, 음식 냄새, 분진, 주방기기에서 발생하는 열기 등을 안전하게 주방 밖으로 배출시키고, 신선한 공기가 주방 내부로 원활하게 공급되도록 하는 시설을 말한다.

쾌적한 주방의 작업환경을 유지하기 위해 다음과 같은 환풍기의 배출기준을 참고로 한다.

■ **주방 환풍기(Fan)의 배출기준**

① 조건이 좋은 주방에서 단순히 환기만 할 경우 초당 30회

② 조리 중 발생되는 열을 배출할 경우 초당 40회

③ 조리 악취가 심하고 다른 부위로 확산될 우려가 있을 경우 초당 60회

마. 하수처리시설

주방은 식재료의 세척, 시설 및 장비의 세척 등으로 인해 많은 양의 물을 사용한다. 따라서 싱크대의 배수관을 직접 하수관에 연결하거나 바닥의 물이 빨리 하수구로 흘러갈 수 있도록 바닥면을 약간 경사지게 하여 원활하게 하수관으로 유입되도록 해야 한다. 특히 주방에서는 유지 및 음식 찌꺼기로 인해 하수관이 막히거나 하수관에 퇴적되어 악취가 유발되지 않도록 거름망을 이중으로 설치하여 자주 걸러주어야 한다. 또한 하수관의 넓이는 청소가 용이하도록 폭 12cm 정도로 하고, 배수관 내부가 보이도록 하며, 밟아도 구부러지거나 발이 빠지지 않는 내구성 있는 재질로 덮개를 만들어 덮는다.

바. 조명

주방의 조명은 조리종사자들에게 작업 시 안정성과 편안함을 주어 조리작업과 음식상품, 서비스에 영향을 미치므로 중요하다. 특히 조명의 밝기에 따라 청결함을 돋보이게 하는 역할을 하고, 음식을 제공할 때 좀 더 효율적인 서비스를 제공할 수 있도록 보조역할을 수행하므로 중요하다. 주방의 조명은 전반조명과 부분조명으로 구분되는데 전반조명의 밝기는 50~100Lux이다. 주방의 경우 습기가 많으므로 조명기구는 대부분 천장이나 벽에 매립형으로 설치하고 뚜껑도 함께 설

치한다.

〈표 2-27〉 주방 조명의 반사도

구분	반사도(%)
천장	80~90
벽	40~60
바닥	21~39
가구 및 장비	26~44

4) 주방 작업공간

가. 주방 작업공간

주방의 경우 한정된 공간 내에서 복잡하고 다양한 작업이 장시간에 걸쳐 이루어지므로 주방 작업공간 내의 시설과 장비들이 인체공학적인 측면에서 설계되고 배치되어야 한다. 따라서 주방 작업공간 관리란 주방에서 원활하게 메뉴상품을 생산할 수 있도록 주로 사용하는 작업대, 의자, 기기 및 설비 등을 배치하는 것으로, 좋은 주방공간이란 주방과 인간과의 관계가 얼마나 잘 조화되었는가를 의미하는 것이다. 이를 인간중심 작업공간이라 하는데 동선거리를 극소화하여 움직임을 덜어주고, 시간과 에너지를 절감함으로써 작업자뿐만 아니라 회사 측에도 유리하도록 작업공간을 설계하는 것이다. 따라서 주방공간을 설계할 때에는 작업대 및 작업기기의 크기와 조절가능 범위, 작업형태와 방법, 인체측정 기준치, 근로자의 신체조건과 작업영역 등을 고려해야 한다.

① 반입구역 및 검수공간

식재료 운반차량의 진입흐름이 쉬운 곳으로 대체로 지하층이나 주차장과 연결된 곳이 좋다. 식재료 검수사무실과 납품된 물품을 측정할 수 있는 검품대, 저울 등이 비치되어야 한다.

② 저장창고

검수를 마친 물품은 바로 주방이나 저장창고로 옮겨지므로 검수공간, 저장창고, 주방은 근접한 곳에 위치하는 것이 좋다. 특히 저장창고의 경우 청결을 유지해야 하며, 도난 방지, 관리의 일관성을 위해 외부인의 출입을 통제하는 것이 좋다. 또한 식자재의 신선도 유지와 위생적 관리를 위해 냉장과 냉동고, 일반 저장창고로 구분하여 각각의 용도에 맞게 저장한다. 저장창고는 햇빛이 직접 닿지 않는 곳이 좋으며, 통풍이 잘되도록 환풍시설과 세균방지와 방충·방서를 위한 방충망을 반드시 설치해야 한다.

③ 다듬기 구역

다듬기 구역은 본격적인 조리가 시작되는 단계로 주방공간에 포함된다. 따라서 식재료의 출고가 쉽도록 저장공간과 가까운 곳에 배치하는 것이 합리적이고 능률적이다. 다듬기 구역은 주방 규모에 따라 차이가 있는데 주로 물과 기구 및 기물 사용이 많으므로 환기장치, 온풍장치, 상하수도와 배수시설, 작업대를 잘 갖추어야 한다.

④ 찬요리 구역

차가운 음식을 모양 있게 만들어 담거나 고객에게 제공되는 공간으로 작업대 배열과 조명 등 활동공간이 충분하게 설정되어야 한다. 특히 찬요리는 손님에게 서빙되기 전까지 신선도가 유지될 수 있도록 냉장, 냉동설비가 갖추어져야 하며, 조리작업 시 정밀도가 요구되므로 충분한 작업공간과 높이 등이 합리적이어야 한다.

⑤ 온요리 구역(주주방)

따뜻한 요리가 이루어지는 곳으로 열기구가 많이 위치하는 곳이다. 따라서 내열·내수재, 환풍시설을 갖추어야 하며, 음식의 온도유지를 위한 장비 또는 전기제품 등이 갖추어져야 한다.

⑥ 식기세척 공간

물 사용이 가장 많은 곳으로 상하수도 시설 및 배수가 필수적으로 요구된다. 특히 그릇이나 기물 등에 묻은 유지성분 등의 세척이 용이하도록 냉·온수 급수가 원활하도록 설비하며, 잔반처리 공간과 세척된 기물의 정리공간 등을 구분하여 갖추어야 한다.

⑦ 주방사무실 및 로커룸

주방사무실은 식재료의 관리업무와 메뉴관련 작업, 인력관리, 회의 및 상담 등의 주방업무가 이루어지는 곳으로 주방 전체가 한눈에 보이는 곳에 위치하는 것이 좋다.

로커룸의 경우 주방 종업원을 비롯한 종업원들이 충분히 유니폼으로 갈아입거나 샤워 및 휴식을 취하기 위한 공간으로 위생적이고 편리해야 하며, 직원 수에 비례하여 설계되어야 한다.

⑧ 화장실(직원용)

청결하고 남녀구분이 명확하며, 세척시설이 완비되어야 한다.

나. 조리 작업영역

작업영역은 신체 각 부위의 형태, 각 관절의 가동영역, 작업에 이용하는 관절에 따라 결정된다. 따라서 조리 작업영역을 설계할 경우 작업내용에 따라 동작에 사용하는 관절이 다르고 크기도 변화하므로 이를 고려해야 한다.

일반적으로 작업영역에는 수평 작업영역과 수직 작업영역이 이용된다. 수평작업영역은 책상이나 작업대의 넓이로 그 위에 설치되는 물품들의 배치를 결정할 때 사용된다. 수직 작업영역은 팔을 펴서 위·아래로 움직였을 때의 범위이다. 특히 85~125㎝의 위치는 시선이 가장 편하게 머물고 손으로 만지기도 쉬운 높이로 '골든 스페이스'라 하여, 상품을 판매하는 경우 이 높이에 주력상품을 진열하면 좋다.

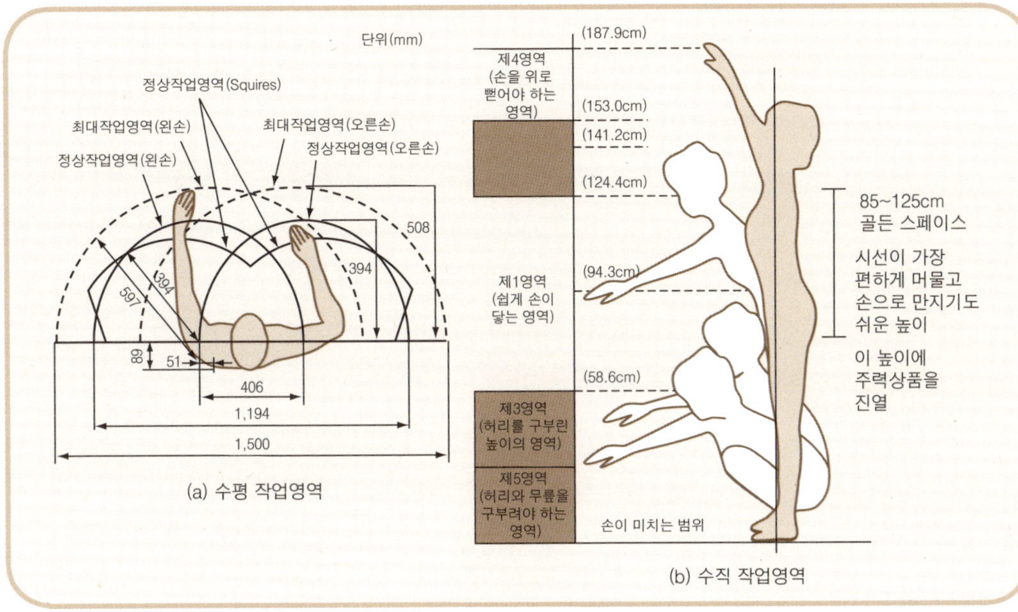

〈그림 2-20〉 작업영역

■ 인체측정 기준치

① 신장 : 신장이 큰 근로자를 기준으로 작업통로 및 고정식 작업대 높이 등을 설계함으로써 허리를 굽혀 작업하지 않게 한다.

② 허리높이 : 신장이 큰 근로자를 대상으로 자연스런 자세에서 시야가 좁아지지 않게 한다.

③ 어깨높이 : 작업 시 손은 허리에서 어깨 높이 사이에 위치하도록 하며, 어깨 높이보다 높지 않게 한다.

④ 팔길이 : 뻗치는 작업의 경우 팔길이가 가장 짧은 사람을 기준으로 한다.

⑤ 손크기 : 손이 작은 근로자도 잡을 수 있도록 한다.

⑥ 팔꿈치높이 : 작업대(작업점) 및 의자의 높이를 결정할 때에는 팔꿈치높이를 기준점으로 활용한다.

⑦ 오금(무릎의 구부러지는 오목한 안쪽 부분)높이 : 의자의 앉는 면의 높이는 오금의 높이에서 무릎 각도가 90도 전 · 후가 되도록 하고, 필요시 발걸이 또는 발 받침대를 활용한다.

⑧ 엉덩이 너비 : 의자의 앉는 면의 너비 기준을 체격이 큰 근로자에게 맞춘다.

다. 주방공간 소요량 계산방법

① **생산센터법(생산중심법)** : 생산에 이용되는 조리장비와 부속시설, 작업활동 공간이 합산되어 총공간 소요량을 측정하는 방법이다.

② **전환법(Converting Method)** : 적정공간 소요량을 산정한 후 생산량의 증가비율을 고려하여 주방의 총공간 소요량을 측정하는 방법으로 지원서비스공간, 식품저장공간 소요량 결정에 이용된다.

③ **개략배치법** : 주방 배치에 앞서 가상적인 형판이나 모형들을 이용하여 전반적인 배치안을 만들어 놓고 그것의 배치방법에 따라 공간 소요량을 측정하는 방법이다. 자본비용이 많이 소요되는 제조기업 등에 활용하면 좋은 방법이다.

④ **공간표준법** : 과거의 성공적인 적용사례에 근거한 표준을 설정하여 사용하는 방법이다.

⑤ **비율추세법(투열법)** : 일반 제조기업에서 많이 사용하는 방법으로, 외식업체의 경우 호텔 간 소요량 산정에 한시적으로 사용되는 방법이다.

5) 주방의 형태 및 설계

가. 주방의 형태

주방의 형태는 고객에게 제공되어야 할 음식의 판매량, 서비스 형태, 음식 가격, 음식 제공에 필요한 시간 등에 의하여 결정된다. 외식업체 주방의 경우 하나의 주방 내에서 식재료의 전처리작업과 조리작업, 마무리작업이 일괄적으로 이루어지는 형태와 작업내용에 따라 구분되어 처리되는 형태로 나뉘는데, 어떤 것을 선택하느냐에 따라 시설과 설비의 형태가 달라진다.

① 전통형 주방

전처리 주방과 마무리 주방이 구분되어 있지 않고, 한 공간 안에 모두 있는 형태의 주방으로 소형 외식업소에 적합하다.

② 혼합형 주방

전처리 주방과 마무리 주방이 한 공간 안에서 분리된 형태의 주방으로 중대형 외식업소에 적합하다.

③ 분리형 주방

전처리 주방과 마무리 주방이 서로 공간적으로 떨어져 운영되는 형태의 주방으로 대형 외식업소나 호텔에 적합하다.

예를 들어, 호텔과 같이 다른 개념의 식당들이 여럿 모여 있는 경우로, 조리하기 편리하게 만들어진 식자재를 다듬기 주방(중앙주방)으로부터 공급받아 마무리 주방에서 완제품의 음식을 만드는 것이다. 즉 분리형 주방은 하나의 중앙주방을 중심으로 여러 주방이 있고 서로 유기적 관계를 맺고 있다.

④ 편의형 주방

반조리 또는 완전조리된 식자재만 취급하기 때문에 전처리 주방은 없고, 마무리 주방만 있는 형태로 작은 규모의 외식업소나 체인업소가 이에 적합하다.

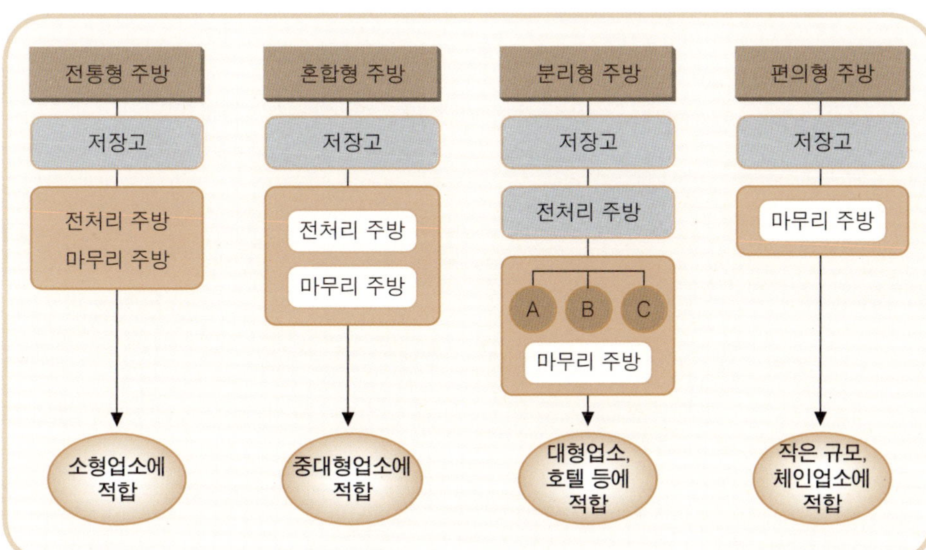

〈그림 2-21〉 주방의 형태

나. 주방의 설계

음식의 양과 질, 서비스 등은 주방의 시설이나 설계에 의해 많은 영향을 받게 된다. 특히 주방설계의 경우 조리에 필요한 설비와 장비뿐만 아니라 원활한 작업이 이루어질 수 있도록 전기 배선, 상 · 하수도, 환기 및 공기 조절장치 등도 고려하여 설계해야 한다. 특히 최근 대부분의 외식업체 주방이 오픈화되고 있으며, 고객들의 위생에 대한 지식과 관심이 높아지고 있다. 따라서 고객의 다양한 욕구에 부응하고 기업의 목적을 달성하기 위해서는 주방의 설계단계부터 주방시스템의 조화와 종업원들의 작업내용과 절차, 서비스 흐름을 고려하여 작업이 편리하도록 설계해야 한다.

특히 주방의 설계는 위생, 안전, 작업능률을 기본적으로 고려해야 하는데, 이를 주방설계의 3원칙이라 한다.

위생은 주방시설물의 청결과 조리작업의 위생을 포함하는 것으로 고객의 건강을 지키는 것과 동시에 음식의 품질에 영향을 미친다.

안전은 주방종사자들이 주방기기를 사용함에 있어 안전수칙을 준수하고, 안전하게 취급함으로써 위험요소로부터 정신적 · 신체적 건강을 지킬 뿐만 아니라 장비의 수명도 연장할 수 있다.

작업능률은 주방설계에 있어 메뉴상품의 구성과 작업 동선을 고려하여 주방설비와 기기를 배치함으로써 조리작업이 효율적으로 이루어져 작업능률을 극대화하는 것이다.

① 공사 전 주방설계

주방설계 이전에 업소 건물 전체의 구조에 따른 급 · 배수 라인과 출입구 상황 등을 고려하여 주방 위치를 개략적으로 선정해야 한다. 물론 주방의 크기나 자세한 설계는 별도로 시행하겠지만 먼저, 업소의 현장을 직접 확인하고 대체적인 주방 윤곽을 결정하는 것이 좋다.

외식업체의 전체 면적에 대하여 어느 정도의 주방 면적이 필요한가에 관한 정답은 없다. 그러나 미국, 일본 등의 선진국에서는 패밀리레스토랑의 경우 총면적의 45~50%, 주점과 바는 18~25%, 다방과 커피숍은 15~18%, 패스트푸드점은 20~25% 정도로 기준을 채택하고 있다. 우리나라의 경우 업종에 따라 차이가 있으나 일반적으로 총면적의 25~35% 정도를 주방공간으로 한다.

■ 주방설계 전 체크사항

① 취급하는 메뉴의 활용도가 가장 높은 설비는 무엇인가?
② 설치하는 비용과 운영비는 어느 정도인가?
③ 고객의 요구를 어느 정도 수용할 수 있는가?
④ 업소의 보수 및 수리가 어느 정도 용이한가?
⑤ 유용성은 어느 정도인가?
⑥ 사후관리체계가 용이한 설비인가?

② 주방설계 시 고려사항

주방은 영업 중 보수하거나 확장이 쉽지 않으므로 영업을 유지하면서 어떠한 문제가 발생될 수 있는지를 충분히 고려해야 한다. 만약 외식업체 주방의 설계에 있어 기본적으로 고려해야 할 사항들을 인지하지 못하고 설계한다면 고객의 주문에 원활하게 대처할 수 없을 뿐만 아니라 매출이 증가한 경우 주방에서 조리를 감당할 수 없는 문제가 발생될 수 있다. 따라서 주방설계 시 다음과 같은 사항을 고려해야 한다.

■ 주방설계 시 고려사항

① 메뉴 수와 메뉴 종류를 먼저 결정한다.
② 메뉴 조리방법을 결정한다.
③ 주방기기의 종류와 규격 및 수량을 결정한다.
④ 예상 최대 판매량을 설정한다.
⑤ 냉장 · 냉동고, 가스레인지 등의 공간을 확보한다(열을 발산하는 기구의 경우 가급적 냉장 · 냉동고와 멀리 배치한다).

⑥ 주방기기별로 생산능력을 체크한다.
⑦ 작업 동선을 확보한다(120~180cm).
⑧ 조리속도가 신속하고 효율적인 기기를 선정한다(주방 면적을 위와 같은 제조건에 맞추어 설정한 뒤 객석을 확보한다).
⑨ 주방 위치는 객석으로 서빙하기 편리한 위치에 설정한다.
⑩ 주방은 레스토랑 구조에 따라 합리적으로 설정한다.
⑪ 주방 바닥 및 주방 벽재·마감재를 설정한다.
⑫ 주방의 방수 공사, 배수 트랜치 공사, 그레이스트랩을 설정한 후에 시멘트 작업을 마감한다.
⑬ 온수 공급 라인을 확보한다.
⑭ 배수시설을 확보한다(배수로는 경사지게 한다).
⑮ 전기(전압 및 전력) 용량의 합리적 설정을 위해 에어컨과 간판(조명) 용량을 연계하여 설정하고 필요하면 승압공사를 한다.
⑯ 도시가스 설비지역과 비설비지역을 구분한다.
⑰ 후드설비를 한다.
⑱ 덕트설비를 한다.
⑲ 공기의 흐름을 원활하게 천장은 객석보다 조금 높게 한다.
⑳ 주방기기 규격 및 리스트를 작성한다.
㉑ 주방기기의 레이아웃(배치)을 한다.
㉒ 주방기물을 선정한다.
* 메뉴가격과 알맞은 품질을 선정해야 하고, 피크시간에 설거지에 신경 쓰지 않을 정도의 주방기물의 수량을 확보한다(객석의 1.5배 정도).

다. 주방시설 배치

① 주방시설 배치계획

주방시설 배치는 메뉴상품 생산의 최적 흐름을 위해 업소 건물의 구조와 형태, 각 부대업장, 주방 생산설비, 식자재 운반장비, 작업통로, 저장창고, 주방 사무실 그리고 보조시설물들과 같은 물적 구성요소의 위치를 공간적으로 적절히 배치해야 한다. 주방시설의 효율적인 배치는 공간의 효율성을 높일 뿐만 아니라 주방시설 간의 기능적 연계를 통해 시스템의 유용성이 높아진다.

② 주방시설 배치 유형

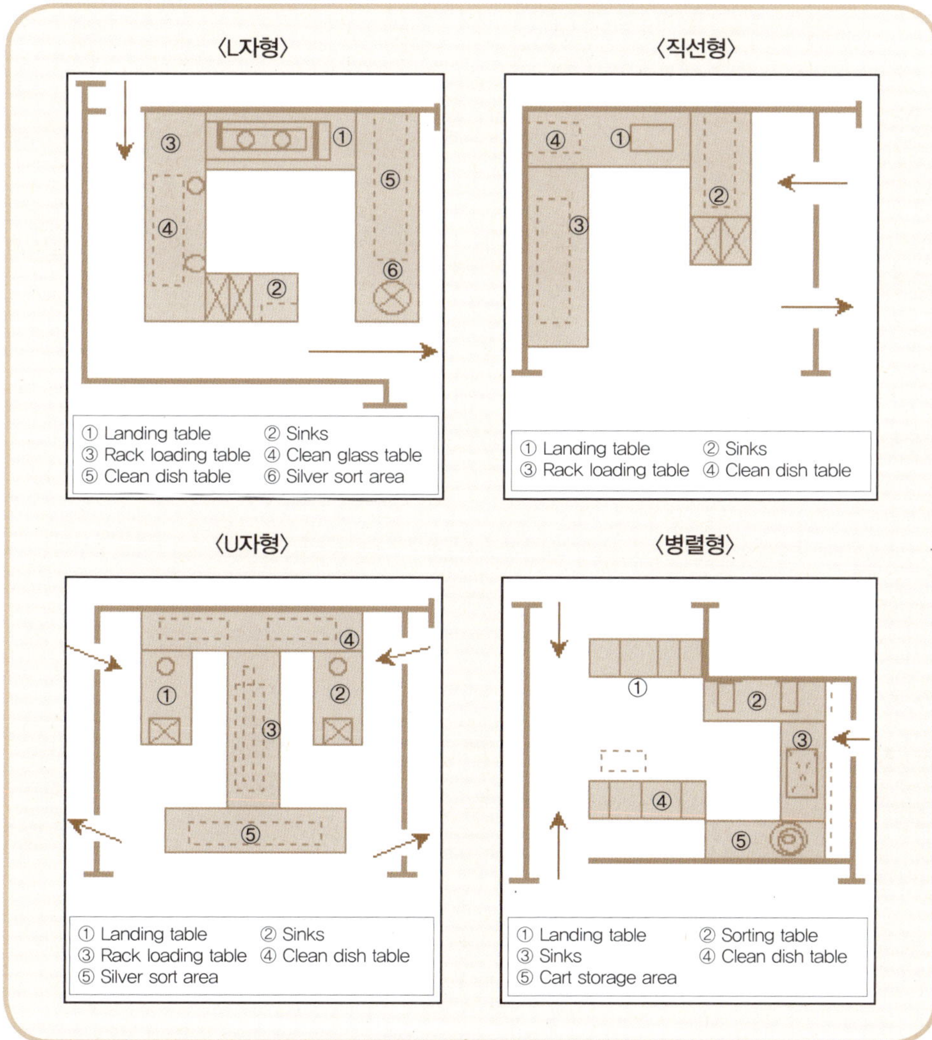

출처 : 장상태 · 함동철, 2010, 외식산업의 이론과 실제, 에이드북, p. 301.

〈그림 2-22〉 주방시설 배치도

주방시설의 배치 유형에는 일반적으로 'L자형', '직선형', 'U자형', '병렬형' 등이 있다. 주방시설의 물리적인 배치는 설계자(Designer)가 일정한 원칙을 바탕으로 효율성과 고객, 종업원에게 쾌적한 환경을 제공할 수 있도록 배치해야 한다.

③ 유형별 배치방법

가) 고정배치(Layout by Fixed Position)

고정배치방식은 제품생산에 필요한 원재료나 시설, 설비 및 직원 등을 상품을 생산하는 장소로 이동시켜 고정배치하는 방법이다. 이 경우 생산품이 일정한 곳에서 다량으로 판매되어야 하고 그 생산구조가 복잡 다양한 형태를 갖추고 있는 경우나 특정 생산품을 움직이지 않고 현장에서 처리할 경우의 배치방법이다.

대부분의 외식업소와 호텔주방, 식품제조업체, 단체급식소 등에서는 일정한 공간을 선택적으로 확보하여 다량의 조리식품을 창출해 내야 하는 특성을 지니고 있으므로 적용이 가능한 배치방법이다.

나) 과정별 배치(Layout by Process)

과정별 배치방법은 흔히 적용되는 배치방법으로 일명 기능별 배치(Functional Layout)라고도 한다. 보통 기계 공장의 장비를 배치하는 것과 같이 동일 재료와 동일 기능으로 조리상품을 생산하는 경우 시설을 기능별로 묶어서 배치하는 방법이다. 이 방법은 주방에서 생산되는 메뉴상품이 동일 메뉴나 유사한 공정으로 만들어지는 경우 한곳에 집중시켜 생산할 수 있도록 배치하는 방법이다.

다) 상품별 배치(Layout by Product)

상품별 배치방법은 음식의 양이 많은 메뉴상품이나 단일 또는 2~4종류의 유사 메뉴상품을 생산하는 경우 같은 장소에서 일직선상에 주방시설물을 배치하여 조리작업을 하는 방법으로 라인 배치(Line Layout)라고도 한다. 상품별 배치방법은 동일 메뉴를 대량 생산할 경우 적합한 배치방법으로, 이 경우 주방시설의 장비들을 특정 메뉴상품의 공정순서에 따라 배열하고 작업장 간의 식자재 및 상품의 이동은 보통 컨베이어와 같은 운반장치를 이용하여 작업의 효율성을 극대화하는 경우가 많다. 대체로 단체급식이나 연회주방, 기내식 주방의 케이터링센터와 같이 대량 생산이나 연속 생산을 위주로 하는 업체에서 흔히 사용하는 배치방법이다.

라) GT 배치(Group Technology Layout)

GT 배치방식은 특정한 메뉴 또는 조리작업과정상 이루어지는 형태 및 조리작업순서 등의 유사성을 바탕으로 특정 메뉴에 직 · 간접적으로 투입되는 여러 가지 음료 또는 식자재를 분류하여 일정한 그룹으로 모은 다음 각 그룹의 생산을 위한 설비들을 한곳에 집합하여 조리작업순서에 따라 배치하는 방법이다. 따라서 각 그룹별로 집합된 생산설비들의 배치는 상품별 배치와 유사한 형태를 갖게 된다.

라. 주방설비 및 기물관리

외식업체 주방은 적게는 몇 가지 메뉴에서 많게는 수십여 종에 이르는 메뉴를 주문과 동시에 생산하여 제공해야 하므로 다양한 메뉴상품 생산에 필요한 설비나 기물이 요구된다. 특히 주방설비의 경우 각 주방에서 생산되는 메뉴상품과 환경에 맞추어 주문 제작되는 경우가 많아 교체가 쉽지 않다. 또한 가격이 비교적 고가(高價)이므로 설비 및 기물을 구입할 때 신중하게 고려해야 한다.

주방설비나 기물이 부족하거나 고장이 생기면 메뉴상품의 생산에 차질이 생길 뿐만 아니라 메뉴상품의 품질에도 영향을 미칠 수 있다. 특히 주방은 항상 위험요소가 존재하므로 항상 취급에 주의해야 하며, 위생도 주기적으로 점검하여 조리업무에 차질이 없도록 철저히 관리해야 한다.

■ **주방설비 시 유의사항**

① 고객에게 제공하는 메뉴의 특성과 서비스 형태에 따라 활용도가 높게 주방설비를 설계한다.

② 주방설비는 품질, 기능성, 사용 유형, 애프터서비스, 유지비용 등을 구입 시 함께 고려한다. 이는 주방설비의 유지 관리비용과 효용성, 생산효율에 따라 매출에서 큰 차이를 보이기 때문이다.

③ 객석 회전율이 영업이익에 직결되므로 생산성 있는 주방설비의 도입으로 작업흐름을 원활하게 한다.

④ 작업능률의 향상과 안전하고 위생적으로 작업하기 위해 쾌적한 주방 환경을 구성할 수 있는 설비를 도입한다.

마. 주방 장비 및 기물의 종류

주방에서 사용하는 설비와 기기는 업종에 따라 차이가 있다. 따라서 각 업장에 필요한 설비 및 기기가 무엇이며, 각각의 메뉴상품 생산을 위해 어디에 어떤 장비를 설치하며, 필요한 기물(Utensil)은 무엇인지 구분하여 사용해야 한다. 외식업체에서 주로 사용하는 주방의 장비 및 기물의 종류를 살펴보면 〈그림 2-23〉과 같다.

■ 냉장냉동기기

〈반찬 냉장고〉

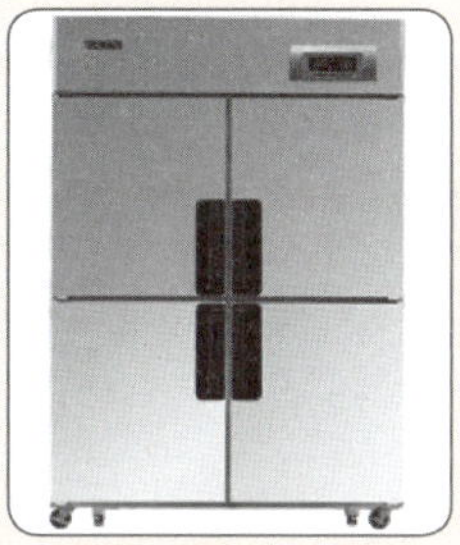

〈4도어 냉동냉장고〉

〈워크인 냉동냉장고〉

〈제빙기〉

■ 열기구

〈2구 가스레인지〉

〈3구 가스레인지〉

〈1구 낮은 가스레인지〉

〈2구 낮은 가스레인지〉

〈가스 밥솥〉

〈튀김기〉

〈오븐〉

〈그릴〉

■ 손수레, 세척기

〈식기세척기〉

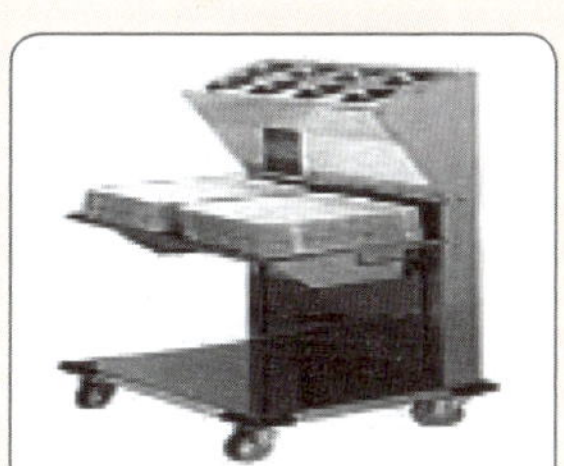

〈식기운반 손수레〉

〈그림 2-23〉 주방장비 및 기물(1)

■ 작업대

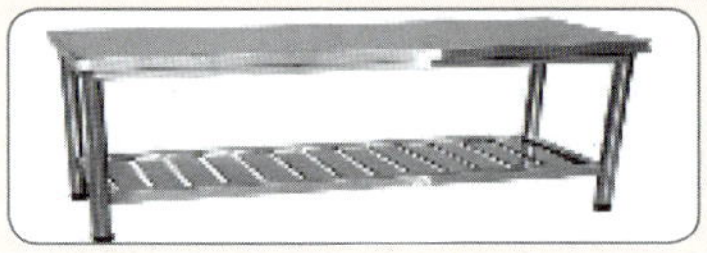

〈작업대〉

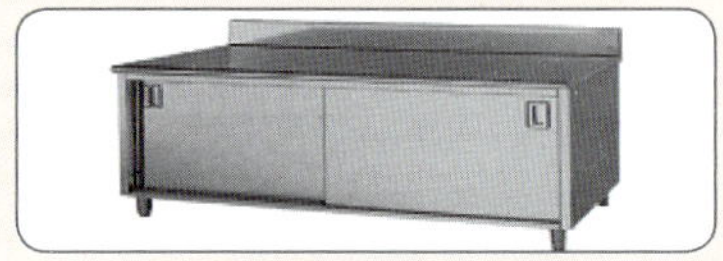

〈캐비닛 작업대〉

■ 싱크대

〈1조 싱크대〉

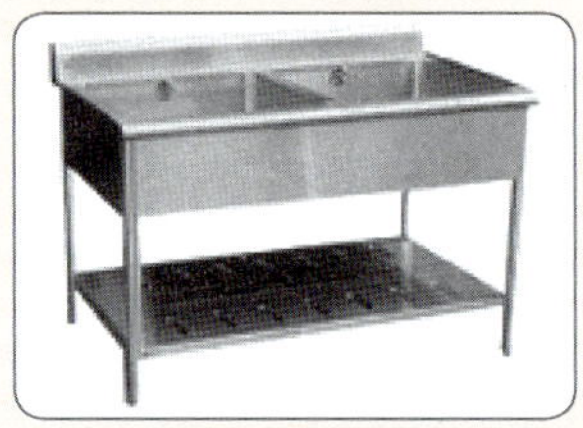

〈2조 싱크대〉

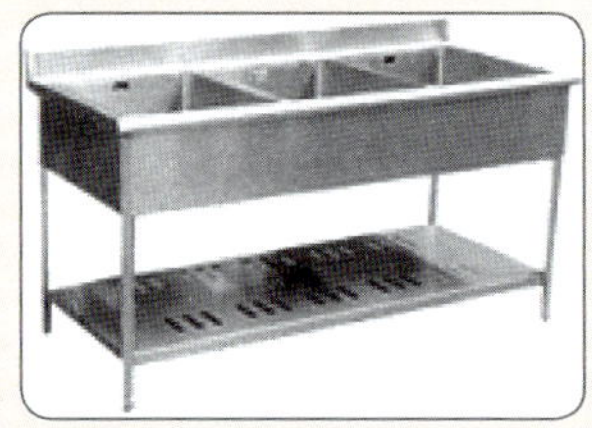

〈3조 싱크대〉

■ 관리선반

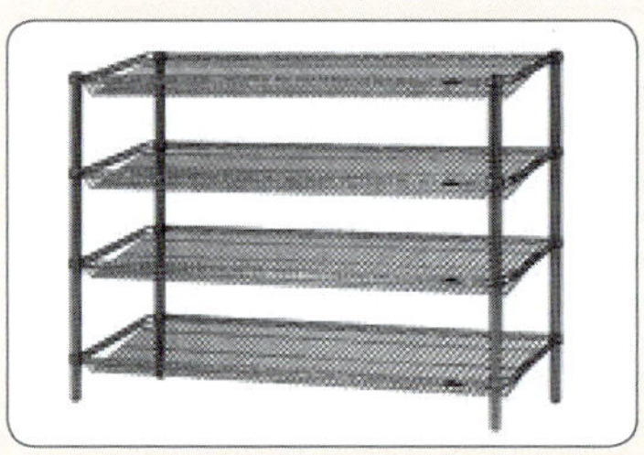

■ 단체급식대

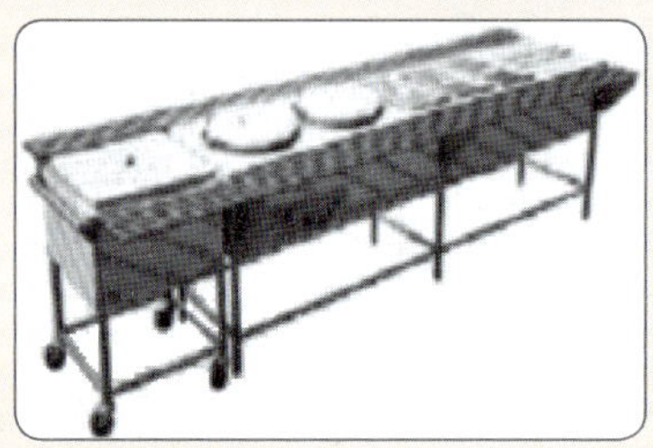

■ 믹서기

〈그림 2-23〉 주방장비 및 기물(2)

15. 식자재 관리

외식업체에서 판매하는 메뉴상품의 원가 중 가장 큰 부분을 차지하는 것이 식자재원가이다. 따라서 외식기업의 궁극적인 목적인 이익 추구를 위해서는 식자재 관리가 매우 중요하다. 식자재 관리의 궁극적인 목적은 구매하고자 하는 식자재의 종류와 수량, 규격, 시기, 가격 등을 파악하여 믿을 수 있는 거래처를 통해 구입하고, 생산활동을 원활히 함으로써 맛과 품질이 우수한 메뉴상품을 생산하여 메뉴상품의 원가를 절감하고 나아가 경영 이득을 증진하는 데 있다.

식자재를 효율적으로 관리하기 위해서는 생산계획에 따른 식자재의 분류, 사용량(소모량) 산정, 구매, 저장, 배분하는 업무를 합리적이고 능률적으로 수행해야 한다. 즉 식자재는 필요로 하는 시기에 원하는 품질과 수량을 적정한 가격으로 구매하고 생산활동에 지장이 없도록 효율적으로 관리하는 기술이다.

1) 식자재 구매관리

식자재 구매관리란 원하는 품질의 식자재를 적당한 가격과 조건으로 필요한 시기에 공급받아 조리 · 가공하여 고객에게 제공할 수 있도록 하는 식자재 관리의 첫 단계이다. 이를 위해서는 먼저 외식업소에서 취급하는 메뉴상품의 생산에 요구되는 모든 물품을 조사하고 분류하여 언제, 어디서, 어떻게, 누가 구입하는지를 결정해야 한다. 식자재 구매는 메뉴상품의 품질과 외식업소의 수익에 영향을 미치므로 합리적이고 효과적으로 구매하기 위해 식자재 정보, 유통 시스템, 식품 규격, 가격 변동추이 등에 관한 다양한 정보의 획득이 중요하다. 따라서 구매하고자 하는 식자재의 품목과 품질, 규격, 무게, 수량, 기타 특성을 세부적으로 기술한 표준구매명세서를 작성하여 검토하는 것이 가장 기본적인 단계이다. 또한 구매 담당자는 식자재 유통과정과 식자재 구매방법, 검수, 식품 감별에 대한 해박한 지식을 갖추어야 한다.

가. 식자재 구매 시 고려사항

① **품질** : 식자재의 규격과 품질, 신선도 등을 확인하여 구매한다.

② **수량** : 생산에 필요한 수량을 구매한다.

③ **가격** : 합리적인 가격에 구매한다.

④ **시기** : 계절성, 재고 등을 파악하여 적당한 시기에 구매한다.

⑤ **구매처** : 신뢰성이 있으며, 지속적으로 납품이 가능한 거래처로부터 구매한다.

⑥ **방법 또는 조건** : 협상을 통해 쌍방에게 합리적인 가격으로 구매하거나, 식자재 종류에 따라 공동구매, 창고구매, 중앙구매, 산지구매 등 방법을 달리하여 구매할 수 있다.

나. 식자재 구매 절차

① **구매할 식자재 파악** : 생산활동에 필요한 식자재의 재고량과 필요 수량과 품질, 규격, 가격 등을 조사한다.

② **시장조사** : 필요로 하는 식자재에 대한 시장조사를 실시한다. 시장조사를 바탕으로 품목별로 구매시기와 가격, 재고, 구매여부 등을 결정한다.

③ **구매처 선정** : 신뢰성과 진실성을 겸비한 납품업자를 선정한다.

④ **발주** : 납품업자와 구매조건, 방법, 가격, 결재조건, 납품시기 등을 협상한다.

⑤ **검수** : 검수 담당자가 구매명세표 또는 송장 등을 비교하여 주문한 식자재와 납품된 식자재가 동일한지 여부와 수량, 품질 등을 확인한다.

⑥ **입고 및 보관, 출고** : 검수를 통해 확인된 식자재는 입고하여 각 식자재의 보관기준에 따라 구분하여 보관한다. 출고 시에는 출고명세서 등을 통해 출고한다.

⑦ 기록 및 기장관리 : 주문서사본, 구매청구서, 물품인수장부, 검사 또는 반품에 대한 보고기록서를 작성하여 비치 · 보관해야 하며, 계획된 예산에 맞추어 식재료비를 관리한다.

2) 식자재 발주관리

발주는 예상 판매량을 기준으로 결정한 구매량을 납품업자에게 공식적으로 주문하는 단계로 구매 담당자가 주문 비용을 최소화하는 적정 발주량을 결정하여 주문해야 한다.

가. 발주방식의 결정

(1) 정기 발주

일정한 시점마다 정기적으로 부족량(최적 재고량−현재 재고량)을 발주하는 방식으로, 식자재 중에서도 가격이 비싸거나 조달이 어려워 많은 양을 한꺼번에 구입해 저장하면 무리한 재고 부담을 주는 품목들을 발주할 때 사용한다. 주로 수요 예측이 가능한 식품들에 적합하다.

(2) 정량 발주

재고가 일정 수준(발주)에 이르러 일정 발주량(경제적 발주량)을 주문하는 방식으로 이 방식은 가격이 낮은 품목으로 재고 부담이 적을 뿐만 아니라 항상 일정량의 재고를 유지할 필요가 있고, 연간 소비량이 비교적 안정된 식품을 발주할 때 이용한다.

나. 발주방법

(1) 전화 발주

주문서의 발행을 생략하고 전화로 주문하는 방법으로 편리한 반면, 주문자와 납품자 간에 의사 전달의 미숙으로 오류가 발생되기 쉬운 단점이 있으므로 반드시 상호 간에 유선상으로 재확인을 해야 한다.

(2) 점포 구매

구매 담당자가 납품업체 또는 식자재 판매상을 직접 찾아가 구매하는 방법으로 식품의 출하시기, 신선도, 가격, 위생상태 등을 직접 확인하고 구매할 수 있는 방법이다.

(3) 납품업자에 의한 발주

납품업자가 견본품을 가지고 업소를 방문하여 구매자에게 확인시킨 후 주문을 하거나, 납품업자가 취급하는 품목리스트(팸플릿)를 보고 구매하는 방법이다. 주문한 상품이 견본품 또는 품목리스트에 기재된 사항과 동일한 품질인지를 확인하는 과정이 중요하다.

(4) 구매명세표 발주

외식업소에서 필요로 하는 식자재의 품목과 규격 및 수량, 납품시기 등을 기재하여 납품업체에 발주하는 방식으로 가장 널리 사용되며, 정확한 방법이라 할 수 있다. 구매명세표와 납품된 식자재가 동일한지 반드시 확인한다.

(5) FAX를 이용한 발주

외식업체에서 필요로 하는 식자재를 품목리스트를 작성하여 FAX를 사용하여 주문하는 방법으로 비교적 신속하고 정확한 방법이다.

(6) 컴퓨터를 이용한 전산 발주

최근 컴퓨터 사용이 일반화됨에 따라 식재료구매도 인터넷을 이용한 전산 발주가 상용화되고 있다. 전산 발주시스템의 경우 특정 구매업체와의 계약을 통해 구매처의 재고량과 단가, 발주금액 등을 전산으로 직접 확인하고 발주하는 방법으로 기존의 발주방법에 비해 신속하고 정확할 뿐만 아니라 24시간 발주가 가능하여 비용 면에서도 효율적인 발주방법이다.

3) 저장관리

외식업체에서 저장을 위한 시설과 관리는 음식의 질과 손님의 안전에 직접적인 영향을 미치는 요소일 뿐만 아니라 적절한 저장관리로 인해 얻을 수 있는 원가절감은 실제적인 비용 지출을 줄여줌으로써 영업 이익증대에 막대한 기여를 할 수 있다. 또한 외식사업의 경우 식자재의 도난과 부패로 인한 손실이 크며, 저장실을 어떻게 활용하는가에 따라 저장실의 크기, 보관비용, 구매시기 등이 좌우되므로 저장관리는 중요하다.

특히 식자재의 저장은 외식업체의 원가관리에 영향을 미칠 뿐만 아니라 손님의 안전에 직접적인 영향을 미치므로 식품위해 요소로부터 오염을 막기 위해서는 철저한 검수와 올바른 취급, 저장이 매우 중요하다.

따라서 각 식자재에 따른 올바른 취급방법을 숙지하고, 그에 따른 저장계획을 세워 취급하며 저장한다.

■ 식품저장의 4대 기본원칙

① 식품을 즉시 저장

② 모든 육류 및 식품의 생산날짜 표기

③ 각 식품에 따른 올바른 저장

④ 선입선출(FIFO : First In First Out)

■ 올바른 식품 취급방법

① 개봉하여 사용한 식품의 용기(Package)를 다시 봉한다.
② 해산물, 닭고기, 육류는 각각 같은 것끼리 따로 저장한다.
③ 식품을 지속적으로 순환한다.
④ 개봉한 후 일부만 남은 식품 용기가 있는지 항상 점검한다.

■ 올바른 식품 저장방법

① 바닥으로부터 약 15cm 정도 떨어져 있어야 한다.
② 천장으로부터 약 45cm 정도 떨어져 있어야 한다.
③ 식품이 벽에 닿으면 안 된다.
④ 식품이나 보관 용기에 구입일, 유통기한, 주의사항 등을 기록하여 보관한다.
⑤ 식품의 종류에 따라 구분하여 보관한다(예 : 냉동, 냉장, 실온, 건조 등).
⑥ 대용량인 경우 일회 사용 분량 또는 일일 사용량 등으로 구분하여 보관한다.
⑦ 적절한 온도와 습도, 조도를 유지한다.

4) 출고관리

출고관리란 식자재 관리의 마지막 단계로 저장고에 보관된 식자재를 조리부서 등의 필요로 하는 업장에 공급하는 것으로, 도난과 파손 등에 주의해야 한다. 식자재의 출고는 검수지역에서 직접 조리부서로 배달되는 '직접출고'와 저장실로 옮겨서 저장되었다가 필요시 절차에 따라 조리부서로 출고되는 '저장출고'로 구분할 수 있다. 직접출고의 경우는 대부분 당일 신선식품으로 당일 소비가 가능한 식자재가 해당되며, 저장출고의 경우는 냉동식품 등 보관이 가능한 식자재가 해당된다. 저장출고의 경우는 재고량이 영업에 영향을 미치므로 철저한 관리가 필요하다. 또한 출고방법에 따라 원가에 영향을 미치므로 어떠한 방법으로 출고하는 것이 원가관리에 긍정적인 영향을 미치는지를 고려하여 출고해야 한다.

식자재 출고관리 방법에는 출고시점에 따른 분류와 출고방법에 따른 분류가 있다.

가. 출고시점에 따른 분류

① **직접출고** : 신선식품이나 부패성이 높은 식자재의 경우 당일 필요한 식자재만 구입하여 저장하지 않고 바로 필요 부서로 출고하는 방법이다.

② **저장출고** : 하루 이상 또는 수개월 정도 저장하여도 품질에 이상이 없는 식자재의 경우 일정기간 동안 사용할 분량을 미리 구입하여 저장하여 두고, 출고전표에 의해 출고하는 방법으로 비공식적인 유출을 막을 수 있다.

〈표 2-28〉 출고전표 양식

출 고 전 표

신청부서 : 　　　　　　　　　　출고일자 : 년 월 일
신 청 자 :
신청일자 :

품목	저장 위치	수량	단위	단위 원가	총원가
총계					

나. 출고방법에 따른 분류

① **선입선출법(First In, First Out)** : 장부상 먼저 들어온 식자재부터 차례로 출고하는 방법이다.

② **후입선출법(Last In, First Out)** : 가장 최근에 입고된 식자재를 먼저 출고하는 방법이다.

5) 재고관리

외식업체의 메뉴상품은 타 상품과 달리 생산과 소비가 동시에 일어나므로 재고가 없는 것이 특징이다. 특히 외식업체의 경우 다품종을 소량 생산할 뿐만 아니라 정확히 어떤 메뉴가 얼마나 팔릴지를 정확히 예측하는 것이 어려운 업종이다. 따라서 미래의 불확실한 매출을 위해 업체가 판매할 메뉴상품의 생산에 필요한 식재료를 구입하여 저장해 두어야 하는데, 이로 인해 발생되는 재고를 관리하는 것을 재고관리라 한다. 재고관리에 일반적으로 이용되는 방법은 '실지 재고조사법'과 '계속기록법'의 2가지가 있다.

가. 재고관리 방법

(1) 실지 재고조사법

저장실의 재고를 실제로 파악하는 방법으로, 일반적으로 '실지 재고조사법'을 이용한 재고 파악은 한 달에 한 번 정도로 이루어지는 것이 보통이다. 하지만 회계가 끝나는 때에 맞춰 행해지기도 하며, 경영자가 필요하다고 느낄 경우에도 실행할 수 있다. 실지 재고조사법으로 재고를 파악할 때는 보통 두 사람이 한 조가 되어, 한 사람은 재고물품을 세는 일을 담당하고 다른 한 사람은 재고장부에 기록하는 식으로 실행된다. 이때 두 명 중 한 사람은 저장관리나 주방과는 무관한 부서에서 온 사람이어야 공정한 재고조사가 이루어지므로 경영자는 가능하면 이러한 직원을 배치해야 한다.

실지 재고조사법을 이용한 재고조사는 물품을 일일이 세어야 하는 쉽지 않은 작업이다. 따라서 재고량의 변동이 크지 않은 업소들은 고가의 주요 물품이나 대량 판매가 되고 있는 식자재만 대상으로 실지 재고조사법을 적용하고, 나머지 재고 식자재의 경우는 평균 재고량을 구해 가산하는 방법으로 간단히 실행하거나 정해진 기간에만 실지 재고조사를 실시하기도 한다.

(2) 계속기록법

저장실로 유입되는 식자재의 입고와 주방으로 출고되는 식자재를 지속적으로 기록함으로써 항상 정확한 재고량을 파악하기 위해 사용되는 재고관리법이다. 과거에는 많은 시간과 노력이 요구되어 주로 대형업체에서만 사용하였으나 컴퓨터기기의 발달과 재고관리 프로그램이 개발되어 최근에는 많은 외식업체들이 보다 쉽게 관리할 수 있게 되었다.

■ **계속기록법을 사용할 때 얻을 수 있는 이점**

① 구매 시기와 적정 구매량을 손쉽게 알 수 있어 과잉 또는 과소 구매로 인한 손실을 막을 수 있다.

② 지속적으로 재고상황을 알려준다.

③ 실지 재고량과 유지하고 있어야 할 재고량 사이의 차이를 밝혀주므로 비정상적인 차이를 보이는 품목을 정확하게 가려낼 수 있다.

④ 재고장부만 봐도 오랫동안 사용되지 않는 식자재를 파악할 수 있으므로, 이들을 즉시 사용할 수 있도록 조치하여 묵은 재고의 관리를 쉽게 해준다.

〈표 2-29〉 재고카드 양식

입고						출고					
월일	납품자	수량	단위	가격	총액	월일	부서	수량	총액	잔고	
										수량	총액

주 : '계속기록법'에 의한 재고조사 시 활용이 가능하며, 컴퓨터에 입력 사용 또는 손으로 직접 기입하여 사용할 수도 있다.

16. 원가관리

1) 원가의 개념과 중요성

외식업체의 원가란 메뉴상품을 생산하고 판매하기 위해 소비되는 재화나 용역의 경제적 가치라 할 수 있다. 즉 식재료의 구매에서부터 검수, 저장, 출고, 조리, 판매의 전반적인 과정에 적용되는 특별관리활동이다. 외식사업에서 원가는 기업의 경영목표이자 목적으로 이익극대화를 위해서는 효율적인 원가관리가 필요하다. 특히 외식업체의 원가는 조금만 방심하면 상승하여 이익에 영향을 미치게 되므로 매우 중요하다. 특히 식재료 가격의 상승, 주문실수에 의한 폐기, 식재료의 지나친 사용, 도난에 의한 손실, 잘못된 저장으로 인한 폐기, 수요예측의 잘못으로 인한 재고 등 여러 가지 요인에 의해 원가율은 영향을 받을 수 있는데 식재료 가격 상승을 제외한 다른 요인들은 매뉴얼을 준수함으로써 어느 정도 방지할 수 있으므로 원가관리는 중요하다.

그러나 원가관리는 경영주나 관리자가 혼자서 감당할 수 있는 부분이 아닌 직원 전체가 협조해야 이루어질 수 있다. 특히 외식업체의 경우 대부분의 원자재가 식품으로 구성되어 있으며 변질 및 부패가 빨라 더욱 세심한 관리가 필요하다. 따라서 직원들로 하여금 원가관리시스템 매뉴얼을 철저히 숙지하도록 교육하는 것이 중요하다.

외식업체의 원가관리는 구입단계부터 저장, 출고, 조리, 판매에 이르는 전 과정에 걸쳐 관리되어야 한다. 따라서 외식업체의 원가관리시스템은 계획(Planning)과정, 비교(Comparing)과정, 수정(Correcting)과정, 개선(Improving)과정의 4단계로 나누어 순환관리된다.

2) 원가의 분류

외식업체의 원가는 크게 직접원가와 간접원가로 구분되는데, 직접원가는 메뉴상품을 생산하기 위해 직접 투입되는 원가로, 메뉴상품을 생산하기 위해 소비된 식재료비와 종업원에게 지급되는 임금, 자체 생산이 불가능한 식재료의 경우 외부업체를 통해 구입할 수 있는데 이 경우 외주가공비라 한다.

간접원가는 재료비와 인건비 이외의 가치로 메뉴상품의 생산에는 직접 투입되지 않으나 메뉴상품의 판매를 위해 소요되는 원가이다. 간접원가에는 보조재료비와 상여금, 퇴직급여, 감가상각비, 보험료, 복리후생비, 잡비 등의 경비를 들 수 있다.

〈표 2-30〉 원가의 분류와 원가항목

원가 분류	원가항목
발생 형태에 따른	재료 원가, 인건비, 경비
제품과의 관련에 따른	직접 원가, 간접 원가
조업도와의 관련에 따른	변동 원가, 고정 원가
원가 산정의 시점에 따른	과거 원가, 미래 원가, 혹은 취득 원가, 추정 원가
제품 제조의 전후에 따른	실제 원가, 견적 원가, 표준 원가
집계하는 원가의 범위에 따른	전부 원가, 부분 원가
매출액과의 대응관계에 따른	제품 원가, 기간 원가
원가의 관리 가능성에 따른	관리 가능 원가, 관리 불가능 원가

3) 원가계산의 원칙

원가계산이란 일정기간 동안 소비된 모든 원가를 집계하여 그 기간 동안의 생산량으로 나누어 원가를 산출하는 방법이다. 외식업체의 원가계산은 대부분 1일, 1개월, 1년을 기준으로 하지만, 경우에 따라 3개월이나 1년에 하기도 한다.

〈표 2-31〉 원가계산의 원칙

원칙	내용
진실성의 원칙	음식 생산에 소요된 원가를 정확하게 계산하여 진실하게 표현하는 것을 원칙으로 한다.
발생기준의 원칙	현금의 수지에 관계없이 원가 발생의 사실이 있는 발생시점을 기준으로 해야 한다.
계산경제성의 원칙	중요성의 원칙이라고도 하며, 경제성을 고려하는 것을 원칙으로 하는 방법이다. 즉 금액과 소비량이 적은 직접비는 간접비로 계산한다.
확실성의 원칙	여러 방법 중에서 가장 확실성이 높은 방법을 선택하는 원칙을 말한다.
정상성의 원칙	정상적으로 발생한 원가만을 계산하는 원칙을 말한다.
비교성의 원칙	다른 일정기간의 것이나 다른 업체와 비교할 수 있어야 한다는 것으로, 유효한 경영관리의 수단이 된다.
상호관리의 원칙	원가계산, 일반회계 계산, 요소별 계산, 부문별 계산, 제품별 계산 등 상호간에 서로 밀접한 하나의 유기적 관계를 구성함으로써 상호 관리가 가능하도록 한다.

위와는 달리 '① 진실성의 원칙, ② 일관성의 원칙, ③ 직접 부과의 원칙, ④ 관련성의 원칙, ⑤ 중요성의 원칙, ⑥ 예외 관리의 원칙, ⑦ 원가 보고의 원칙, ⑧ 간접비 부여의 원칙' 등 선택에 관한 원칙으로 구분하기도 한다.

4) 원가계산방법

〈표 2-32〉 원가계산방법의 종류와 특징

구분	방법	특징
취득원가법	개별법	실제로 소비한 식재료의 구매가격을 기준으로 계산
	선입선출법	먼저 입고된 식재료를 먼저 사용한다는 가정하에 원가계산
	후입선출법	나중에 입고된 식재료를 먼저 사용한다는 가정하에 원가계산
	최종매입 원가법	최종적으로 입고된 식재료를 먼저 사용한다는 가정하에 원가계산
평균원가법	총평균법	해당기간 동안 입고된 모든 식재료의 구입단가를 평균하여 계산
	단순평균법	단순한 구입단가의 평균으로 식재료 가격을 계산
	(가중) 이동평균법	재고수량별 단가를 가중 평균하여 식재료가격을 산출

예정가격법	추정가격법, 표준원가법, 사전원가법	사용된 식재료를 사전에 설정한 가격을 적용하여 계산하는 방법
시가법		취득원가와 관계없이 원가계산 당시의 시장가격을 기준으로 식재료원가를 산출하는 방법

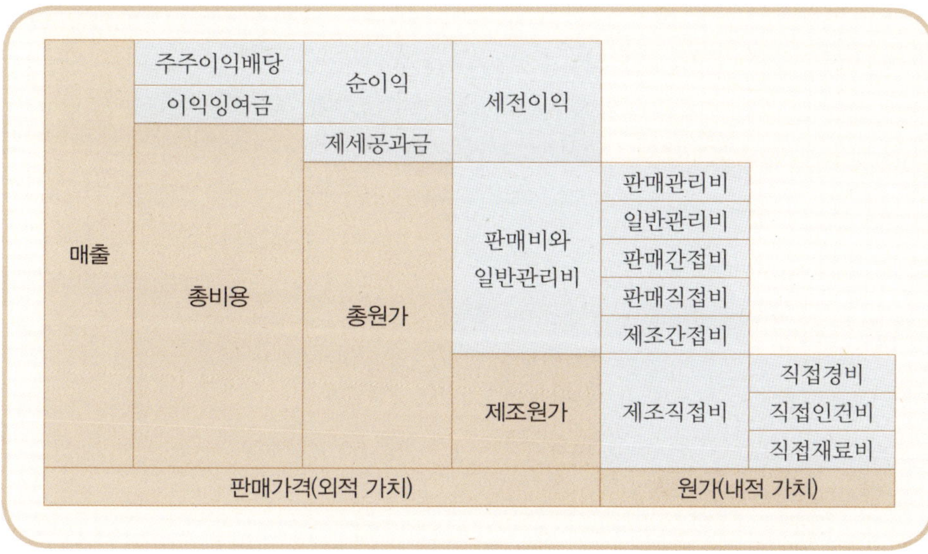

〈그림 2-24〉 판매가격과 원가의 기본구조

〈표 2-33〉 원가의 분류

직접원가	직접재료비	주요 재료비, 매입 부품비
	직접노무비	직접 임금, 급여
	직 접 경 비	외주 가공비
간접원가	간접재료비	보조재료비, 공장 소모품비
	간접노무비	간접 작업임금, 휴업임금, 상여금, 퇴직급여, 잡급비
	간 접 경 비	감가상각비, 보험료, 수선비, 전력비, 가스비, 수도광열비, 임대료, 운반비, 복리후생비, 잡비

5) 원가계산의 목적

원가계산의 목적은 외식업체의 경영방침과 목표에 따른 손익의 산정과 재정상태를 파악하여 판매가격의 결정 및 경영 능률을 도모하는 데 있다.

〈표 2-34〉 원가계산의 목적

가격결정의 목적	판매가격은 원가가 책정된 뒤에 결정하며, 제품의 판매가격을 결정할 목적에서 원가자료가 필요하다.
원가관리의 목적	원가관리의 목적은 기초자료를 제공하여 원가를 절감하도록 능률적인 관리를 하기 위함이다. 원가 표준을 설정한 후, 표준 원가와 비교하여 원가관리 목적에 기여하도록 한다.
이익 및 예산편성의 목적	이익 계획의 설정과 예산의 편성을 위한 원가정보 제공 측면에서 계수적인 근간이 되며 경영관리를 통한 예산통제로 활용된다.
재무제표 작성의 목적	회사에 있어서 일정기간 내의 손익이나 재무상태를 나타내는 표를 의미하며, 주로 손익계산서와 대차대조표를 활용하고 재무제표를 작성하기 위해 원가계산이 필수적이다. 따라서 경영활동 결과를 재무제표에 집계하여 보고하게 되는데, 이때 기초자료로 제공된다.
경영비교 기초자료 제공의 목적	타 업체나 동 업체 부문 사이의 경영관리 효율성을 상대적으로 비교하기 위함이다.

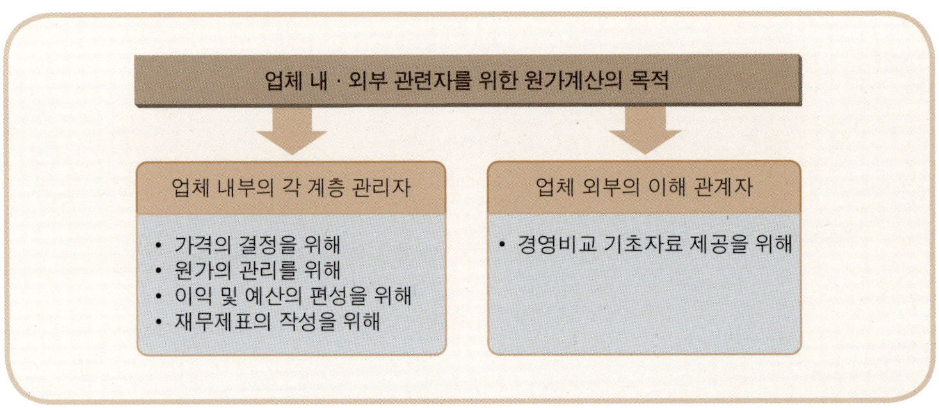

출처 : 장상태 · 함동철, 2010, 외식산업의 이론과 실제, 에이드북.

〈그림 2-25〉 기타 원가계산의 목적

6) 비용의 분류

외식업체 운영에 가장 큰 영향을 미치는 비용은 식재료비와 인건비이다. 이 두 가지는 경영자와 종업원의 노력 여하에 따라 효과적인 절감이 가능하므로 이를 위해 경영자는 이 비용들에 대한 기록관리와 통제를 철저히 해야 한다. 그러나 경영자의 관리능력만으로는 단기간에 절감할 수 없는 비용도 있는데 이를 통제불가능한 비용이라 한다.

가. 통제가능한 비용

경영자의 관리능력에 따라 비교적 짧은 기간에도 절감할 수 있는 비용으로 식자재비, 인건비, 광고비, 광열비 등을 들 수 있다.

식자재비의 경우 덜 비싼 식자재를 사용하거나 대체식품으로 바꿔 사용하면 비록 상품의 질은 떨어진다 해도 일단은 원가비용의 절감효과를 즉시 볼 수 있고, 정확한 판매 예측을 통해 남겨지는 음식물을 줄이고 유통 시 관리의 부실로 손실되는 양 또한 줄일 수 있다면 여기서도 효과적인 원가관리로 비용을 절감할 수 있게 된다.

인건비는 종업원 수를 줄이는 것이 가장 직접적인 비용절감의 효과를 가져오지만 이로 인한 서비스 질의 하락으로 고객들의 불만을 살 수 있는 여지가 많기 때문에 신중히 결정해야 한다. 이직과 결근율을 낮추기 위한 교육과 근무시간 및 전체 업소 운영계획을 효율적으로 수립함으로써 인건비를 더욱 효과적으로 절감할 수 있다.

또한, 광고 및 홍보비, 광열비 등도 경영자의 정책 결정과 노력 등으로 충분히 변화시킬 수 있는 비용들이다.

나. 통제 불가능한 비용

경영자의 관리능력만으로는 단기간에 절감할 수 없는 비용들로 임대료, 감가상각비 등이 있다.

또한 비용은 판매량과의 관계에 따라 크게 '고정비', '변동비', '반변동비'의 3가지로 분류된다.

〈표 2-35〉 비용의 분류

고 정 비	임대료, 세금, 보험료, 감가상각비 등과 같이 업소의 상품 판매량이 늘어도 변동 없이 지출되는 비용
변 동 비	식자재비, 1회용 그릇, 소독제와 같이 판매량의 증가와 함께 비례하여 지출되는 비용
반변동비	영업의 상황에 관계없이 고정적으로 언제나 지출되는 비용 (종업원에 대한 급여 등의 인건비가 대표적인 예가 된다.)

17. 식자재 원가관리방법

외식업소 운영에 있어 식자재 원가는 운영 중 발생하는 최대의 지출요인 중 하나로 경영의 성패는 식자재의 효과적인 관리능력에 의해 크게 좌우된다고 하겠다. 외식업체의 경우 기본적인 원가관리의식이 결여되어 있어 원자재 가격이 오르면 메뉴가격도 동시에 인상하는 경우가 많다.

이러한 원가의식은 결국 많은 업소들을 개점 초기에는 고객의 내점에만 관심을 쏟고, 업소가 어느 정도 안정되면 투자 자본의 회수에 급급하도록 만들어 상품의 질을 고려하지 않는 직접적인 원가 절감으로 결국은 업소의 장래를 어둡게 하는 경우가 많았다. 따라서 효과적인 식재료 원가관리를 위해서는 표준이 되는 원가를 과학적인 통계적 방법으로 정해 놓고 실제 원가와 비교 분석하여 차이를 분석함으로써 보다 효과적이고 과학적인 방법으로 원가를 관리할 수 있다.

올바른 식재료 원가관리를 위해서는 표준분량, 표준 양목표, 표준 산출률을 설정해야 하며, 이를 근거로 표준원가율을 설정하여 실제원가와의 차이를 분석해야 한다. 특히 표준원가를 설정하기 위한 기준이 되는 표준원가율을 설정하기 위해서는 우선 현재의 원가율을 파악하여 이보다 낮은 수준으로 정하도록 노력해야 한다. 보통 적정 식자재 원가율은 30~40%로, 원가율이 너무 낮으면 메뉴가 빈약해져 고객만족을 기대하기 어렵고, 원가가 너무 높으면 이익의 감소로 운영이 어려워진다. 그러므로 표준원가율은 메뉴가격, 매출액, 품질, 식자재 가격 변동, 경영상태 등을 충분히 고려해 업소의 특성에 맞도록 적정하게 책정해야 한다.

1) 표준 양목표(Standard Recipe)에 의한 원가관리

표준 양목표란 메뉴상품을 생산하기 위해 필요한 식재료, 수량, 만드는 방법, 시간, 온도, 장비, 산출량이 설정된 음식의 표준에 관한 기술서로 상품가격을 결정하는 근거가 된다. 표준 양목표는 항상 같은 품질의 상품을 생산할 수 있게 하며, 누가 만들더라도 품질을 통제할 수 있는 등 효과적으로 관리가 가능한 장점이 있다. 특히 표준 양목표는 메뉴상품의 생산에 필요한 식재료의 품목과 수량이 포함되므로 이를 근거로 메뉴상품의 단위당 원가를 산출할 수 있다. 따라서 표준 양목표에 의해 원가를 관리할 수 있을 뿐만 아니라 조리사들이 조리업무를 합리적으로 수행할 수 있게 하며, 식재료 소모량을 계산할 수 있는 등의 장점이 있다.

2) 표준원가에 의한 관리

표준원가란 표준이 되는 원가를 과학적 · 통계적 방법으로 정해 놓고 실제 원가와의 차이를 비교분석하여 원가를 관리하는 방법이다. 표준원가는 표준분량, 표준 양목표, 구매명세서, 표준 산출률을 근거로 설정한다.

3) 비율에 의한 원가관리

식재료에 의한 원가를 비율에 의한 방법으로 계산할 때는 식재료의 매출총원가를 총매출액으로 나누어서 원가율을 산출한다. 비율에 의한 원가관리방법은 비교가 가능하며, 적정 식재료 원가여부를 밝히는 데 있어 매우 효과적이다.

PART 03

외식산업 프랜차이징

Chapter 1

외식체인경영

학습목표

1. 외식체인경영의 개념과 각 형태에 따른 특성을 학습한다.
2. 프랜차이즈시스템의 특성과 유형에 대해 학습한다.
3. 프랜차이즈시스템의 장단점을 학습한다.
4. 프랜차이즈 본부와 가맹점의 역할을 학습한다.
5. 외식 프랜차이즈 관계 법률에 대해 학습한다.

1. 외식체인경영의 개념

체인경영은 다점포화를 통한 규모의 경제성을 실현하기 위해 같은 시설을 보유한 외식 점포들이 다른 장소에서 동일한 영업방침과 상품, 서비스 수준 등을 갖추고 각각 하나의 독립된 사업체로 운영되는 경영형태이다. 즉 체인경영은 두 곳 이상의 장소에서 동일 상표와 상품, 이미지를 판매할 뿐만 아니라 계약에 의해 동일업종으로 다수의 외식점포를 지속적으로 경영지도하고 상품을 공급하는 경영형태를 일컫는다.

외식업의 대표적인 체인경영형태로는 맥도날드, 피자헛 등을 들 수 있는데, 세계 어느 나라를 가든지 동일한 인테리어와 영업방식, 메뉴상품, 서비스수준 등으로 운영되고 있는 점포를 만날 수 있다. 우리나라의 경우 1979년 롯데리아가 본격적인 체인경영형태를 도입하여 운영을 시작하였으며, 현재 많은 외식업체가 체인경영형태를 취하고 있다. 따라서 놀부, 비비큐 등의 국내 외식 브랜드가 국내뿐만 아니라 해외에 진출하여 한국음식을 알리는 데 기여하게 된 것도 체인경영의 장점 때문이라 하겠다.

2. 외식체인경영의 형태

외식체인경영은 체인사업 또는 가맹사업이라고도 하는데, 경영형태에 따라 직영점 체인(Regular Chain), 임의적 체인(Voluntary Chain), 프랜차이즈 체인(Franchise Chain) 등의 세 가지 형태로 구분된다.

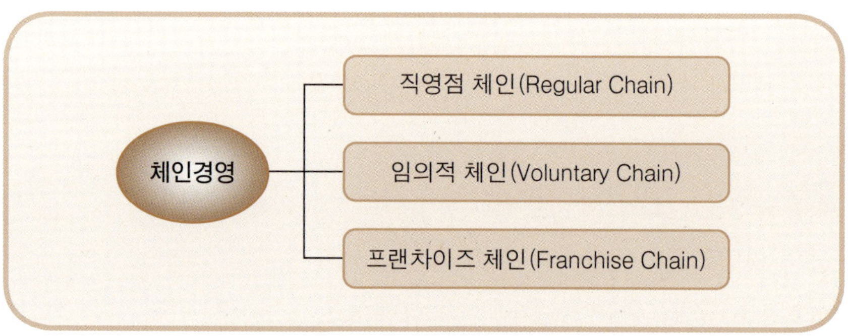

〈그림 3-1〉 체인경영의 형태

1) 직영점 체인(Regular Chain)

직영점 체인이란 체인본부가 점포 개설에 필요한 자본을 직접 투자하고, 점포 운영에 필요한 직원도 직접 채용 · 파견하여 경영하는 형태이다. 즉 본사의 직원이 파견되어 운영하므로 본사 경영방침이 그대로 전수될 뿐만 아니라 품질을 일관적으로 유지할 수 있다. 따라서 직영점 체인은 점포 운영에 의한 수익은 모두 본사에 귀속된다. 외식업체의 경우 직영점 체인은 빕스, 베니건스 등의 패밀리레스토랑이 속한다.

가. 직영점 체인 운영의 장점

① 본사 직원이 파견되어 운영을 전담하므로, 본사의 경영방침이 그대로 전수되어 품질유지와 브랜드 이미지 전달에 용이하다.

② 모든 수익이 본사에 귀속되어 수익성이 높다.

나. 직영점 체인 운영의 단점

① 점포 개설에 필요한 모든 비용을 본사에서 지불하므로 직접투자에 따른 재무적 위험성이 높다.

② 본사의 힘으로 자본력과 필요한 인적 자원을 확보해야 하므로 점포의 확장속도가 느리다.

2) 임의적 체인(Voluntary Chain)

임의적 체인은 점포운영의 독립성은 유지하면서 규모의 경제에 따른 이익과 분업의 효율성을 얻고자 체인본부의 경영지도에 의하여 마케팅, 구매, 유통, 시설활용 등의 영업활동을 공동으로 수행하는 형태이다. 즉 임의적 체인은 체인본사가 있을지라도 조직의 주체는 개별 레스토랑들이며, 본사의 의사결정에 참여하는 등 본사와 레스토랑들 간의 수평적 관계가 성립된다. 임의적 체인경영형태는 특별한 운영 노하우 없이 판매위주의 업종에 유리한 경영형태로 편의점, 소매업 등에서 많이 이용된다.

가. 임의적 체인 운영의 장점

① 상호, 상표, 인테리어, 간판 등 최소한의 이미지는 통일하고, 광고, 홍보 등의 마케팅을 공동으로 진행하므로 규모의 경제효과를 누릴 수 있다.

② 가맹보증금이나 로열티가 없으므로 창업비용이 저렴하다.

③ 식재료 등을 공동구매하므로 대량구매에 의한 원가를 낮출 수 있다.

④ 점포운영이 자율적이다.

나. 임의적 체인 운영의 단점

① 판매 위주로 결성되므로 소속감, 상호, 상표에 대한 충성심이 부족하다.

② 외식업체보다는 판매 위주의 편의점이나 소규모업종에 유리하다.

3) 프랜차이즈 체인(Franchisee Chain)

프랜차이즈 체인은 체인본부가 상호, 상표, 판매방법, 운영방법 등을 결정하고, 가맹점으로 하여금 체인본부의 결정과 지도에 따르도록 하는 형태이다. 프랜차이즈 체인은 가맹본부와 가맹계약자와의 상호계약을 통해 성립되는데, 가맹본부는 상호와 상표의 사용 및 영업에 필요한 메뉴상품, 식재료, 경영 매뉴얼, 인테리어, 광고 및 판촉지원, 교육지원, 경영지도 등의 외식업체 운영 전반에 필요한 노하우를 제공하고 가맹 계약자는 그 대가로 가맹비(Franchise Fee)와 로열티(Royalty) 등을 지불하는 형태의 경영방법이다.

〈표 3-1〉 체인경영형태의 비교

항목	직영점 체인	임의적 체인	프랜차이즈 체인
주체	기업본사	개인점포	프랜차이즈 본사
자본	단일자본	가맹점(본부와 별도)	가맹점(본부와 별도)
경영	비독립	독립	독립
점포경영	본부에서 위임한 점포 경영자	독립한 오너 또는 점포 경영자	독립한 오너 또는 점포 경영자

시장	새로운 점포개설로 시장 확대	기존 점포의 가맹으로 점포 확대	신규점포와 기존점포의 가맹으로 확대
계약범위	없음	경영 일부	경영 전반
상품공급범위	본부 경유 혹은 지시에 따라 공급	본부 구입이 원칙	본부 경유, 지시 또는 추천에 따라 공급
가격통제	본부통제	자유	원칙은 본부 추천
지도	슈퍼바이저가 순회	이용은 자유	슈퍼바이저가 순회
판매촉진	본부에서 통일	이용은 자유	본부에서 통일
본부통제	완전 통제	약함	강함
본부와의 관계	전부 동일	임의공동체	경영이념 공동체
점포이미지	전부 동일	기본적으로는 동일 이미지를 유지	전부 동일
원조	경영 매뉴얼을 통해 실시	다양한 형태가 있지만 중요 점포에만 실시	경영 매뉴얼을 통해 실시(본부의 강력한 지도)

출처 : 박기용, 2004, 21세기 글로벌경쟁시대의 외식산업경영학, 대왕사, p. 503.

Chapter 2

외식 프랜차이즈시스템

학습목표

1. 체인경영의 개념과 역할을 학습한다.
2. 국내 외식프랜차이즈의 환경을 이해한다.
3. 외식 프랜차이즈시스템의 문제점에 대해 학습한다.
4. 외식 프랜차이즈시스템의 특징을 이해한다.
5. 외식 프랜차이즈시스템의 유형에 따른 개념을 이해한다.
6. 외식 프랜차이즈시스템 기능에 대해 학습한다.
7. 외식 프랜차이즈 본부 측면과 가맹점 측면의 장단점에 대해 학습한다.
8. 프랜차이즈 계약내용에 대해 학습한다.
9. 프랜차이즈 관련 법규에 대해 학습한다.

1. 프랜차이즈시스템의 개념과 역할

1) 프랜차이즈시스템의 개념

프랜차이즈(Franchise)란 프랑스어로 'Franc(자유)', 'Francher(자유를 준다)'

는 말에서 유래되었다. 이는 중세 가톨릭교회가 세금을 징수하는 관리에게 일정한 몫은 관리인 자신이 갖고 나머지를 교황에게 납부했던 것에서 기인한 것으로 Franchise는 본사의 시스템과 브랜드를 이용하여 자유롭게 영업하는 형태를 일컫는 말이 되었다.

프랜차이즈시스템에서 가맹본부는 프랜차이저(Franchisor, 체인본부)라 하고, 가맹계약자를 프랜차이지(Franchisee)라 하는데, 프랜차이지(Franchisee, 가맹계약자)가 가맹본부(Franchisor, 가맹사업자)로부터 받게 되는 권리와 면허 자격을 프랜차이즈(Franchise)라 하며, 이러한 시스템을 프랜차이징(Franchising)이라 한다. 즉 프랜차이즈(Franchise)란 상호, 상표, 특허권, Know How를 가진 가맹본부인 프랜차이저(Franchisor, 가맹사업자)가 계약을 통해 프랜차이지(Franchisee, 가맹계약자)에게 상표의 사용권과 상품의 판매권, 기술 등을 제공하고, 그 대가로 가맹비(Franchise Fee)와 로열티(Royalty) 등을 받는 경영형태이다.

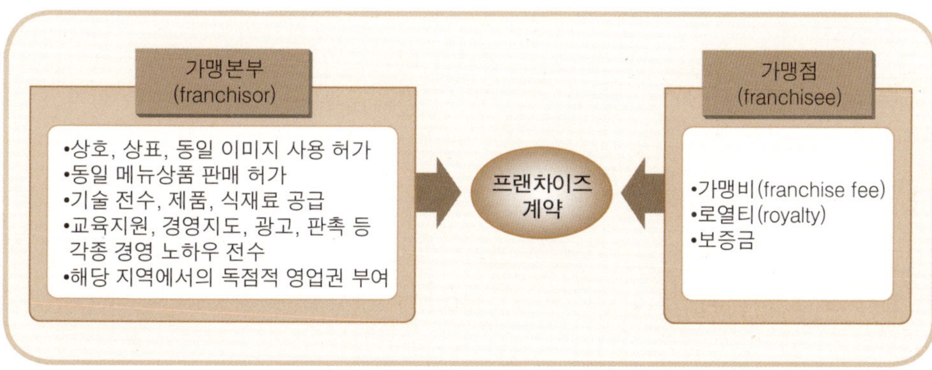

〈그림 3-2〉 프랜차이즈 계약형태

2) 프랜차이즈시스템의 역할

프랜차이즈시스템에서 프랜차이저(Franchisor)와 프랜차이지(Franchisee)의 역할은 다음과 같다.

■ 프랜차이저(Franchisor)와 프랜차이지(Franchisee)의 역할

① 프랜차이저(Franchisor)의 역할

프랜차이저가 점포를 원활하게 운영할 수 있도록 메뉴상품의 제조기술과 상품 및 식재료, 광고 및 홍보, 인테리어 등을 지원 · 관리할 뿐만 아니라 지속적인 교육지원, 경영지도, 제품개발, 판촉지원 등 운영 전반에 관한 노하우를 제공한다.

② 프랜차이지(Franchisee)의 역할

운영 전반에 관한 노하우와 상호 및 상표 사용 허가를 받는 대가로 프랜차이저에게 가맹비, 로열티 등 일정한 대가를 지불한다.

2. 외식 프랜차이즈시스템의 환경

우리나라에서 본격적으로 프랜차이즈시스템이 도입된 것은 1979년 롯데리아가 서울 소공동에 점포를 개설하면서부터였다. 경제발전과 더불어 1986년 아시안게임, 1988년 서울올림픽, 2002년 월드컵 등 세계적인 행사를 유치하게 되면서 외식분야도 비약적으로 성장하는 계기가 되었다. 이에 따라 글로벌 외식기업들이 국내시장에 진출하기 시작하였으며, 국내 대기업의 경우 해외 유명 외식업체들과 계약을 통해 프랜차이즈시스템을 도입하고 본격적으로 외식시장에 진출하였다.

과거에는 햄버거, 피자, 치킨, 아이스크림, 제과점 등 간편식 위주의 업태가 프랜차이즈의 대부분을 차지하였다면, 오늘날에는 패밀리레스토랑을 비롯한 커피전문점, 떡전문점, 분식점 등 다양한 업종과 업태로 프랜차이즈시스템이 확장되고 있다.

프랜차이즈시스템이 우리나라에서 도입 · 성장할 수 있었던 요인으로는 장소의 한계를 벗어난 것이라 하겠다. 예를 들어, 서울에 맛집이 있는 경우 그 식당의

음식을 맛보기 위해서 서울까지 방문하는 수고를 해야 하지만 프랜차이즈의 경우 가까운 장소에서 동일한 식당을 방문하여 같은 품질의 음식과 서비스를 제공받을 수 있는 장점이 있다. 우리나라에서 외식사업 프랜차이즈시스템이 성장할 수 있는 요인을 살펴보면 다음과 같다.

① **교육수준의 향상** : 교육수준의 향상으로 다른 국가나 지방의 문화, 음식, 전통, 지명 등에 대한 인식과 이해가 증진됨

② **과학기술의 발전** : 과학기술의 발전으로 컴퓨터 등의 전자장비와 주방설비 등이 크게 발전하여 사용이 확대되었을 뿐만 아니라, 서로 다른 형태의 프랜차이즈 사업이 등장하게 되는 촉매역할을 함

③ **젊은 층 증가** : 새로운 상품과 비전통적인 형태의 음식, 퓨전음식 등 새로운 음식에 도전해 보려는 젊은 층이 증가됨

④ **산업발전** : 농촌지역의 급속한 발전과 도시와 산업지역으로의 인구집중은 외식을 증가시킴

⑤ **가처분 소득 증가** : 경제성장과 더불어 나타난 가처분 소득 증가로 외식소비가 촉진되었으며, 더불어 외식프랜차이즈 성장의 계기가 됨

⑥ **근로여성과 맞벌이 부부의 증가** : 산업발전과 함께 여성들의 사회진출 확대와 맞벌이 부부의 증가로 인해 외식의 기회가 증가됨

⑦ **편리성 추구** : 위의 여러 가지 요소들로 인해 편리성이 강조됨

3. 외식 프랜차이즈시스템의 문제점

우리나라에서 외식 프랜차이즈는 비약적으로 성장하고 있으나, 빠른 시간에 급격한 성장과 발전을 거듭하면서 그에 따른 문제점도 함께 대두되고 있다. 우리나라 프랜차이즈의 문제점은 다음과 같다.

① **외식업종 비중 과다** : 음식점이 전체 프랜차이즈 구성비의 35%를 차지한다.

따라서 향후 외식업 프랜차이즈의 경쟁 격화로 인한 부실화 가능성이 높을 것으로 예견된다.

② 본사의 영업력 부족 : 프랜차이즈 역사가 짧을 뿐만 아니라 현재 프랜차이즈 사업의 49%가 최근 3년 동안 사업을 개시하여 경험과 노하우가 부족한 상태에서 가맹점을 모집하고 있어 가맹점 창업자까지 연쇄 부실화 가능성이 높으며, 실제로 다른 업종에 비해 사업 지속기간이 짧다.

③ 취약한 유통 인프라 : 가맹점 사업자와 본부 간의 효율적인 물류배송체계가 확립되어 있지 않아 발전에 걸림돌이 되고 있다.

④ 프랜차이즈 비즈니스 창업의 체계적 접근 미흡 : 프랜차이즈시스템은 표준화가 중요하므로 매뉴얼, 가맹점 경영관리 등 사업 전반에 걸친 체계적인 준비가 필요하다.

⑤ 프랜차이즈 본사 경영관리 미흡 : 대부분의 본사 경영관리시스템이 체계적이지 못하고, 업무영역은 광범위하나 이를 뒷받침할 인력이나 조직이 아직은 초보수준이다.

⑥ 프랜차이즈 전문교육의 부재 : 프랜차이즈시스템 운영에 필요한 인력의 전문교육기관이나 프로그램이 부족하다.

⑦ 규모의 영세성 : 선진국과는 달리 우리나라의 경우 자금 규모가 영세한 소규모 영세 프랜차이즈가 많아 규모의 경제성을 제대로 누리지 못하고 있다.

⑧ 낮은 신뢰도 : 본부와 가맹사업자 간에 정보공개 의무가 잘 지켜지지 않을 뿐만 아니라 가맹금의 반환 등이 제대로 지켜지지 않는 등 신뢰가 부족하여 분쟁이 일어날 가능성이 높다.

⑨ 자금지원 및 조세상 혜택 미비 : 우리나라 외식산업의 지원정책은 대부분 중소 레스토랑에 국한되어 있다. 그러나 프랜차이즈 레스토랑의 경우 중소 레스토랑 범위에 포함되지 않아 자금지원 등의 혜택을 받지 못하는 경우가 많다.

⑩ 국제화 미흡 : 국내에서 성공한 프랜차이즈업체가 해외로 많이 진출하고 있으나 아직까지는 미흡하다.

4. 외식 프랜차이즈시스템의 특징

프랜차이즈시스템은 프랜차이저(Franchisor)가 정해 놓은 사업 전반에 걸친 계약내용을 프랜차이지(Franchisee)가 살펴보고 이를 이행할 것을 서면을 통해 합의하면 계약이 성립된다. 따라서 프랜차이저(Franchisor)와 프랜차이지(Franchisee) 상호 간에는 계약서의 내용대로 수행해야 할 권리와 의무가 따르는데, 다음과 같은 특징이 있다.

① **계약관계** : 프랜차이저와 프랜차이지 간에는 계약된 범위 내에서 서로 통제하거나 특정한 요구를 수행해야 한다. 프랜차이즈 계약의 기본적인 내용으로는 상품의 판매 또는 사업에 관한 모든 것으로 권리부여와 그 대가의 지불 등에 관한 의무규정으로 구성되어 있다.

② **가맹점의 독립성** : 프랜차이즈시스템은 동일한 상표와 상품, 이미지 등을 소유하지만 자본적으로는 독립된 사업체이다. 따라서 프랜차이저는 프랜차이지의 경영에 관하여 계약을 통한 간접적인 관여만 할 뿐 직접적으로 참여하지 못한다.

③ **사업 확장에 따른 낮은 위험률** : 프랜차이저는 소규모 투자와 최소의 인력으로 빠르게 점포를 확장할 수 있다.

④ **단순화, 표준화, 규격화** : 관리와 운영이 단순화되어 프랜차이지가 쉽게 접근할 수 있으며, 중앙공급식 주방시스템을 도입하여 대량 및 표준생산으로 원가를 낮출 수 있어 경쟁력 있는 판매가격의 확보는 물론, 동일한 품질, 가격, 서비스 등으로 지역에 관계없이 일정한 신뢰도를 구축할 수 있다.

⑤ **제품의 동질성** : 사업의 주체는 독립적이나 소비자들은 동질적인 것으로 인식한다. 따라서 마케팅 활동에서 얻는 효과가 크다.

⑥ **협동성과 공동성** : 가맹본부와 가맹사업자 모두 변화하는 환경에 알맞은 메뉴 개발이나 마케팅 프로그램을 개발해야 하며, 성공을 위해 함께 노력해야 한다.

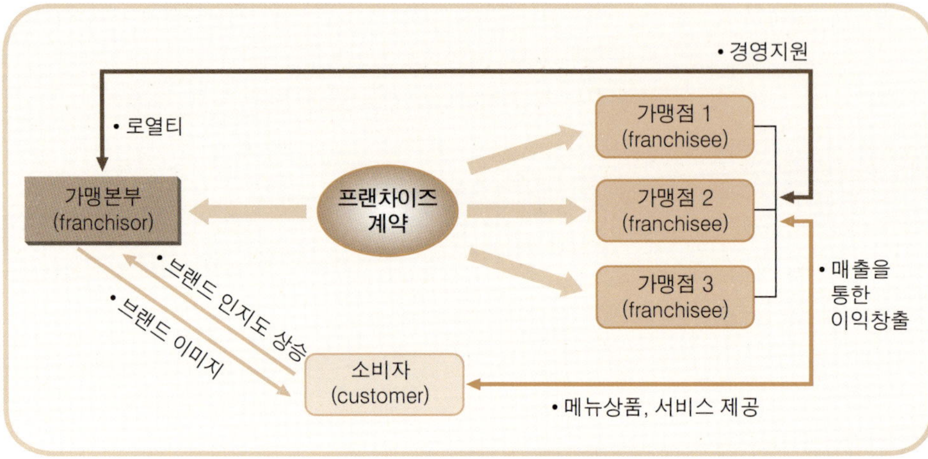

〈그림 3-3〉 프랜차이즈시스템

5. 외식 프랜차이즈시스템의 유형

1) 제공내용에 따른 유형

가. 제품 프랜차이즈(Product Franchise)

프랜차이저가 프랜차이지에게 상표와 상호 사용권을 허락하고 상품만을 공급하는 형태로 경영 노하우는 제공하지 않는다. 자동차대리점, 전자제품대리점, 주유소 등이 여기에 해당한다.

나. 제조 프랜차이즈(Manufacturing Franchise)

프랜차이저가 독자적인 제품을 개발하고 이에 따른 특허권 사용과 제품을 제조하는 데 필요한 시설, 노하우 등을 프랜차이지에게 전수하는 형태이다. 코카콜라, 펩시콜라 등의 청량음료를 제조 판매하는 글로벌기업들이 여기에 해당한다.

다. 시스템 프랜차이즈(System Franchise)

시스템 프랜차이즈는 위의 제품 프랜차이즈와 제조 프랜차이즈 내용에 경영지원까지 포함된 것으로 비즈니스 포맷 프랜차이즈(Business Format Franchise)라고도 한다. 즉 프랜차이저가 제품과 노하우를 개발하고 이에 따른 서비스와 운영매뉴얼 등 영업활동 전반에 걸친 내용을 시스템화하여 프랜차이지에게 제공하는 형태이다. 맥도날드, 피자헛, 스파게티아, 롯데리아, KFC 등 거의 대부분의 외식 프랜차이즈가 여기에 해당한다.

2) 지역권한 범위에 따른 유형

가. 단일점포 프랜차이징(Unit Franchising)

일정 지역 또는 상권 범위 내에서 프랜차이저가 갖고 있는 권리와 영업권을 하나의 프랜차이지, 즉 한 개의 점포에만 부여하고, 다른 점포는 개설하지 않음으로써 프랜차이지의 영업권을 지켜주는 형태이다. 우리나라 대부분의 프랜차이저가 채택하고 있는 프랜차이지 모집형태이다.

나. 다수점포 프랜차이징(Multi Unit Franchising)

프랜차이저가 하나의 프랜차이지와 프랜차이즈 계약을 맺으면, 이 프랜차이지는 다수의 점포를 소유하거나 관리할 수 있는 형태의 시스템으로 지역개발 프랜차이즈 계약(Franchise Development Agreement)과 마스터 프랜차이즈 계약(Master Franchise Agreement)의 두 가지 형태가 있다.

① 지역개발 프랜차이즈 계약(Franchise Development Agreement)

프랜차이저가 프랜차이지와 일정지역에 대한 사업개발계약을 맺고 일정기간까지 다수의 점포를 개설할 것을 의무화하는 계약형태이다. 따라서 계약기간 동안 점포를 개발하지 못한 경우는 계약을 취소하여 프랜차이즈권리를 박탈당할 수 있다.

② 마스터 프랜차이즈 계약(Master Franchise Agreement)

프랜차이저와 계약을 맺은 프랜차이지가 일정지역에서 제3자와 프랜차이즈 계약을 맺는 형태로, 프랜차이저와 직접 계약을 맺은 프랜차이지를 마스터 프랜차이지(Master Franchisee)라 하고, 이 마스터 프랜차이지와 프랜차이즈 계약을 맺은 프랜차이지를 서브 프랜차이지(Sub-Franchisee)라 한다.

6. 외식 프랜차이즈시스템의 기능

1) 프랜차이저(가맹본부)의 기능

① 프랜차이즈시스템 개발
② 원자재 개발
③ 점포기획
④ 상품서비스 개발
⑤ 교육훈련, 운영지도 기능
⑥ 판매촉진
⑦ 금융지원
⑧ 정보기능
⑨ 경영관리
⑩ 슈퍼바이저의 기능

2) 프랜차이지(가맹점)의 기능

① 독립성
② 명성 및 경영 노하우의 부여
③ 위험 회피와 자금 절약

④ 특권 부여
⑤ 권리와 의무

7. 프랜차이즈시스템의 장단점

프랜차이즈시스템은 프랜차이저와 프랜차이지 상호 간의 계약에 의해 맺어지는 경영형태로 양쪽 모두에게 이로울 수도 있으나, 어느 한쪽이 잘못된 경우 연대효과로 인해 피해를 입을 수 있는 특징이 있다. 특히 국내 외식 프랜차이징의 경우 그 역사가 짧은 데 반해 급성장하게 되어 체계적으로 시스템을 갖추고 프랜차이징을 시작하는 것이 아니라 주먹구구식으로 양적인 성장만을 목표로 하는 경우가 많아 그에 따른 단점도 수반되고 있다. 성공적인 프랜차이징은 프랜차이지와 프랜차이저가 서로의 입장을 이해하고 신뢰를 바탕으로 상호 협조함으로써 각자의 사업목표를 달성하기 위해 최선을 다할 때 이룰 수 있다. 따라서 프랜차이저의 입장과 프랜차이지 입장에서의 프랜차이즈시스템의 장단점을 설명하면 다음과 같다.

1) 프랜차이저의 입장

가. 장점

① **소자본 사업확장** : 규모에 따라 다르지만 대체로 점포확장을 위해서는 많은 자금이 소요되고, 점포를 운영 · 관리할 전담직원을 채용 · 배치, 교육하는 등 다수의 업무가 수반됨에 따라 본부의 경영에 영향을 미칠 뿐만 아니라, 자금 측면에서의 위험부담도 커진다. 그러나 프랜차이즈시스템의 경우 프랜차이저는 프랜차이지의 자본을 사용하여 점포를 확장할 수 있을 뿐만 아니라 점포 개설에 요구되는 시장조사, 인력 고용, 비용, 노력 등을 프랜차이지가 전담하므로 빠른 시간 내에 확장이 가능할 뿐만 아니라 위험부담도 감

소한다.

② **구매력 증대** : 프랜차이저는 프랜차이지에게 식재료, 주방기기, 비품 및 기타 물품을 공급함으로써 이윤을 얻을 수 있다. 특히 프랜차이지가 증가함에 따라 구매력(Buying Power)도 함께 증가하여 규모의 경제실현으로 인한 더 큰 이익을 얻을 수 있다.

③ **프랜차이지의 기여** : 프랜차이저는 프랜차이지로부터 경영에 필요한 의견이나 아이디어를 얻을 수 있을 뿐만 아니라 프랜차이저가 미처 파악하지 못했던 지역 특유의 문화나 정보 등을 얻을 수 있다. 특히 프랜차이지는 풍부한 경험을 보유한 경우가 많으므로 이들의 강점들을 유용하게 활용할 수 있다.

④ **동기부여와 협력** : 프랜차이즈시스템은 외형적으로는 하나의 회사이지만 내형적으로는 각각 자본이 분리된 독립된 사업체로 사업성공에 대한 열망이 높다. 따라서 사업 발전을 위한 동기가 부여되면 이를 달성하기 위한 상호 협력이 잘 이루어진다.

⑤ **편리한 운영** : 프랜차이저는 계약된 범위 안에서 프랜차이지의 운영 전반에 대한 노하우와 경영지도는 할 수 있으나 직접적인 운영에는 개입할 수 없다. 직원관리부터 복지, 고용승계 등 점포운영에 필요한 세부적인 부분은 프랜차이지가 전담하므로 다른 사업에 비해 비교적 운영이 쉽다고 할 수 있다.

나. 단점

① **직접적인 통제의 어려움** : 프랜차이저는 프랜차이지가 메뉴상품의 품질이나 서비스, 영업활동 등을 매뉴얼대로 이행하는지를 항상 감시해야 하는데, 만약 제대로 운영하지 않는다고 해도 직접적인 통제권이 없으므로 통제가 어렵다. 결국 이러한 요인들은 프랜차이저뿐만 아니라 다른 프랜차이지에게 나쁜 영향을 미칠 수 있다. 특히 프랜차이저의 경우 장기적인 이익 추구를 위해 일정기간을 두고 경영에 대한 변화를 계획하는 경우 프랜차이지는 영업에 지장을 주어 손익에 영향을 미치게 되거나 비용이 요구되는 것에는 민감한 반응을 보이는 경우가 많다. 국내 대기업에서 운영하는 외식업의 경우

직영점 형태로 운영하는 것도 이러한 이유 때문이라 할 수 있다. 직영점의 경우 본사의 운영정책이 비교적 일관성을 유지할 수 있기 때문이다.

② 재무구조 파악의 어려움 : 프랜차이지는 자본적으로 분리되어 있으므로 프랜차이저는 프랜차이지의 자금상황을 정확히 파악하기 어려울 뿐만 아니라 통제할 수도 없다. 따라서 프랜차이지가 파산하는 경우 프랜차이저의 경영상태도 악화될 수 있으며, 이는 프랜차이즈시스템 자체를 위협할 수 있다. 또한 프랜차이지가 수익이나 운영상황을 조작하는 경우 프랜차이저가 대가로 받는 로열티에 영향을 미치게 된다.

③ 예비 프랜차이지 선별의 어려움 : 프랜차이저는 서류나 면접 등 다양한 방법을 통해 프랜차이지를 선정한다. 그러나 프랜차이지의 성공 의지가 부족하거나 프랜차이즈시스템이 요구하는 시간, 노력, 위험부담 등을 정확하게 인식하지 못하고 가담하게 된 경우 무조건적으로 프랜차이저만 의지하게 되어 프랜차이저에게는 큰 부담이 될 수 있다. 따라서 프랜차이지 선정에 주의를 기울여야 한다.

④ 커뮤니케이션의 오해 : 프랜차이저는 운영방법, 영업시간 등에 대한 프랜차이지의 독립적 운영욕구, 상품의 선정과정, 기타 계약규정 등에 관하여 프랜차이지가 프랜차이저의 요구를 잘못 이해하거나 다른 견해를 가질 수 있으므로 충분한 의사소통을 통해 오해가 발생되지 않도록 해야 한다. 이러한 문제로 인해 갈등이 야기되어 심한 경우 법정다툼으로까지 이어지기도 하는데, 이는 곧 프랜차이저뿐만 아니라 다른 프랜차이지에게도 악영향을 미칠 수 있다.

⑤ 가맹사업자의 해지요청 : 가맹자가 어느 정도 경험을 축적하면 스스로 독립점포를 운영하기 위해 가맹해지를 요청하는 경우가 생기므로 주의해야 한다.

2) 프랜차이지의 입장

가. 장점

① **확립된 콘셉트 획득** : 가맹계약자의 경우 프랜차이즈 계약을 통해 프랜차이저가 이미 시장에서 성공적으로 확립해 놓은 브랜드인지도, 이미지, 메뉴상품 등의 점포 콘셉트를 얻을 수 있으므로 비교적 쉽고 성공적으로 사업을 시작할 수 있다.

② **시간과 노력의 절감** : 점포창업을 위해 필수적으로 요구되는 시장조사, 입지 선정, 구매, 주방기물, 신제품개발, 운영방법, 교육 · 훈련, 광고, 판촉 등 경영 전반에 걸쳐 프랜차이저로부터 계약기간 동안 지원받을 수 있으므로 창업과 운영에 따른 시간과 노력이 절감된다.

③ **지속적인 기술 및 경영지원** : 프랜차이저가 개발해 놓은 독특한 기술, 식자재 구매, 메뉴상품 생산을 위한 시설 및 장비, 직원 채용과 교육 등 점포 운영을 위한 기술과 경영지도가 지속적으로 지원되므로 사업경험이 없는 사람도 창업과 운영이 가능하다.

④ **표준화시스템** : 프랜차이즈시스템에서 프랜차이저는 점포 운영에 대한 대부분의 내용을 표준 매뉴얼화해야 한다. 이는 동일한 콘셉트를 유지하기 위해서다. 프랜차이지가 이 표준 매뉴얼대로 수행하면 프랜차이저와 동일한 수준의 메뉴상품과 서비스를 일관성 있게 제공할 수 있다.

⑤ **위험부담의 최소화** : 프랜차이즈시스템은 프랜차이저가 이미 성공적으로 운영하고 있는 콘셉트와 운영노하우를 전수받아 사용하므로 사업경험이 없는 사업자의 경우에도 운영이 가능할 뿐만 아니라 비교적 실패 확률이 낮다고 할 수 있다.

⑥ **소자본으로 운영 가능** : 프랜차이즈시스템에서는 독립된 점포의 운영비보다 비교적 적은 운영자금이 소요된다. 이는 프랜차이저가 각 프랜차이지들이 필요로 하는 식재료 등을 취합하여 단체로 구매하므로 규모의 경제효과를 얻을 수 있기 때문이다.

⑦ **신용대출의 편리성** : 프랜차이즈시스템의 가장 큰 이점 중 하나는 프랜차이지가 창업비나 개발비가 부족한 경우 프랜차이저에게 직접 대출을 받기 쉬운 편이다. 프랜차이저에 의해 제공되는 재무적 신용접근이 쉽다.

⑧ **연구개발 불필요** : 프랜차이저는 사업을 발전시키기 위해 상품과 서비스를 지속적으로 연구 · 개발하여 프랜차이지에게 제공해 주므로 프랜차이지는 따로 연구개발을 할 필요성이 적어지며, 이를 통해 지속적으로 고객을 유지할 수 있다.

⑨ **광고 · 판촉의 중앙화** : 프랜차이저는 프랜차이지들로부터 모은 자금으로 광고와 판매촉진을 위해 사용한다. 여러 프랜차이지들로부터 모아진 많은 자금이 투자된 광고는 프랜차이지에게 귀속되며, 고객의 욕구를 조사 · 분석하기 위한 판촉활동에도 많은 도움이 된다.

⑩ **비교평가의 용이함** : 프랜차이즈 법률상 프랜차이저의 사업정보가 공개되므로 프랜차이지는 이를 바탕으로 자신이 속한 프랜차이저의 경영상태뿐만 아니라 타 프랜차이저의 경영상태를 비교 · 평가할 수 있다. 또한 동일계열의 다른 프랜차이지로부터 사업 성공과 실패에 대한 정보와 성공을 위한 조언 등을 청하거나 들을 수 있으므로 이를 통해 점포의 경영상태를 비교하고 평가할 수 있다.

⑪ **일정지역 내에서의 독점권** : 일반적으로 프랜차이즈 계약은 일정지역 내에서 하나의 프랜차이지에게만 프랜차이저의 권리와 영업권을 허락하게 된다.

⑫ **경영노하우 습득** : 프랜차이저로부터 제공되는 집중적인 훈련과 지속적인 교육, 세미나, 그리고 직무에 관한 직접적인 경험으로 성장과 발전을 이룰 수 있다.

나. 단점

① **지나친 기대** : 프랜차이저의 비현실적인 비전에 현혹되어 잘못된 기대를 갖기도 한다.

② **자율성 결여** : 지역을 확장하거나 메뉴, 영업시간 등 사업을 창의롭고 자유롭

게 펼치는 데 제약이 따른다.

③ **광고와 판촉업무의 비효율성** : 장점일 수 있지만 단점이 되기도 한다. 프랜차이지는 일괄적으로 광고비를 지불해야 하는데 지역 특성에 따라 광고효과를 전혀 볼 수 없는 경우도 있다. 또한 어떤 지점의 경우 특정메뉴의 가격파괴, 쿠폰 등의 판촉행사가 필요 없음에도 불구하고 계약에 의해 이행해야 하는 경우가 있다.

④ **프랜차이저 서비스에 대한 비용지출** : 프랜차이저가 제공하는 서비스에 대해 프랜차이지는 일정액을 지불해야 하는데, 제공받는 서비스가 평균 수준에 미달하면 쓸모없는 지출이 된다.

⑤ **지나친 의존** : 프랜차이지가 운영, 위기전략, 가격정책 등에서 지나치게 프랜차이저에게 의존함으로써 타성을 갖기 쉽다.

⑥ **양도 · 판매 불가** : 영업 자체의 양도나 판매가 제한된다.

⑦ **단조로운 경영 및 도전의식 결여** : 본사의 경영방침을 따르므로 프랜차이지는 사기저하, 책임감 결여, 의사결정 능력 부족 등과 같은 도전의식이 결여된다.

⑧ **계약종료와 갱신 및 양도** : 프랜차이저가 재계약을 거부할 수 있으며, 점포의 처분이나 양도를 제지할 수 있는 권한이 있어 프랜차이지는 이런 상황에 직면하지 않기 위해 때때로 프랜차이저가 요구하는 폼목, 도구 등을 시장가격 이상으로 구입하기도 하며, 시설보수 등 변화를 주기 위해 투자도 해야 한다.

⑨ **타 프랜차이지와 프랜차이저의 실적** : 프랜차이지의 성공은 다른 프랜차이지들과 프랜차이저의 성취에 따라 좌우되는 경우가 많다. 반면 프랜차이저의 정책이나 서비스 질이 수준 이하라면 전체 프랜차이지에게 좋지 않은 영향을 미치기도 한다.

〈표 3-2〉 프랜차이즈시스템의 장단점

구분	프랜차이저의 입장	프랜차이지의 입장
장점	• 사업확장 • 구매력 증대 • 프랜차이지의 기여 • 동기부여와 협력 • 편리한 운영	• 확립된 콘셉트 • 성공을 위한 효과적 도구 제공 • 기술 및 경영 지원 • 표준화와 품질관리 • 위험부담의 최소화 • 적은 운영자본 • 신용대출의 편리성 • 연구개발에 따른 이익 • 광고와 판촉효과 • 비교평가의 용이함 • 독립적 사업기회와 독점권 • 경영 노하우 습득
단점	• 직접적 통제의 어려움 • 재무구조 파악의 어려움 • 예비 프랜차이지 선별의 어려움 • 커뮤니케이션의 오해 • 가맹사업자의 해지 요청	• 지나친 기대 • 자율성 결여 • 광고와 판촉업무의 비효율성 • 프랜차이저 서비스에 대한 비용지출 • 지나친 의존 • 단조로운 경영 및 도전의식 결여 • 계약종료와 갱신 및 양도 • 타 프랜차이지와 프랜차이저의 실적

8. 프랜차이즈 계약

프랜차이즈 계약은 상호 협력의 역할분담을 문서화하는 절차로 계약서에 명시된 조항은 계약기간 동안 가맹본부와 가맹점 사업자 사이의 관계를 규정하는 중요한 근거가 된다.

1) 프랜차이즈 계약의 정의

프랜차이즈란 가맹본부(Franchisor)가 일정지역의 가맹점주(Franchisee)에 대하여 자기의 상호, 상표, 서비스표, 휘장 등 영업을 상징하는 표지를 사용하여 동일한 이미지로 상품 또는 서비스를 판매하거나 기타 영업을 할 수 있는 권리를 부여함과 동시에 영업에 대하여 일정한 지원 · 통제를 하며 가맹점주는 가맹본부로부터 부여받은 권리 및 영업상 지원의 대가로 일정한 금액을 가맹비, 보증금 또는 로열티나 상품대금으로 지급하는 거래관계를 말한다.

2) 프랜차이즈 계약의 기능

가. 권리와 의무의 설정

프랜차이저와 프랜차이지 사이의 권리와 의무를 확립하는 기능이다.

나. 조직의 창조

프랜차이즈 계약은 2가지 조직을 만드는데 하나는 프랜차이저와 프랜차이지 양 계약당사자 간 조직이고, 또 하나는 프랜차이저를 주축으로 다수의 프랜차이지들이 만들어내는 네트워크이다.

다. 경제적 효율성의 추구

프랜차이즈 계약은 같은 운영방침을 사용하므로 재료구입, 교육훈련, 경영지도 등의 규모의 경제성을 이용한 효율성을 누릴 수 있다.

라. 조직으로서의 기능 발휘

프랜차이즈시스템은 프랜차이저의 지도방침에 의해 형성되고 활동하는 조직으로 하나의 조직을 형성하여 기능을 발휘한다. 즉 가맹점이 사장이나 운영진의 역할을 하고 가맹점포들이 직원의 역할을 한다.

3) 프랜차이즈 계약서 작성 시 핵심요소

① 계약당사자 : 계약당사자의 표시 또는 당사자와의 관계 표시

② 전문 : 계약의 이념, 취지, 목적, 계약 해석의 기준, 적용 범위 등

③ 상표, 상호 등 영업 심벌의 사용

④ 프랜차이즈 지역의 구분과 점포의 장소 선정

⑤ 점포 내외장의 통일

⑥ 가맹점의 설비 투자, 가맹본부의 자재 공급 등

⑦ 가입비, 로열티, 수수료 기타

⑧ 자금조달과 가맹본부 원조

⑨ 가맹점의 교육훈련

⑩ 판매촉진 선전광고

⑪ 경리 등의 지도

⑫ 매뉴얼의 제공

⑬ 영업시간

⑭ 가맹본부가 지시하는 정책규정 등의 준수사항

⑮ 가맹점의 회계보고

⑯ 상품 공급조건, 대금결제

⑰ 타 체인에의 참가, 타 업종 영업 등의 가부

⑱ 프랜차이즈권의 양도, 환매 등의 가부

⑲ 계약기간, 계약 갱신 및 해제

⑳ 영업비밀의 준수

■ **프랜차이즈 계약서의 구성**

프랜차이즈 계약은 상호협력의 역할분담을 문서화하는 절차로 사업의 특성에 따라 고유의 기업이념, 방침, 경영방법 등이 반영되므로 그 내용에 조금씩 차이가 있다.

〈표 3-3〉 외식프랜차이즈 계약서의 내용

외식프랜차이즈 표준약관 내용	
• 목적 • 용어의 정의 • 권리의 부여 • 영업지역 • 계약기간 • 계약의 해지 • 계약의 종료와 조치 • 가입비 • 정기납입경비(로열티) • 계약이행보증금 • 교육 및 훈련 • 경영지도 • 감독, 시정권 • 점포 설치장소의 선정 • 점포의 설비 • 주방기기의 설치 및 유지 • 설비 및 기기의 대여	• 광고 • 판촉 • 영업양도 및 담보제공 • 영업의 상속 • 지적소유권의 확보 • 상품의 조달과 관리 • 상품의 하자와 검사 • 상품공급의 중단 • 영업 • 복장 • 보고의무 • 보험 • 가맹계약자의 의무 • 가맹사업자의 의무 • 지연이자 • 재판의 관할

9. 프랜차이즈 관련 법규

1) 「가맹사업거래법」

우리나라에서는 프랜차이즈를 가맹사업이라는 이름으로 규정하고 가맹사업의 공정한 거래질서를 확립하고, 가맹본부와 가맹점 사업자가 대등한 지위에서 상호보완적으로 균형 있게 발전할 수 있도록 가맹본부와 가맹점 사업자가 준수해야 할 기본적인 사항을 규정하고, 가맹사업과 관련된 불공정 거래행위를 금지하기 위해 2002년 5월부터 「가맹사업거래의 공정화에 관한 법률」을 제정하여 운용하고 있다. 즉「가맹사업거래법」이란 가맹사업자들의 부당한 피해를 예방 및 구제하고 건전한 프랜차이즈 사업의 발전을 유도하기 위해 제정된 법이라 하겠다.

「가맹사업거래법」의 핵심은 가맹본부의 의무사항인 정보공개제도이다.「가맹사업거래법시행령」이 제정하고 있는 공개문서는 가맹점 사업자가 가맹본부의 투명성을 확보하는 데 주안점을 두고 있다. 정보공개서의 경우 희망가맹 사업자가 가맹본부의 사업현황, 임원의 경력, 가맹사업자의 부담, 영업활동의 조건 등 각종 정보를 가맹본부에 문서로 요구할 수 있다.

■ 정보공개서의 중요 내용

① 가맹본부의 상호, 명칭, 사무소의 소재지 및 당해 가맹사업의 영업표지에 관한 사항
② 가맹본부 임원의 법위반 사실에 관한 사항
③ 가맹점 사업자의 부담에 관한 사항
④ 영업활동에 대한 조건 및 제한에 관한 사항
⑤ 교육, 훈련 프로그램에 관한 사항

2) 가맹본부의 준수사항

① 가맹사업의 성공을 위한 사업 구상
② 상품이나 용역의 품질관리와 판매기법의 개발을 위한 계속적인 노력
③ 가맹점 사업자에 대하여 합리적 가격과 비용에 의한 점포설비의 설치, 상품 또는 용역 등의 공급
④ 가맹점 사업자와 그 직원에 대한 교육과 훈련
⑤ 가맹점 사업자의 경영, 영업활동에 대한 지속적인 조언과 지원
⑥ 가맹계약기간 중 가맹점 사업자의 영업지역 안에서 자기의 직영점을 설치하거나 가맹점 사업자와 유사한 업종의 가맹점을 설치하는 행위의 금지

⑦ 가맹점 사업자와의 대화와 협상을 통한 분쟁해결 노력

3) 창업관련 기관 및 단체

은행권, 소상공인지원센터, 근로복지공단, 한국여성경제인협의회, 장애인고용촉진공단, 여성가족부 여성기술인력창업자금, 식품진흥기금 등이 있다.

참고문헌

Reference

김기영(2005), 외식산업관리론, 현학사.

김기영 · 여운승 · 이윤호(2008), 외식창업경영실무론, 현학사.

김윤태 · 홍기운 외 2명(2010), 외식창업론, 광문각.

나영선(2006), 외식사업 창업과 경영, 백산출판사.

나정기(1998), 외식산업의 이해, 백산출판사.

박기용(2004), 외식산업경영학, 대왕사.

박산하 · 이은솔 · 석현정, LED 조명 색 변화에 따른 식품색채에 대한 식욕 증감 효과 연구, LED WORLD, 2011년 1월호, pp. 68–70.

월간식당, foodbank@foodbank.co.kr

이대홍 · 이희열 · 김두라 공저(2009), 외식창업, 백산출판사.

장상태 · 함동철(2010), 외식산업의 이론과 실제, 에이드북.

함동철(2019), 창작 조리를 위한 분자요리, 지구문화사.

■ 저자 소개

함동철

現) 세종대학교 컬리너리스쿨 총괄 디렉터
세종대학교 미래교육원 식품조리 주임교수
세종대학교 일반대학원 조리외식경영학 석사, 박사
한국호텔관광전문학교 학장 역임
국제문화대학원대학교 조교수 근무
FSC외식경영연구소 소장 역임
서울 르네상스호텔 근무
국제조리기술심사위원(WACS)

〈저서〉
외식산업 이론과 실제, 에이드북
외식업마케팅(공저), 백산출판사
창작조리를 위한 분자요리, 지구문화사

강재희

백석문화대학교 외식산업학부 초빙교수
세종대학교 일반대학원 외식경영학 박사
(사)한국전통음식연구소 연구원

〈저서〉
중국요리입문(공저), 백산출판사
한국음식 기초조리(공저), 지구문화사
세시음식이야기(공저), 도서출판 질시루

저자와의
협의하에
인지첩부
생략

외식산업 창업과 경영

2012년 8월 25일 초 판 1쇄 발행
2023년 1월 20일 제2판 2쇄 발행

지은이 함동철·강재희
펴낸이 진욱상
펴낸곳 백산출판사
교 정 편집부
본문디자인 신화정
표지디자인 오정은

등 록 1974년 1월 9일 제406-1974-000001호
주 소 경기도 파주시 회동길 370(백산빌딩 3층)
전 화 02-914-1621(代)
팩 스 031-955-9911
이메일 edit@ibaeksan.kr
홈페이지 www.ibaeksan.kr

ISBN 979-11-6639-174-3 93590
값 25,000원